ネットでらくらく！

Amazon（アマゾン）個人輸入
はじめる&儲ける
超実践テク104

著者 大竹秀明

技術評論社

はじめに

本書を手に取っていただき、ありがとうございます。おそらくあなたは、

「少しでも毎月の収入を増やしたい」
「何か副業でできることはないか」
「ネットビジネスに興味がある」
「Amazonで販売してみたい」

　というように考えていたり、またはネット輸入ビジネスに興味があったり、すでに実践をされている方なのでしょう。いろいろな方がいらっしゃるかと思います。しかし共通しているのは少しでも収入を増やしたい、現状を変えたいという前向きな想いかと思います。
　国税庁「平成25年分 民間給与実態統計調査」によると、平成25年（平成24年12月31日現在）の平均年収は414万円で、この5年ほど10％近く減少が続いています。
　減少する平均給与、広がる収入格差。年収300万円時代どころか、経済アナリスト・森永卓郎氏は、「年収100万円時代」が到来するとさえ予想しています。
　アベノミクス効果により、国内経済は回復傾向にあるといわれています。しかし消費税も2014年4月に8％、2017年には10％に引き上げられる予定です。これは現実的には物価の上昇を意味します。
　収入は下がっていく、でも物価は上がっていく。ほかにも少子高齢化と社会保障の危機、震災復興、1000兆を越えた国の借金などさまざまな問題があります。
　その是非はここでは置いておいて、実際問題、私たちの生活はどうなっていくのでしょうか。これまで以上に格差が広がることは間違いないでしょう。
　だからこそ今私達が身に付けるべきは"自力で稼ぐ力"です。自力で稼ぐこと、それは収入をコントロールできることを意味します。
　そんな状況は何処吹く風、国内EC流通総額は2兆円を突破しました。2011年に国内ECの流通総額が初めて1兆円を突破、それからたった3年で2兆円の大台を突破したことになります。EC、つまりネット通販の国内市場規模は、現在も年率2桁の勢いで成長を続けています。こんな成長市場がほかにあるでしょうか。最近ではスマホの普及もあり、ますますEC化が加速しています。
　そして、今あなたが手に取ってくださっているこの本は「Amazon個人輸入ビジネス」、まさにこの2兆円市場の、Amazonへ参入するための本なのです。

これからご紹介する、インターネットを活用した輸入ビジネスは、基本的には海外と日本国内の価格差を利用して利益を得るビジネスです。輸入や貿易というと、なんだか大層な話に聞こえるかもしれませんが、インターネットの普及により、個人でも小資金で参入できる時代になりました。その中でももっとも勢いがあるAmazonで販売することを中心にお話を進めていきます。Amazonの基本的な登録から始まり、アメリカのAmazon.comから商品を仕入れます。中国のタオバオやアリババからも仕入れを行いましょう。慣れてきたら、あなただけのオリジナルブランド商品を作ります。そしてしくみ化を進め、1日数時間の作業で十分な収入を得られるようになるために具体的な手順をご紹介しています。

　私は自社の貿易会社の経営のほかに、同じく輸入ビジネスで現状を変えたいという個人の方や企業様にアドバイスやコンサルティングをさせていただいています。その中には、いわゆるサラリーマンの副業から、フリーター、主婦、そして本業と多くの方の独立起業のお手伝いを行ってきました。

　この本は、そこで実際に教えている内容を、ふんだんに詰め込んだものです。いわば私自身やクライアントが試行錯誤した、血と汗と涙の結晶なのです。Amazonで買いものすらしたことがないような、まったくの初心者の方から、輸入ビジネスを始めてみたけれど、思うように稼げていないという方まで、超初心者から、ベテランの方まで、どなたでもお役に立てる実践的な内容になるよう、一生懸命に書き上げました。

　初心者の方は難しいと感じる箇所があるかもしれません。しかし、本当に現状を変えたいのなら、どうか頑張って付いてきてください。私の周りや、クライアントには、あなたと同じようにまったくの初心者だったり、お金がない状態からスタートして、今では自力で稼ぐ力を身に付け、自由な生活を送っている方がたくさんいらっしゃいます。必ずあなたにもできます。

　もっとも再現性の高いAmazon個人輸入ビジネスからスタートして、本格的な貿易の世界まで、あなたをお連れしたいと思います。

　そして自力で稼ぐ力を身に付けて、自由を手に入れてください。

　準備はよろしいでしょうか？

　さあ、始めましょう！

クライアント事例 ❶

ほんこん 様

サーフィンを楽しみながらAmazon販売をしています。中国の深圳に事務所を置き、独自のルートで中国現地の工場で商品を製造輸入。自分でなくても構わない作業をほとんど外注化することにより、11年前に輸入ビジネスを始めた頃に夢見ていた自由な時間と収入を確立できています。

2004年から輸入ビジネスを始めました。年に2～3回ほど香港へ直接買い付けに行き、一部は手持ち、残りは郵便局から航空便＆船便で分けて発送という形で現地買い付けをしておりました。まだAmazonがなかった頃です。香港から3～400kgほどの重量の商品が届くと、色分けや小分け作業、名付けやパッキング作業、セット商品の作成など、部屋が商品に占領されておりました。当時は中国語も広東語も一切わからず、ツテも頼りになる知り合いもなく、すべての作業を自分でやっておりました。

輸入ビジネスをやろうと思ったのは、もともと海外旅行が好きで、日本で売れそうなものはないかと意識しながら、旅先で観光を兼ねて楽しみながら見て回っていたのですが、結局よい商品に出会うこともなく、8年間がすぎておりました。そんな中、何度も訪れている香港の卸問屋街で購入したビーズアクセサリーの材料が、20倍以上の価格でヤフオクでどんどん落札されていったのです。7,000円で購入してきたものが14万円に化けたのです。このとき、この商品で食べていけると確信しました。即手持ち資金の30万円を抱えて香港へ飛びました（笑）。

Amazonのよさは、輸入ビジネスを始める際の、その手軽さにあると思います。月額たった4千円程度の利用料でAmazon市場に参加できるのです。また楽天などのECサイトとは違い、商品ページをSEOなどで強くする必要もありません。Amazonは基本的に1商品につき1ページですので、そこに出品するだけです。Amazonは、ハードルの低さ、手軽さ、威力の大きさなど、どれをとっても利点が満載です。売れる商品を安く買ってきてAmazonに出品するだけです。出品作業も慣れてしまえばとても簡単です。Amazonのお陰で私は夢であった時間と収入の両方を手に入れることができました。AmazonFBAが勝手に私の商品を販売してくれている間、私は10年後を見据えて投資の勉強に勤しみ、大好きなサーフィンを楽しんでいます。

もちろんデメリットもあります。しかしデメリットに目を奪われ行動できなくなるのであれば、メリットだけを見て、まず行動してしまった方が1,000倍もよいと思います。とても低いリスクでスタートすることができるAmazon販売を、あなたも始められてはいかがでしょうか。

クライアント事例 ❷

しまじろう 様

学生時代の留学経験から海外に興味を持っていたため、30歳を期に貿易の仕事で独立することを決意。2012年に大竹氏と出会い、Amazonにて輸入ビジネスを開始。現在は大竹氏のサポートもあり、株式会社を設立し法人を経営する。販路をAmazonから広げ、BtoB販売にも挑戦中。

　僕が大竹さんと出会ったのは2012年の春でした。当時の僕は少しでも収入を増やしたいとの気持ちから、海外のオークションサイトからいろいろな商品を仕入れてきては、ヤフオク！で転売するという毎日を過ごしていました。ちょうどその頃は円高の影響もあり、かなり苦しかった時期でした。

　そんな苦しい時期に大竹さんにいわれたのが、「Amazonで販売してみましょう」のひと言です。このひと言が僕の状況を一変させます。大竹さんが持つ膨大な情報を惜しみなく丁寧に教えていただいたことにより、今まで感じていた不安が自信へとつながり、結果的に輸入ビジネスで独立することができました。

　とにかくAmazonは便利です。世の中にある実店舗が全部なくなっても困らない人が存在するのではないかと、僕は勝手に思っています。これだけ便利なサイトに人が集まってくるのは当たり前ですよね。人が集まってくるということは、それだけ商品が売れるチャンスが増えるということです。そしてAmazonの魅力は購入者だけのものではありません。商品の受注から発送・梱包、顧客対応の一部や在庫管理まで、Amazonが一手に引き受けてくれます。とくに限られた時間の中で作業をしている副業の方には、最高の魅力だと思います。

　しかしAmazonもいいところばかりではなく、ある程度ビジネスが進んでくると、マネをする側からマネをされる側になり、自分の商品ページにライバルたちが安い価格で出品してきます。こんな状況を救ってくれたのも大竹さんの「オリジナル商品にしてブランド化しちゃいましょう」のひと言でした。誰でも仕入れられる商品に少しだけ手を加えることにより、自分にしか販売することのできない商品になります。「社員1人で頑張る大人気ブランド」というのも、Amazonなら実現できてしまうのです。

　ビジネスは0から1にするときが一番辛くて苦しいと、よく大竹さんにいわれていました。この苦しい時期を一気に飛び越えてビジネスを加速させてくれるノウハウが本書には詰まっています。皆さんにもぜひAmazonをうまく活用して、ご自身の夢を実現させてください。

クライアント事例 ❸

番場 様

1971年札幌生まれ。自動車のロードサービスに従事するかたわら2010年頃より趣味での個人輸入を開始。2011年頃より副業としてAmazon、Yahoo!オークションにて販売を開始。数々の失敗やトラブルを経験しながら2013年7月に本業を退職して独立し、現在に至る。

私が輸入を始めたのは2010年頃になります。自分が欲しい商品は日本で売っていても価格が高く、購入を諦めていたのですが、もっと安く買うことはできないかと考えて欧米や中国のサイトを調べてみました。すると日本で購入する場合と比較して半値以下で購入できることを知り、実際に中国のBtoBサイトや現地ショッピングサイトなどから低価格で購入しました。"これだけ日本との価格差があるなら商売として成り立つかも！"と思ったのが、輸入ビジネスを行うことになったきっかけです。

当時は会社勤めで、副業として空いた時間にヤフオク！で販売していました。収入的にはそれなりに満足していましたが、取引ナビなどのやり取りや入金確認、発送作業などの煩わしさがネックでした。

2011年頃、たまたまAmazonで個人でも出品ができることを知りました。FBAを利用すれば、発送もAmazonが行ってくれて、商品ページも作る必要がなく、決済も自動的にAmazonが行ってくれたりと、よいことずくめで、私はすぐにセラー登録をしました。おかげ様で何もしなくても勝手に商品が売れていく状態を作ることができ、初月にAmazonの売上だけで月商約30万円、粗利で約15万円程度になりました。

Amazonランキング上位で売れている商品に参入者が徐々に増えてきて、販売価格の暴落が起こった頃、自分ブランドでの商品の構築を題材にした大竹さんのセミナーに出席し、早速中国のECサイトで独自仕様の商品を生産してもらい、Amazonの独自カタログで販売を開始しました。販売開始直後はさほど売れませんでしたが、徐々に売れ始めると1商品だけでAmazon参入時の売上を大幅に超えることができました。

その後も商品数を増やしながらトライ&エラーをくり返すことで売上を伸ばしていき、2013年7月にそれまで勤めていた会社を退職し現在に至ります。中国に現地スタッフは1人いますが、日本では私1人です。利益率の高い商品を取り扱っているため、サラリーマン時代の収入を大きく上回っています。通常は1日4時間程度しか働いていません。

もちろん失敗もいろいろありましたが、失敗してもその都度検証を行いながら学んでいき、次に生かせるように継続してきたからこそ現在があると思います。

AmazonでのFBA発送は、たとえあな

たが海外旅行へ行っている間でも、万が一あなたが病気で入院していても、商品の在庫がFBAにある限り、自動販売機のように勝手に売って発送までしてくれる理想的なビジネスモデルです。

しかし、Amazon輸入は一攫千金のビジネスモデルではありません。試行錯誤しながらトライ&エラーをくり返し、継続していくことがとても大切です。実直に取り組んでいけば、日々のあなたの行動がのちのち効いてきます。あなたが今取り組もうとしていることは、3ヵ月後、6ヵ月後に結果として現れてくると考えてください。

この本をあなたが読まれているということは、今の環境から抜け出したいのだと思います。きっと不安ばかりだと思いますが、誰もが最初はそう感じます。しかし勇気を出して最初の一歩を踏み出せば、見えてくる世界が変わります。行動に移すことができなければ、何も変わりません。

勇気を出して最初の一歩を踏み出しませんか？　決断するのはあなたです。

Amazon 輸入ビジネス実践者

株式会社ちゃいなび代表取締役

相馬崇宏 様

会社を退社後、5年間ニートを経験。貯金を全額使い果たし借金をする。せどりと出会った後、輸出に手を出すがうまくいかずにebay輸入を開始。1年がかりで月収80万円ほど稼ぐようになる。現在は主に欧米輸入・アジア輸入を手がけ、飛ぶ鳥を落とす勢いで成長中!

輸入ビジネスを始めたのは約7年前です。当時再就職をしなければならなかったのですが、年齢的に再就職は難しいと思っていました。そんなとき、個人でも輸出入で稼ぐことができると知り、35歳で個人輸入ビジネスを開始しました。その3年後には法人化し、現在では2社を経営しています。

正直、「輸入ビジネスでやっていける！」と思ったことはありません。というより、とにかく独立しているので、「やるしかない！」という感じでした（笑）。強いていうなら、輸入ビジネスでやっていけると思ったのは、ebayから仕入れた腕時計で、50万円以上の利益を得られたときでしょうか。輸入ビジネスを始めて3ヶ月くらいのときです。

現在ではAmazon以外にも、楽天市場やヤフオク！、Yahoo!ショッピングなどで販売を行っています。今後は物販で月商1億円を目指そうと思います。また、中国の深センに事務所を構えているので、OEM・ODMに特化したサービスを作りたいと思っています。

Contents
目次

第1章　Amazon輸入の基礎知識を抑えよう

Section 01　Amazon 輸入で稼げる理由 ……………………………………… 16
Section 02　インターネット輸入ビジネスのしくみ ………………………… 18
Section 03　輸入ビジネスで成功するための5つの考え方 ………………… 20
Section 04　Amazon ではこんな商品が売れています ……………………… 22
Section 05　欧米輸入と中国輸入について知っておこう …………………… 24
Section 06　正規輸入品と並行輸入品の基礎知識 …………………………… 26
Section 07　輸入時に気を付けておきたい法律 ……………………………… 28
Section 08　販売時に注意しておきたい法律 ………………………………… 30
Section 09　輸入税について理解しよう ……………………………………… 32
Section 10　Amazon 輸入に必要なものを準備しよう ……………………… 34
COLUMN　　ネット輸入ビジネスに英語力は不要？ ……………………… 36

第2章　Amazon.comで輸入しAmazon.co.jpで販売しよう

Section 11　Amazon.com に登録しよう ……………………………………… 38
Section 12　Amazon.com で購入して商品を受け取ろう …………………… 44
Section 13　Amazon.com の配送方法と海外送料 …………………………… 46
Section 14　日本に直送できない商品は転送会社を使おう ………………… 50
Section 15　Amazon.co.jp に出品アカウントを作ろう ……………………… 52
Section 16　Amazon.co.jp の出品用アカウントを取得して設定しよう …… 54
Section 17　セラーセントラルの使い方 ……………………………………… 58

Section 18	Amazon マーケットプレイスに出品しよう	62
Section 19	注文された商品を発送しよう	66
Section 20	お客様から出品者レビューをもらおう	70
Section 21	出品制限のある商品を出品しよう	74
Section 22	まだカタログにない商品を Amazon.co.jp に登録しよう	78
Section 23	無在庫販売をやってみよう	82
Section 24	利益の計算方法を覚えておこう	84
COLUMN	利益率と回転率の考え方	86

第3章　FBA販売で利益をさらに伸ばそう

Section 25	FBA とは何かを知ろう	88
Section 26	FBA に登録しよう	90
Section 27	FBA 納品時に注意すること	94
Section 28	FBA 手数料の計算方法	98
Section 29	FBA とショッピングカート獲得の密接な関係	100
Section 30	FBA とセラーセントラル	102
Section 31	FBA 納品代行サービスを活用しよう	106
Section 32	FBA マルチチャネルサービスを活用して売上を上げよう	108
COLUMN	FBA のデメリット	110

Contents

第4章 売れる商品を多彩な方法でリサーチしよう

Section 33	商品リサーチの基本を覚えよう	112
Section 34	リサーチは主観に頼らない！	114
Section 35	海外と日本の価格差を狙う「ベーシックリサーチ」	118
Section 36	ライバルのマネをする「ライバルリサーチ」	122
Section 37	Amazonのデータを活用する「データリサーチ」	124
Section 38	実店舗で情報を掴め！「リアルリサーチ」	128
Section 39	思いもよらなかった商品が見つかる「ロジックリサーチ」	130
Section 40	Amazon以外のサイトでリサーチしよう	132
COLUMN	Google Chrome拡張機能で快適リサーチ	134

第5章 賢い仕入れでライバルに差を付けよう

Section 41	もう一度確認したい商売の大原則	136
Section 42	ツールを活用して「Amazon.com」から安く仕入れよう	138
Section 43	アメリカ以外のAmazonから仕入れよう	142
Section 44	ヨーロッパのAmazonから仕入れるときに注意すること	144
Section 45	オークションサイト「ebay」で安く仕入れよう	146
Section 46	ツールを使ってもっと便利にebayを利用しよう	150
Section 47	海外ネットショップから安く仕入れよう	152
Section 48	海外ネットショップをもっとお得に利用しよう	156
Section 49	中国輸入を始めよう	158
Section 50	中国輸入の代行業者を利用しよう	160

Section 51	中国輸入でリサーチしたい商品	162
Section 52	タオバオで商品を検索しよう	164
Section 53	タオバオ仕入れを実践しよう	168
Section 54	アリババ仕入れを実践しよう	170
COLUMN	さまざまなリサーチ方法	172

第6章 Amazonでオリジナル商品を販売しよう

Section 55	"相乗り出品"とそこから抜け出す方法	174
Section 56	オリジナル・セット商品の作り方	176
Section 57	俺ブランドとは？	178
Section 58	どんな商品をブランド化すればいいか	180
Section 59	俺ブランド商品の販売戦略を考えよう	182
Section 60	JAN コードを取得しよう	186
Section 61	Amazon にブランドを登録しよう	188
Section 62	まずはパッケージを変えてみよう	192
Section 63	商品にロゴマークを入れよう	194
Section 64	お客様に選ばれるようになるために	196
Section 65	お客様から商品レビューをいただこう	198
Section 66	Amazon の商品ページを最適化しよう	200
Section 67	写真の見せ方で売上は変わる	202
Section 68	Amazon スポンサープロダクトを利用しよう	204

Contents

第7章　自動化のしくみを作ってさらに稼ごう

Section 69	売上が上がってきたらしくみ化を考えよう	210
Section 70	SOHOを活用することでビジネスを加速させよう	212
Section 71	クラウドソーシングで仕事を依頼しよう	216
Section 72	外注ユーザーのAmazon権限を設定しよう	220
Section 73	代行会社をパートナーとして本格的に活用しよう	222
Section 74	中国に専任スタッフ・パートナーを雇おう	226
Section 75	CSVファイルで一気に新規出品しよう	230
Section 76	商品の価格を自動調整しよう	234
Section 77	外部倉庫を活用しよう	236
COLUMN	リサーチから販売まで完全自動化する	238

第8章　輸入ビジネスでもっと本格的に稼いでいこう

Section 78	売上を上げていくための考え方	240
Section 79	ビジネスレポートを分析して売上をアップさせよう	242
Section 80	Amazonのプロモーション機能を活用しよう	246
Section 81	Amazon以外のサイトでも販売してみよう	250
Section 82	Amazon以外の販売チャネルを攻略せよ！	252
Section 83	直接取引をして安く仕入れよう	254
Section 84	海外メーカーの輸入代理店になろう	258
Section 85	海外現地仕入れに行ってみよう	262
Section 86	海外見本市で新しい商品を発掘しよう	264

Section 87　本格的なOEM生産でメーカーになろう　268
Section 88　輸入ビジネスを本業にしよう　272

第9章　Amazon輸入のトラブル解決Q&A

リサーチして販売してもすぐに価格競争になってしまい、利益が出せません。　276

円安ですが輸入ビジネスで稼げますか？　276

Amazon.comで商品を購入したら商品と送料以外にお金を取られました。
アメリカの州税「Tax」がかかっているらしいのですが、回避する方法はありませんか？　277

お客様に領収書をくださいといわれました。　278

お客様に悪いレビューを付けられてしまいました。　279

俺ブランド商品を出品しましたが、いつの間にか相乗り出品されてしまいました。
どうすれば相乗りセラーを排除できますか？　280

Amazonポイントの使い方とメリットを教えてください。　281

仕入れたときに箱が破損していました。これでは売りものになりません。　282

OEM生産する場合には契約書を交わしたほうがよいですか？　282

輸入ビジネスで稼いでいきたいのですが、
どのように目標設定を行っていけばよいのでしょうか？　283

索引　286

■『ご注意』ご購入・ご利用の前に必ずお読みください

　本書に記載された内容は、情報の提供のみを目的としています。したがって、本書を参考にした運用は、必ずご自身の責任と判断において行ってください。本書の情報に基づいた運用の結果、想定した通りの成果が得られなかったり、損害が発生しても弊社および著者はいかなる責任も負いません。

　本書に記載されている情報は、特に断りがない限り、2015年5月時点での情報に基づいています。ご利用時には変更されている場合がありますので、ご注意ください。

　本書は、著作権法上の保護を受けています。本書の一部あるいは全部について、いかなる方法においても無断で複写、複製することは禁じられています。

　本文中に記載されている会社名、製品名などは、すべて関係各社の商標または登録商標、商品名です。なお、本文中にはTMマーク、®マークは記載しておりません。

第1章

Amazon輸入の基礎知識を抑えよう

Section 01	Amazon輸入で稼げる理由	16
Section 02	インターネット輸入ビジネスのしくみ	18
Section 03	輸入ビジネスで成功するための5つの考え方	20
Section 04	Amazonではこんな商品が売れています	22
Section 05	欧米輸入と中国輸入について知っておこう	24
Section 06	正規輸入品と並行輸入品の基礎知識	26
Section 07	輸入時に気を付けておきたい法律	28
Section 08	販売時に注意しておきたい法律	30
Section 09	輸入税について理解しよう	32
Section 10	Amazon輸入に必要なものを準備しよう	34

Section 01

第1章 >> Amazon輸入の基礎知識を抑えよう

Amazon輸入で稼げる理由

基礎知識　仕入れ&販売　FBA販売　リサーチ　仕入れ　オリジナル商品　自動化　輸入ビジネス　トラブル対策

Amazonで販売をすることはとても簡単

　この本を手にされた方で「Amazon」をご存じない、という方はおそらくいらっしゃらないでしょう。Amazonは、アメリカをはじめ全世界14カ国で運営されている、世界最大級のオンラインストアです。日本でも、2000年11月より「Amazon.co.jp」のサービスが開始されました。当初は書籍が中心でしたが、現在では家電・おもちゃ・ゲーム・ファッション・スポーツ用品など、豊富な品揃えで、私たちの生活にも大きな存在感を示しています。

Amazon.co.jp
URL http://www.amazon.co.jp/

◀ Amazon.co.jpは、月間の訪問者数が4,800万人。日本最大級のオンラインショップです。

　Amazon.co.jpでは、通常のAmazon.co.jpによる販売とは別に「マーケットプレイス」という出品サービスがあります。Amazon.co.jpと同じ商品ページに、個人でも気軽に出品ができるしくみになっています。
　Amazonマーケットプレイスの特徴は、下記のとおりです。

・圧倒的な集客力
・自動マーケティング機能
・簡単・便利な出品方法
・安心の代金回収システム
・始めやすく、続けやすい料金体系
・FBA（フルフィルメント by Amazon）

この中で、何といっても注目なのは「圧倒的な集客力」と「FBA」です。通常オンラインストアを運営するためには、自分でお店を構築して集客しなければなりません。しかし、Amazon.co.jpに出品すれば、月間4,800万人の集客力を活用することができます。

　そしてFBA（フルフィルメント by Amazon）を利用すれば、販売から配送・回収、カスタマーサポートまでのすべての業務をAmazon.co.jpが代行してくれます。これにより、時間のない方や副業の方でも、十分にビジネスを行うことが可能となります。中にはすべてを仕組化してしまい、海外で暮らしながら物販ビジネスを行っている方もいるくらいです。

　AmazonのWebサイトはスマートフォンで表示しても、その端末に適した表示に最適化されるため、一般の購入者もほぼワンクリックで商品を注文できます。何よりもAmazonで買いものをしている、という安心感は大きなものです。

ほかのオンラインストアとの違い

　よく比較される楽天市場との大きな違いですが、楽天市場が「小さなお店の集合体＝モール型」であるのに対し、Amazon.co.jpはそれ自体が1つの「小売店」です。

　Amazonでは原則、1商品につき1つの商品ページ（カタログ）しかありません。たとえば「商品①」という商品を探しにきたお客様は、すべて「商品①」のカタログで買いものをします。一方で楽天市場などのモール型は、A店・B店・C店、それぞれのお店に「商品①」があり、価格や納期、サービスが異なります。そのためにお客様のアクセスが分散され、また埋もれてしまいやすく、結果的には広告などを出せる資金力のあるお店が有利になってしまいます。ここが楽天市場との大きな違いであり、個人でビジネスを行う方にとってAmazon.co.jpが有利な点でしょう。

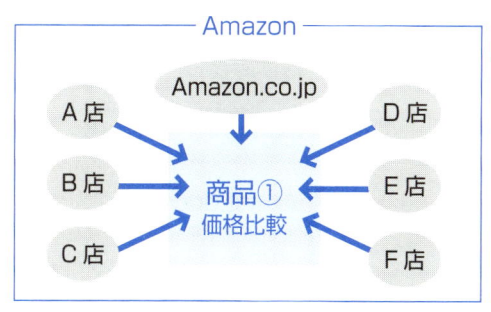

◎ Amazon は 1 商品 1 カタログ

▲ 楽天市場はそれぞれの店に商品がありますが、Amazon は 1 商品 1 カタログなので、アクセスが集中します。

Section 02

第1章 >> Amazon輸入の基礎知識を抑えよう

インターネット輸入ビジネスのしくみ

基礎知識 / 仕入れ&販売 / FBA販売 / リサーチ / 仕入れ / オリジナル商品 / 自動化 / 輸入ビジネス / トラブル対策

日本と海外との価格差を利用したビジネス

「輸入ビジネス」というと、難しく感じる方も多いかもしれません。しかしインターネットの登場が、輸入ビジネスに革命を起こしました。現在ではパソコン1台あれば、誰でも小資金で海外の商品を仕入れることができるようになっているのです。それも「日本にいながら、1歩も部屋を出ることもなく」です。たとえば、日本で10,000円で販売されている商品が、海外では3,000円で販売されていたとします。その商品を日本に持ってきて、Amazon.co.jpなどで8,000円で販売します。すると、5,000円の利益が出ます。

このように、ネット輸入ビジネスとは基本的に海外との価格差を利用したビジネスです。商品選定も、過去の販売経歴などをデータで確認してから行えますから、失敗するリスクを最小限に抑えることができます。「ネット輸入ビジネスは再現性が高い」といわれるのは、そのような理由からなのです。もちろん輸入ビジネスの魅力とは、単純に価格差を狙うものだけではありません。世界には、まだ日本には入ってきていない魅力的な商品がたくさんあります。それらを仕入れて、自由に価格を付けて販売することもできるのです。

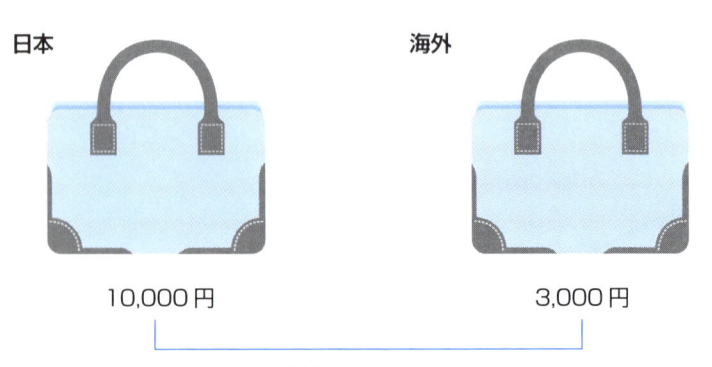

日本	海外
10,000 円	3,000 円

差額 7,000 円

▲ ネット輸入ビジネスの基本は、海外との価格差を利用することです。

商売の大原則を覚えよう

　ネット輸入ビジネスというのは、つまるところ「物販」です。つまり、商品を仕入れて販売するというビジネスです。この流れを大きく分けると、「仕入れ」「販売」「管理」の3つの段階に分かれます。

◎ 物販ビジネスの流れ

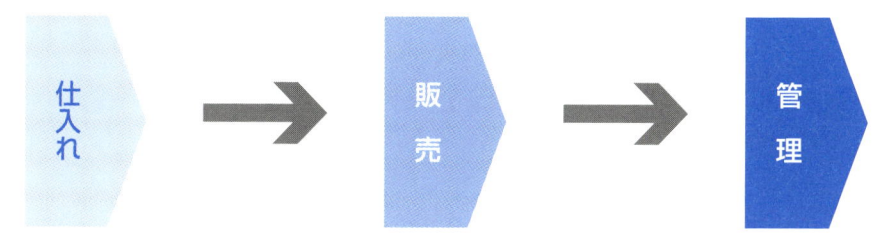

仕入れ　→　販売　→　管理

　物販である以上、太古の昔から語り継がれる"商売の大原則"というものがあります。それは**安く仕入れて高く売る**ということです。とてもシンプルですが、本当に大事な原則です。海外との価格差を利用し「安く仕入れて高く売る」をくり返し行っていくこと、それが輸入ビジネスなのです。

　厳密に、しっかりとこれを行っていけば、必ず稼げるようになります。輸入ビジネスを進めていくと、やることがどんどん増えて、何をすればよいのか見えなくなることがありますが、そんなときこそ基本の考え方に立ち返りましょう。

安く仕入れて高く売る

◀ 商売の大原則を肝に命じてビジネスを進めましょう。

POINT ▶ 副業レベルから専業まで

インターネット輸入ビジネスは、「時間」「場所」「人」など一切を問わず、パソコン1台で、自分のペースで、自分の好きなだけ稼いでいくことができます。ほとんどの方が副業・小資金からスタートして、どんどん売上を伸ばしていって専業へと独立されていきます。インターネットを使ったビジネスはさまざまありますが、その中でも輸入ビジネスというのは「物販ビジネス」なので再現性が高く、年齢や性別も問わないというところが人気の魅力でしょう。自由なライフスタイルを手に入れている方も多くいらっしゃいます。

Section 03 輸入ビジネスで成功するための5つの考え方

第1章 >> Amazon輸入の基礎知識を抑えよう

`基礎知識` `仕入れ&販売` `FBA販売` `リサーチ` `仕入れ` `オリジナル商品` `自動化` `輸入ビジネス` `トラブル対策`

成功するために覚えておくべき5つの考え方

輸入ビジネスを始めるにあたり、成功するために覚えておくべき5つの考え方があります。1つずつ見ていきましょう。

1. 売れているものを売る

「せっかく仕入れた商品なのに…全然売れません」。よくこんなご相談をいただくことがあります。ネット輸入ビジネスで稼ぐためにもっともやってはいけないこと、それは直感で仕入れることです。多くの場合、直感で仕入れた商品は売れません。そして「売れないものを売る」というのは、プロの商売人でも一番難易度が高いことなのです。あとの章で詳しく解説していきますが、とくに初心者の方は、過去の販売データなどをしっかり確認して、需要のある商品を仕入れて販売してください。

2. 徹底的にマネをする

実はネット輸入ビジネスでは、誰がどんな商品を売っているのかが全部わかってしまいます。稼いでいる人が何を売っているのか、どうやって売っているのかをつぶさに研究して、よいところはどんどんマネしていきましょう。「人のマネをするなんて…」と思いますか？ 武道や芸術の世界でも「守破離」という考え方があります。徹底的にマネをすることが、ネット輸入ビジネスで早く稼げるようになるためのコツなのです。

守 型を守る　破 型を破る　離 型を離れる

▲ 既存の型を「守る」ところから始まり、次にその型を自分と照らし合わせて研究することにより、既存の型を「破る」。そして最終的にはそれまでの型から「離れ」て自在になれるのです。ベテランセラーを研究して、どんどんマネしていきましょう。

3. 最後までやりきる

　物販ビジネスは、「仕入れた商品を販売をして、お客様から注文が入り、商品を発送し、お客様が受け取る」。ここまできてやっと売上が上がります。商品リサーチばかりしていても1円にもなりませんし、販売をしなければ、これまた1円にもなりません。販売して注文が入って、やっと売上になります。当たり前のことのようですが、意外にできていない方も多いのです。必ず「販売」までやりきりましょう。

4. 常に改善する

　ビジネスには「PDCAサイクル」という考え方があります。計画を立てて実行してみる。その結果を分析・評価して改善する。これをくり返して、ビジネスとしての精度を上げていこうという方法論です。輸入ビジネスもスポーツなどと同じで、ある程度慣れが必要です。やればやるほどうまくなっていきます。まずは仕入れて販売してみる。そして改善できるところは改善していく。この作業をくり返していきましょう。最初は利益が少なくても、とにかく仕入れて売ってを続けていくことが大切です。

◎ PDCA サイクル Plan-Do-Check-Action cycle

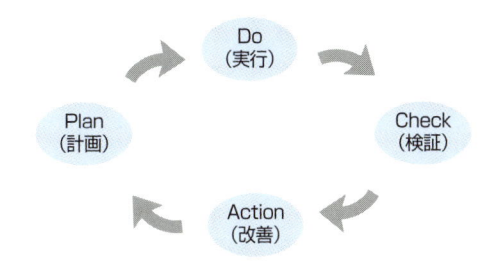

◀ Plan（計画）、Do（実行）、Check（評価）Action（改善）の仮説・検証型プロセスを循環させ、マネジメントの品質を高めようという考え方です。

5. 目標に具体性と現実味を持たせる

　あなたの夢は何ですか？ 輸入ビジネスを通じて成し遂げたいことは何でしょうか。目標設定の重要さはいうまでもありませんが、設定する目標は具体的、かつ現実的なものに落とし込みましょう。ゴールから逆算していくことで、「不可能」と思えることが「可能」になっていきます。目標に向ってコツコツと進んでいきましょう。

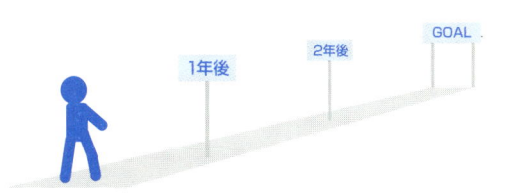

◀ 千里の道も一歩から。着実に目標を達成していきましょう。

Section 04

第1章 >> Amazon輸入の基礎知識を抑えよう

Amazonでは
こんな商品が売れています

基礎知識 / 仕入れ&販売 / FBA販売 / リサーチ / 仕入れ / オリジナル商品 / 自動化 / 輸入ビジネス / トラブル対策

売れている輸入品を見る

　ここでは、Amazonでどのような輸入品が売れているのか見てみましょう。まずは「輸入」「未発売」「限定」などのキーワードで検索してみましょう。

◎ Husqvarna 防音イヤーマフ

◎ ARCTERYX Arro 22

▲ 日本国内で買うよりも、海外で安く買える商品がたくさんあります。

◎ LEGO Minecraft

◎ KAPLA 魔法の板

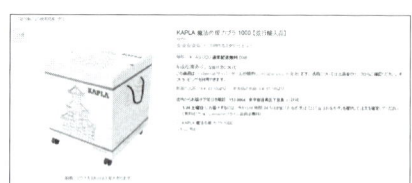

▲ 定番の LEGO・KAPLA など、海外のおもちゃも人気です。

◎ Dyson Cordless Tool Kit

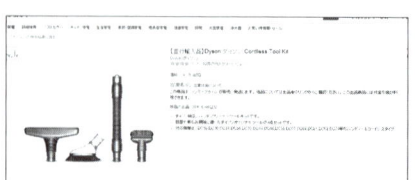

◎ Withings 多機能体重計

▲ ヒット商品の関連品は、やはり売れます。スポーツ・フィットネスも熱いジャンルです。

◎ CASIO G-SHOCK

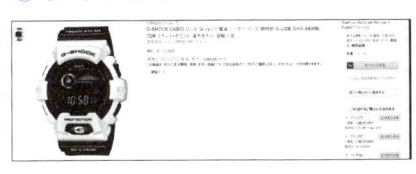

▲ 海外の逆輸入モデル、日本では廃番になったモデルにも注目しましょう。

◎ CASIO 関数電卓

◎ 電子はかり

▲ 中国商品は「ノーブランド」で検索しましょう。ファッションも激アツです。

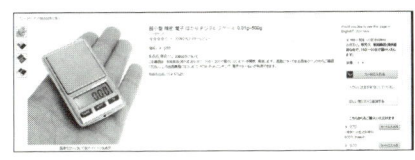

◎ カジュアルカーディガン

◎ スマホ自撮り棒

▲ 2014年の大ヒット商品です。まだまだ売れる!?

◎ LED キャンドル

◎ サンタクロース コスプレ衣装

▲ コスプレ・サバゲーグッズがよく売れるのはネットならではでしょう。

◎ SWAT ベスト レプリカ

◎ バック・トゥ・ザ・フューチャー Blu-ray BOX

◎ 海外版 Minecraft

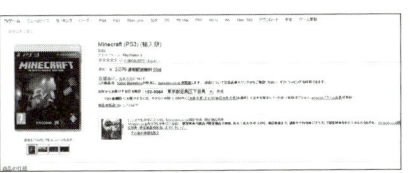

▲ DVDやBlu-rayはリージョンコード（地域別の再生制限コード）に注意しましょう。リージョンフリー（0）以外は再生できない場合もあります。なお、日本や欧米はリージョン（2）、アメリカはリージョン（3）となっています。

第1章 Amazon 輸入の基礎知識を抑えよう

基礎知識

23

Section 05　第1章 >> Amazon輸入の基礎知識を抑えよう

欧米輸入と中国輸入について知っておこう

基礎知識 仕入れ&販売　FBA販売　リサーチ　仕入れ　オリジナル商品　自動化　輸入ビジネス　トラブル対策

アメリカ・ヨーロッパ、そして中国から仕入れる

　この本では、まずは一番簡単なネット輸入ビジネスである「Amazon.comから仕入れて、Amazon.co.jpで販売する」ところからスタートします。しかし輸入ビジネスというのは、アメリカだけに限ったものではありません。イギリス・ドイツなどのヨーロッパ、香港・中国・韓国・タイなどのアジア、どこから仕入れてきてもよいのです。ここでは、その中でも物流や代行会社のインフラが整っているため比較的始めやすい欧米輸入と中国輸入を学んでいきましょう。

● 欧米輸入

　欧米輸入とは、アメリカ・ヨーロッパから、主に並行輸入品（P.26参照）を仕入れることをいいます。仕入れ先は、Amazon.com、ebay、欧米ネットショップなどです。

Amazon.com
URL http://www.amazon.com/

ebay
URL http://www.ebay.com/

仕入れ先	アメリカ　　ヨーロッパ
特徴	並行輸入品
メリット	仕入れが簡単で、ブランドやメーカー名で検索されるので売れやすい
デメリット	誰でも簡単に仕入れができるため、価格競争になりやすい

● 中国輸入

　中国輸入とは、中国から、主にノーブランド品を仕入れることをいいます。タオバオ、アリババ、メーカーなどから仕入れを行います。ただし、中国で販売されているブランド品はほぼすべてコピー品ですので、注意が必要です。

タオバオ（taobao）
URL http://www.taobao.com/market/global/index_new.php

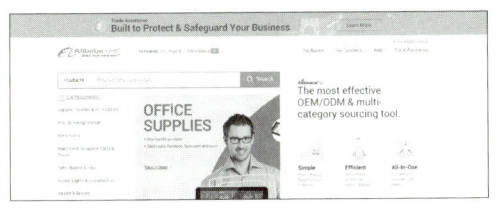

アリババ（Alibaba）
URL http://www.alibaba.com/

仕入れ先	中国　　台湾
特徴	ノーブランド品
メリット	単価が安くて利益が高い。オリジナル化も可能
デメリット	品質がよくないものが多い。コピー品などのトラブルが多い

　一昔前は中国からの輸入というと、言葉や文化の違いもあり、私たちのような小規模の輸入ビジネスでは難しい点も多々ありました。しかし、ここ数年は輸入代行会社も増え、中国からの小口輸入が盛んになりました。

　欧米輸入と中国輸入のどちらにもメリット・デメリットがあります。そのため、両方をミックスして実践していくことで、より稼ぎやすくなっていきます。たとえば欧米からメインの商品を輸入して、中国からは、その関連品や消耗品を輸入して一緒に販売する、などといった形で複合的に輸入を行うことで、利益を出しやすくなっていくのです。

　この本ではより**実践的な欧米輸入と中国輸入の方法を解説していきます**ので、ぜひ両方のやり方をマスターしてください。

Section 06　　　　　　　　　第1章 >> Amazon輸入の基礎知識を抑えよう

正規輸入品と並行輸入品の基礎知識

|基礎知識|仕入れ&販売|FBA販売|リサーチ|仕入れ|オリジナル商品|自動化|輸入ビジネス|トラブル対策|

輸入品には2つの種類がある

　輸入品は「正規輸入品」と「並行輸入品」の2つに分かれます。まず結論からいいますと、私たちが欧米のWebサイトから輸入する商品は、すべて「並行輸入品」だと考えてください。

● 正規輸入品とは？

　「正規輸入品」とは、海外のメーカーから直接仕入れる商品、正規代理店や直営店から仕入れる商品です。日本国内に正規代理店が存在する場合が多く、国内でも保証やサポートを受けられることが多いです。

● 並行輸入品とは？

　一方で「並行輸入品」というのは、日本の正規代理店以外から仕入れた商品のことです。海外の有名ブランド品など、外国で合法的に製造・販売された商品を正規代理店以外の第三者が購入し、正規代理店ルート以外のルートで輸入した場合、その商品は「並行輸入品」となります。

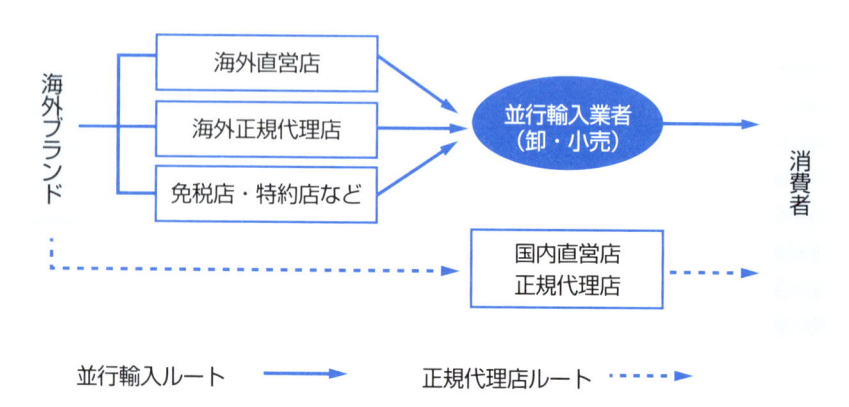

▲ 私たちが海外サイトから仕入れる商品は、すべて並行輸入品になります。

つまり、海外のお店やネットショップなどから皆さんが購入して日本に輸入した商品は、ほぼすべて並行輸入品ということになるのです。

並行輸入品のデメリットは、日本国内では正規販売店のサポートが受けられないことです。のちのちトラブルになることもありますので、商品説明欄などでしっかりと説明を行うようにしましょう。

反対にここをチャンスととらえ、独自にサポートを行うことでカバーすることもできます。そうすればライバルセラーとの差別化にもなり、売上アップにつながっていきます。このライバルセラーとの差別化については、このあとの章で詳しく解説していきます。

Amazon.co.jpで並行輸入品を販売するためのルール

Amazonでは、正規輸入品でない商品を出品する場合は、タイトルに「並行輸入品」と明記して出品しなければなりません。また、正規輸入品のカタログページに並行輸入品を出品すると、規約違反になります。

また、日本国内に代理店がないなど、継続的なサポートが受けられない場合は、実際には正規輸入品だとしても「並行輸入品」として出品しなければならないルールがあります。注意しましょう。

POINT ▶ 並行輸入の3要件

並行輸入品は、下記の3要件を満たしていることが条件となります。少し難しい話になりますが、頭の片隅に入れておきましょう。

❶ **適法性の要件**：当該商品に付された商標が外国の商標権者などにより適法に付されたものであること。
❷ **同一人性の要件**：外国の商標権者と日本の商標権者が同一人、又は法律的、経済的に同一視できる関係にあること。
❸ **品質管理性の要件**：当該商品と、日本の商標権者が扱う商品とが、品質において実質的に差異がないこと。

出典：ミプロ　輸入ビジネスを始める前に…その2「権利者の許諾を得ずに輸入することは」
URL http://www.mipro.or.jp/ipp/ip/column/080002.html

Section 07

第1章 >> Amazon輸入の基礎知識を抑えよう

輸入時に気を付けておきたい法律

基礎知識　仕入れ&販売　FBA販売　リサーチ　仕入れ　オリジナル商品　自動化　輸入ビジネス　トラブル対策

偽ブランド品、コピー商品は絶対に仕入れない

　偽ブランド品やコピー商品、模倣品と呼ばれる知的財産侵害物品は、輸入が禁止され、税関で取り締まりが行われています。「知らなかった」ではすまされませんので、とくに中国輸入では十分に気を付けてください。

　知的財産侵害物品とは、発案・発明、ソフトウェア、企業や商品のブランドなどの「知的財産」を侵害する物品のことを指します。たとえば、海賊版の音楽CDや映画DVD、有名ブランドのロゴマークやデザインを模倣した偽ブランドのバッグや腕時計、特定商品のデザインなどを無断使用して作られた携帯電話やタブレット端末なども、知的財産侵害物品にあたります。主な知的財産権について、下記に説明を行います。

◎ 主な知的財産権

特許権：発明に関する権利
著作権：音楽や文芸、芸術、ソフトウェアなどに関する権利
商標権：ブランドのロゴマークなど
意匠権：商品の形や色、模様など工業デザインに関する権利
実用新案権：商品の形や構造・組み合わせのアイディアに関する権利

● 特許権

　特許とは「自然法則を利用した技術的思想の創作」、つまり高度な新しい発明ということです。似たようなものに「実用新案」がありますが、実用新案は高度であることは求められません。両方とも発明者に一定の独占的な権利を与えています。

● 著作権

　「著作」には、小説や音楽などに加えてコンピュータープログラムやデータベースなども保護の対象に含まれています。著作権の特徴は、商標や特許などと異なり「創作した時点で」権利が発生し、登録や申請を必要としないことです。

● 商標権

　商標とは、取り扱う商品やサービスを区別するために、商品やサービスに付けるマークのことです。商標権は、10年ごとに何度でも更新して、永久に権利を保持することが認められています。商標権の侵害とは、権利者以外が無断で商標あるいは類似した商標を付けた商品を製造、輸入、販売、ディスプレイすることがあたります。

● 意匠権

　意匠とは、新規性やオリジナリティのあるデザインのことです。基本的には反復して量産できるものが対象となり、形状だけでなくそれに結び付く模様や色彩も保護対象となります。また部分的なデザインや組み合わせたもの、派生するバリエーションの登録も認められています。

輸入が禁止されているもの

　日本は自由貿易の国ですが、何でもOKというわけではありません。麻薬や銃、爆発物や火薬類、児童ポルノはもちろん、ワシントン条約に接触する商品（ジャイアントパンダ、トラ、ゴリラ、オランウータンなど、絶滅が危惧されている動物・植物の商品）などは輸入禁止品となります。

輸入品は輸入者が全責任を負う

　輸入品については**輸入者**が「製造から販売までのすべての責任」を負います。このため、万が一事故があった場合を含めて、輸入者が全責任を負う必要があるのです。たとえAmazon.comで購入した商品であっても、工場の製造管理・出荷検査・表示や取扱説明書・アフターケアまで、輸入者にすべての責任があるということです。このように考えると輸入するのが怖くなってしまいますが、逆に考えると、重大な事故につながる可能性のある商品はほとんどが法令により規制されているということでもあります（P.30参照）。**法令に抵触する商材は避けましょう**。

　また副業では難しいかもしれませんが、本業で営まれる方はPL保険（製造物責任保険）に「必ず」加入しておきましょう（Sec.88参照）。地域の商工会議所経由で加入するのが安価でおすすめです。

販売時に注意しておきたい法律

販売時に注意するべき3つの法律

仕入れた商品を販売する際に気を付けるべき法律があります。ここでは「PSE法（電気製品安全法）」「電波法」「薬機法（旧薬事法）」という3つの法律について見ていきましょう。

● PSE法（電気製品安全法）

PSE法（電気製品安全法）は、電気製品が原因の火災や感電などから消費者を守るために施行された法律です。家電商品やアンプ、照明器具、ガジェットなど電気を使う商品を扱う際には、注意が必要です。PSE法では、対象となる商品が「電気用品」として定められています。輸入業者は事業の届出、技術基準適合の確認、適合性検査、自主検査の実施と検査記録の作成・保存が義務付けられています。

◀ PSEマークは特定電気用品116品目（菱形）と特定電気用品以外の電気用品341品目（丸形）に分かれています。

輸入者は、販売する商品にPSEマークがあるかどうかを確認する必要があります。最近でも、大手ホームセンターが電気製品安全法にもとづく安全検査記録がない製品にPSEマークを付与して販売を行っていたことが発覚し、1000万個回収という不祥事になりました。商品によっては、たとえばアダプターをPSEマーク入りのものに交換することでクリアできる場合もあります。販売前に「ミプロ」（http://www.mipro.or.jp/）に相談（無料）してみましょう。

Amazon販売においても、並行輸入品でもPSEマークなしの商品を販売することは法律違反となります。「電気用品安全法のページ」（http://www.meti.go.jp/policy/consumer/seian/denan/）で確認しておきましょう。

なお、USBケーブルを通して充電されるモバイルバッテリーは、現在のところ「PSEマーク」は一切必要なく販売できます。これは、これまでバッテリーが絡んだ重大事

故（火災など）が比較的大きいサイズのバッテリー製品に限られている、という根拠にもとづくものです。

● 電波法

電波法は、主にBluetoothやWi-Fi機器などに関係する法律です。日本国内で無線機器を利用する場合には、その機器が電波法にもとづいた技術基準適合証明を受けている必要があります。詳細は「電波利用ホームページ」（http://www.tele.soumu.go.jp/index.htm）で確認できます。

◎ 技適マーク

▲ 技術基準適合の証明などを受けた機器には、技適マークが付与されます。

◎ Bluetooth マーク

▲ Bluetooth マークは、あくまで Bluetooth 技術を搭載した機器であることを示しているマークで、技術基準適合の証明にはなりません。

● 薬機法（旧薬事法）

薬機法（旧薬事法）は、化粧品・医薬品・医療機器・サプリなどが主な対象になります。仕入れる前に「医薬品等の個人輸入について」（http://www.mhlw.go.jp/topics/0104/tp0401-1.html）を確認しておきましょう。販売には、厚生労働大臣の承認・許可などが必要です。対象となるのは、直接身体に取り入れるもの、または接触するものとイメージするとわかりやすいでしょう。個人使用を目的とした場合は条件付きで輸入できますが、そのようにして仕入れた商品を販売することは違反となります。

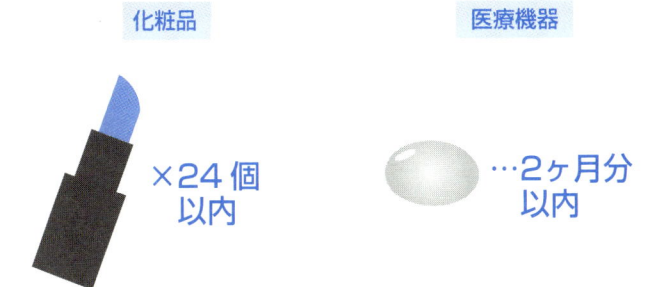

化粧品　×24個以内

医療機器　…2ヶ月分以内

▲ 個人使用の基準は、化粧品では「標準サイズで1品目24個以内」、使い捨てコンタクトレンズのような使い捨て医療機器では「2ヶ月分以内」と定められています。一定数量を超えるものについては厚生局に手続きの上、「薬監証明」を受ける必要があります。

Section 09

第1章 >> Amazon輸入の基礎知識を抑えよう

輸入税について理解しよう

| 基礎知識 | 仕入れ&販売 | FBA販売 | リサーチ | 仕入れ | オリジナル商品 | 自動化 | 輸入ビジネス | トラブル対策 |

輸入税とは？

　海外から商品を輸入する際には「輸入税」がかかります。輸入税は国内産業の保護を目的とした税金で、輸入税を支払わないと商品を受け取ることができません。一般的には「関税」と呼ばれていますが、「関税」は輸入税の中の1つで、主な輸入税には「関税」「酒税」「消費税」などがあります。「関税」は商品の種類別にかかる税金のことで、商品の種類によって税率が異なっています。また、商品によっては関税のかからないものがあります。面倒に思われるかもしれませんが、実際には私たちが何かをするわけではありません。EMS（国際スピード郵便）なら郵便局が、そのほかの物流会社なら通関担当者が、その場の判断で適切に処理してくれます。

● 関税率

　関税率は、大きく「簡易税率」と「一般税率」とに分かれます。課税価格の合計金額で見ていくとわかりやすくなります。課税価格とは「商品代金＋海外消費税等＋国際送料（保険含）」の総額です。

A. 20万円超過（課税価格の合計額が総額20万円を越えるもの）
　一般税率が適用されます。

主な商品の関税率の目安（カスタムスアンサー）：税関 Japan Customs
URL http://www.customs.go.jp/tetsuzuki/c-answer/imtsukan/1204_jr.htm

B. 20万円以下（課税価格の合計額が総額20万円以下のもの）

簡易税率が適用されます。

少額輸入貨物の簡易税率：
税関 Japan Customs
[URL] http://www.customs.go.jp/tsukan/kanizeiritsu.htm

C. 1万円以下（課税価格が総額1万円以下のもの）

関税、消費税および地方消費税が免除されます。ただし、革製のバッグ、パンスト・タイツ、手袋・履物、スキー靴、ニット製衣類など一部の商品は、免税の対象になりません。

● 個人使用目的の場合

個人使用目的の場合は、「商品価格×60％」の金額が課税対象になります。つまり、商品価格16,666円以下なら「16,666×0.6＝9,999」ですから、関税がかからないことになります。なお、「個人使用が目的かどうか」の判断は、税関が行うことになります。

● 消費税

消費税というのは、私たちがふだんから買いものをする際にかかる税金ですので、なじみがあるでしょう。輸入品に対しても同様に消費税がかかり、商品価格に対して8％（2015年4月現在）と一律で定められています。

● 通関手数料

荷物が税関で課税の対象になった場合、通関手数料がかかります。関税が無税の場合は、通関手数料がかかりません（消費税のみ課税）。たとえばEMS（国際スピード郵便）の場合、通関手数料は荷物1つにつき200円かかります。

POINT ▶ アンダーバリューは脱税行為

アンダーバリューとは、輸入税を安く抑えるために、インボイス（送り状）の価格を実際の取引額よりも安く記載する行為です。たとえば50,000円の商品を仕入れる際に、インボイスには20,000円と記入してもらって関税や消費税を安くする…というわけです。しかしこれは立派な脱税行為ですし、消費税は会計上「差額納税」といい、課税売上でお客様から預かった消費税から、課税仕入で支払った消費税を引いた金額を納めるというしくみなので、実際にはあまり意味がありません。また「個人使用」と偽って仕入れた商品を商業目的で販売することも違法となります。支払うべきものはしっかりと支払って、堂々とビジネスを行いましょう。

Section 10　　　　　　　　　　　　　　第1章 >> Amazon輸入の基礎知識を抑えよう

Amazon輸入に必要なものを準備しよう

基礎知識　仕入れ&販売　FBA販売　リサーチ　仕入れ　オリジナル商品　自動化　輸入ビジネス　トラブル対策

Amazon輸入ビジネスを始めるために必要なもの

　Amazon輸入ビジネスを始めるにあたり、必要となるものを確認しましょう。電話番号や住所は、バーチャルオフィスを利用する方法もあります。

1. パソコン（インターネット）

　ハイスペックなものは必要ありません。ふだんお使いのパソコンで十分です。タブレットだけでも進めることは可能ですが、とくに最初の段階ではパソコンで作業したほうが快適に進めることができるでしょう。

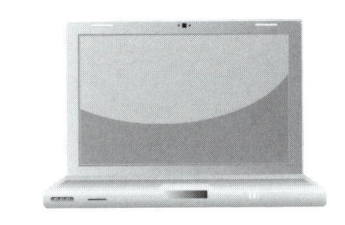

2. プリンター

　Amazonへ納品する際のラベルや伝票などは、プリンターを使ってプリントする必要があります。こちらもハイスペックである必要はありません。お持ちでない方は1台用意しておきましょう。安いものなら数千円台で購入することができます。

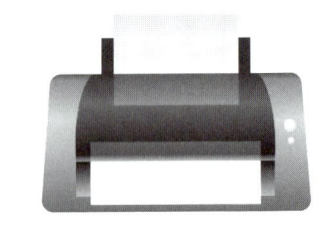

3. クレジットカード（またはデビットカード）

　海外への支払いは、基本的にはクレジットカード経由となります（取引量が増えてくると、T／T（銀行送金）やCC（信用取引）になります）。ふだんお使いのクレジットカードでもよいのですが、限度額がありますので、できればビジネス用のカードを複数用意したほうが便利です。海外ショッピングサイトではJCBやAMEX（アメリカン・エキスプレス）が使えないところもありますので、VISAかMASTERが無難です。

クレジットカードの締め日と支払い日のタイムラグをうまく活用すると、事実上は資金ゼロでも利益を生み出すことができます。たとえばクレジットカードの締め日が月末で、支払い日が翌月27日だったとします。7月1日に海外サイトで購入をすると、カード会社に支払うのは8月27日になりますので、2ヶ月近くタイムラグがあることになります。Amazon.co.jpの入金サイクルは14日ごとになりますので、7月10日に入荷して、7月20日に販売されたとしても、最長で8月上旬には回収できるということになります。

支払いは約2ヶ月後

7/1 ・・・ 7/30 ・・・ 8/27
購入　　　締め　　　支払い

また嬉しい副産物として、クレジットカードで支払いをすると、特典としてポイントが貯まっていきます。貯まったポイントでショッピングをしたり、マイルを貯めて海外旅行などに充てることができます。

クレジットカードが作れない、という方はデビットカードを持つことで、クレジットカードと同様に使うことができます。

4. 電話番号（住所）

「（副業などで）会社にバレないようにしたい」「自宅の情報を公開したくない」という方はバーチャルオフィスを活用すれば、住所と電話番号を手に入れることができます。電話番号はIP電話などを活用すれば、安く用意することができるでしょう。

ワンストップビジネスセンター　URL http://www.1sbc.com/

▲ バーチャルオフィスは住所貸しサービスのほかに、郵便転送、電話転送、秘書代行、会議室レンタルなどのサービスを行っているところもあります。

Column ▶ ネット輸入ビジネスに英語力は不要？

情報通の方なら「ネット輸入ビジネスに英語力は必要ありません」と一度は耳にしたことがあるでしょう。本当にそうなのでしょうか？ 私自身も英語力は中学生レベルですが、ビジネスを続けてくることができました。

今は「Google Chrome」などのブラウザで海外サイトを閲覧すると、ワンクリックでページ全体を翻訳してくれます。そのままでは不明瞭な箇所もありますが、大筋を把握するのに困ることはありません。海外との交渉の場でも、細かい契約などの話になると通訳をお願いしたほうが賢明ですが、基本的には「Google 翻訳」などの翻訳サイトでも問題はありません。

翻訳サイトを利用する際のポイントとしては、以下の2点が挙げられます。

・主語と動詞をしっかり書くこと
・ダラダラと書かずに、具体的かつ簡潔にまとめること

多少ぎこちない英語になっていたとしても、基本的に私たちは「購入する側」なので、相手も理解をしてくれます。

とくにAmazon輸入ビジネスにおいては、世界中のAmazonサイトは一貫したインターフェイスになっているので、実際にはほぼ困ることはありません。ブラウザを2つ並べて、比較しながら進めていけば問題なく購入することができるでしょう。どうしても気になる方や、海外との本格的な交渉が必要になってくる場合には、下記のような低価格の翻訳サービスを活用しましょう。

Conyac - 翻訳のクラウドソーシングサービス
URL https://conyac.cc/ja

SAATS - 回数無制限の英訳・和訳サービス
URL http://www.saats.jp/saats_portal/

第 2 章

Amazon.comで輸入しAmazon.co.jpで販売しよう

Section 11	Amazon.comに登録しよう	38
Section 12	Amazon.comで購入して商品を受け取ろう	44
Section 13	Amazon.comの配送方法と海外送料	46
Section 14	日本に直送できない商品は転送会社を使おう	50
Section 15	Amazon.co.jpに出品アカウントを作ろう	52
Section 16	Amazon.co.jpの出品用アカウントを取得して設定しよう	54
Section 17	セラーセントラルの使い方	58
Section 18	Amazonマーケットプレイスに出品しよう	62
Section 19	注文された商品を発送しよう	66
Section 20	お客様から出品者レビューをもらおう	70
Section 21	出品制限のある商品を出品しよう	74
Section 22	まだカタログにない商品をAmazon.co.jpに登録しよう	78
Section 23	無在庫販売をやってみよう	82
Section 24	利益の計算方法を覚えておこう	84

Section 11

第2章 >> Amazon.comで輸入しAmazon.co.jpで販売しよう

Amazon.comに登録しよう

基礎知識　仕入れ&販売　FBA販売　リサーチ　仕入れ　オリジナル商品　自動化　輸入ビジネス　トラブル対策

Amazon.com に登録する

Amazon輸入ビジネスを始めるために、Amazon.comにアカウントを作りましょう。Amazon.comのページはすべて英語で書かれていますが、解説する手順に沿って登録すれば問題ありません。

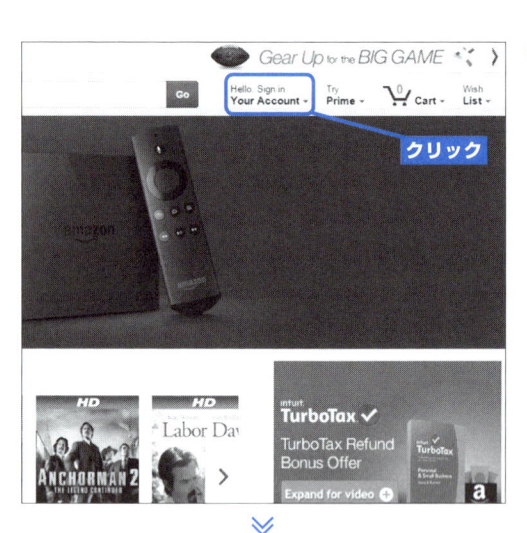

❶ Amazon.com（http://www.amazon.com/）を開き、トップページ右上の＜Hello, Sign in Your Account＞をクリックします。

❷ 「Sign In」画面で「My e-mail address is:」にメールアドレスを入力し、＜No, I am a new customer.＞のチェックを入れて、＜Sign in using our secure server＞をクリックします。

❸ 登録フォームが表示されるので、以下の表を参考に、それぞれの内容を入力します。

項目	内容
My name is	名前
My e-mail address is	メールアドレス
Type it again	メールアドレスの再入力
My mobile phone number is	携帯電話番号（任意） ※入力しなくてよいです。
Enter a new password	パスワード
Type it again	パスワードの再入力

❹ 入力が終わったら、＜ Create account ＞をクリックします。これで Amazon.com の登録が完了しました。

住所とカード情報を登録する

続けて、配送先の住所とクレジットカード情報を登録していきます。

● 配送先の住所を登録する

❶ トップページ右上の「Hello, ○○ Your Account」(○○は登録したアカウント名) にカーソルを重ねます。

❷ メニューが広がるので、＜ Your Account ＞をクリックします。

❸ 「Settings」の＜ Add New Address ＞をクリックします。

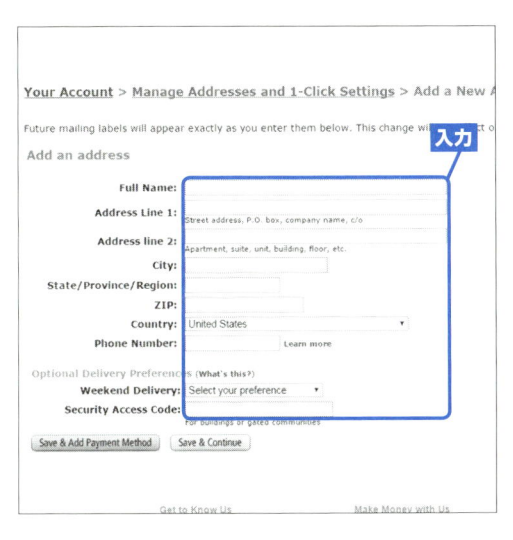

❹ 以下の表を参考にして、必要事項を入力します。

名前や住所の登録は、**すべてアルファベットで入力**します。このうち、住所の入力方法は日本と異なるので注意しましょう。住所の書き方は次のページで詳しく解説します。

項目	内容
Full Name	名前
Address Line 1	番地、会社名
Address line 2	建物名、部屋番号
City	市町村
State/Province/Region	都道府県
ZIP	郵便番号
Country	国
Phone Number	電話番号
Weekend Delivery	配達は週末を希望する／しない ※選択しなくてもよいです。
Security Access Code	ロックの解除コード ※選択しなくてもよいです。

住所を英語で書く場合、住所は日本語と反対の順序で書きます。

日本語の場合：郵便場号 都道府県 市町村 区 町名 地番 建物名 部屋番号
英語の場合：建物名 部屋番号 地番 町名（区）市町村 都道府県 郵便番号 国名

都道府県の場合、府県はprefecture、都はMetropoliceですが、こうした単語は入れなくても構いません。

例．北海道
Hokkaido, Hokkai-do

例．岩手県
Iwate, Iwate-ken, Iwate Pref

例．東京都
Tokyo, Tokyo-to, Tokyo Metropolice

電話番号は頭に「+81」を付け、「市外局番のゼロ」を取ります。

例．03-1234-5678 → +81-3-1234-5678

❺ すべての入力が終わったら、＜Save & Add Payment Method＞をクリックします。

● **クレジットカードの情報を入力する**

　住所の登録が終わると、クレジットカードの情報の入力画面に移ります。なお、クレジットカード情報は、あとからでも入力できます。

❶ 以下の表を参考に、クレジットカード情報を入力します。

項目	内容
Shipping Address	先ほど入力した内容を確認します
Credit or debit card number	クレジットカード番号 ※ハイフン「-」ありでもなしでもどちらでも大丈夫です。
Cardholder's Name	クレジットカードの名義
Expiration Date	クレジットカードの有効期限

❷ 「Address Book」に、クレジットカード請求先の住所が表示されます。＜Use this address＞をクリックします。

　これで登録が終わり、Amazon.comで買いものができるようになりました。

Section 12

第2章 >> Amazon.comで輸入しAmazon.co.jpで販売しよう

Amazon.comで購入して商品を受け取ろう

基礎知識　仕入れ&販売　FBA販売　リサーチ　仕入れ　オリジナル商品　自動化　輸入ビジネス　トラブル対策

ショッピングカートからレジへ

Amazon.comで商品を購入して、商品を受け取るまでの流れを見てみましょう。まずは、購入したい商品のページを表示します。

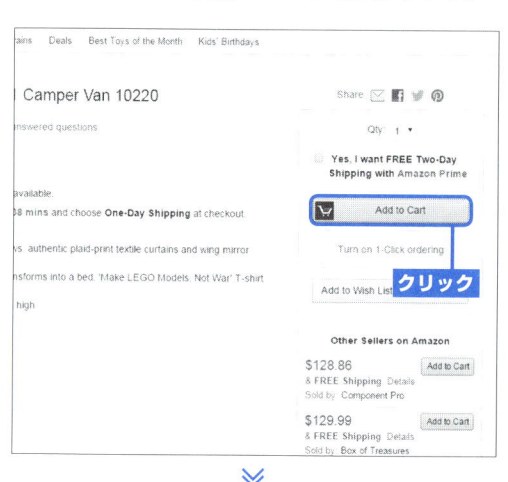

❶ 商品ページ右上の< Add to Cart >をクリックすると、ショッピングカートに商品が追加されます。2個以上購入したい場合は、「Qty」で希望の個数を選んでください。

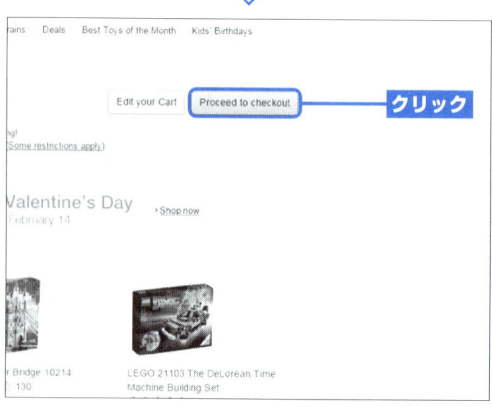

❷ < Proceed to checkout >（レジへ進む）をクリックします。「Sign In」画面になった場合は、登録したメールアドレスとパスワードを入力してログインします。

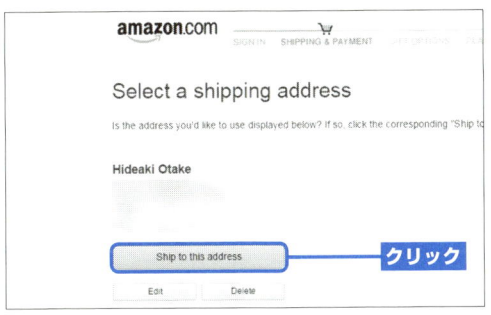

❸ 配送先を選択します。登録している配送先が表示されるので、＜Ship to this address＞をクリックします。

次に、配送方法と配送スピードを選択します。出品者や商品によって選択できる方法は変わってきますが、大きく3つの種類があります。配送方法によって、配送コストも変わってきます（Sec.13参照）。

・Standard International Shipping：通常配送（18〜32日営業日）
・AmazonGlobal Expedited Shipping：優先配送（8〜16日営業日）
・AmazonGlobal Priority Shipping：特急配送（2〜4日営業日）

❹ 配送方法と配送スピードを選択し、＜Continue＞をクリックします。

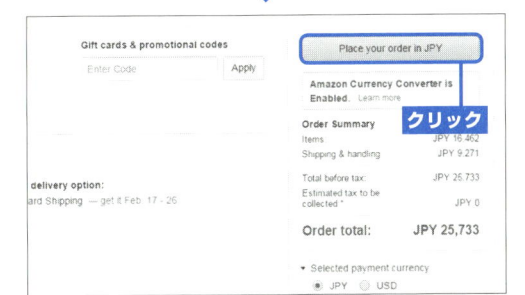

❺ 注文内容の確認画面が表示されます。商品代金に「Shipping & handling」（日本への送料）が加わり、合計金額が表示されます。＜Place your order in JPY＞をクリックして、注文完了となります。なお「JPY」は日本円を意味します。

Section **13**

第2章 >> Amazon.comで輸入しAmazon.co.jpで販売しよう

Amazon.comの配送方法と海外送料

| 基礎知識 | 仕入れ&販売 | FBA販売 | リサーチ | 仕入れ | オリジナル商品 | 自動化 | 輸入ビジネス | トラブル対策 |

Amazon.com から日本へ直送してもらう

　Amazon.comの商品ページにも、日本と同様、Amazon本体が販売している商品と、ほかのセラーがAmazonマーケットプレイスで販売している商品、FBAに納品している商品の、3種類の商品が混在しています。同じ商品がこれら複数の方法で販売されている場合は、できればAmazon本体またはFBA在庫から購入するようにしましょう。

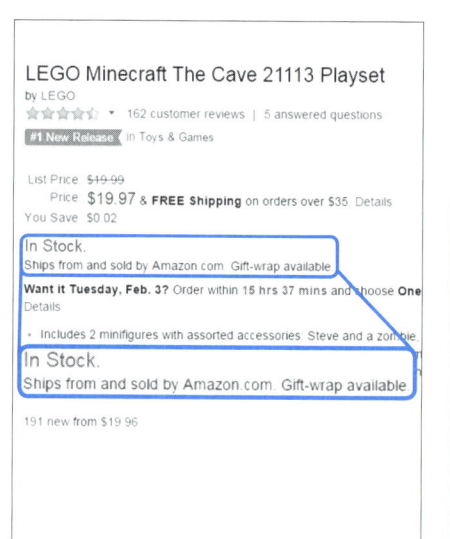

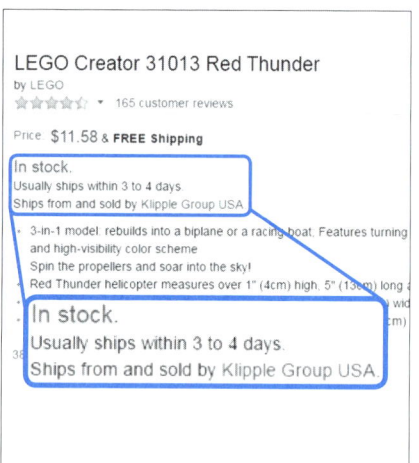

▲ 左はAmazon本体が販売、右はマーケットプレイスでの販売。

　なぜAmazon本体から購入したほうがよいのかというと、まず1つは**安心感・信頼感**です。Amazon本体が販売している商品にコピー品はありえません。一方でマーケットプレイスは誰でも参加できてしまいますので、悪質なセラーがいる可能性も考えられます。2つ目の理由としては、Amazon本体またはFBA在庫から購入したほうが、配送スピードも早く、日本へ直送できる場合が多いからです。

● 日本への送料の算出方法

次に、日本への送料を見ていきましょう。Amazon.comから日本への配送料金は、以下の方法で計算されます。「Per Shipment」は、購入する商品の内、基本料金のもっとも高い商品を基準に決定されます。

$$\text{Per Shipment} + \left(\text{商品の個数または重さ} \times \text{Per Item} \right)$$
（配送方法ごとの基本料金）　　（単位：ポンド）　　（商品ごとの送料）

もう少しわかりやすく、具体的な例を挙げて送料を見ていきましょう。レートの計算方法は次のようになると考えてください。

購入する商品の中でもっとも高い基本料金 ＋（商品の個数×商品ごとの送料）＝送料の合計
　　　　　　A　　　　　　　　　　　　　　　　B

たとえば、本2冊とCD1枚を「Standard International Shipping」で注文するときの送料を計算してみます。配送方法は、配送完了までにかかる日数に応じて3種類に分けられています。各配送方法の基本料金は、P.48を参考にしてください。

Standard International Shipping: 18 〜 32 日程度
AmazonGlobal Expedited Shipping: 8 〜 16 日程度
AmazonGlobal Priority Shipping: 2 〜 4 日程度

それではA、Bの送料を計算してみましょう。計算したA、Bそれぞれの金額を合計すると、日本までの送料が算出できます。

A. 購入する商品の中でもっとも高い基本料金
　「Standard International Shipping」の場合、本とCDの基本料金はどちらも2.99ドルなので、2.99ドル

B. 商品の個数×商品ごとの送料

本2冊×3.99ドル＝7.98ドル
CD1枚×1.29ドル＝1.29ドル

7.98 ＋ 1.29 ＝ 9.27 ドル

送料の合計＝ A ＋ B
　　　　　＝ 2.99 ＋ 9.27 ＝ 12.26 ドル

◎ Amazon.com の配送方法と基本料金（抜粋）

Standard International Shipping（18〜32日営業日）

商品カテゴリー	基本料金	商品ごとの送料
本、VHSビデオテープ	$2.99	$3.99
CD、DVD、ブルーレイ、カセットテープ、レコード	$2.99	$1.29
複数商品の同梱	$2.99	上記送料

AmazonGlobal Expedited Shipping（8〜16日営業日）

商品カテゴリー	基本料金	商品ごとの送料
本、VHSビデオテープ	$9.99	$3.99
CD、DVD、ブルーレイ、カセットテープ、レコード	$9.99	$2.99
Kindle、Kindle用アクセサリー	$8.99	$2.99
ジュエリー、時計	$9.99	$3.99
スポーツ用品、アパレル、おもちゃ	$7.99	$3.49/lb※
ビデオゲーム、ベビー用品、ホーム、キッチン、パーソナルケア、カメラ、家電、オフィス用品、家電	$7.99	$2.99/lb
PC、靴、健康とパーソナルケア、バッグ	$9.99	$2.99/lb
複数商品の同梱	同梱する商品の中で一番高いもの	上記送料

AmazonGlobal Priority Shipping（2〜4日営業日）

商品カテゴリー	基本料金	商品ごとの送料
本、VHSビデオテープ	$13.99	$3.99
CD、DVD、ブルーレイ、カセットテープ、レコード	$11.99	$1.99
ビデオゲーム	$14.99	$4.99
ソフトウェア、ジュエリー、時計	$11.99	$4.99
靴	$18.99	$2.99/lb
アパレル	$14.99	$4.49
自動車、パーソナルケア	$12.99	$3.99/lb
エレクトロニクス、ベビー用品、コンピュータ	$11.99	$3.49/lb

※ 重さは「lb」（ポンド）で計算。1ポンド＝約0.45kg。

マーケットプレイスから日本へ直送してもらう

　マーケットプレイスの「Delivery」欄に「International & domestic shipping rates and return policy.」と書いてあるセラーは、国際配送に対応しています。日本に直送してくれるかどうかは、＜International & domestic shipping rates and return policy.＞をクリックして確認します。

▲「Asia」と書いてあれば日本へ直送してくれます。

　しかし、これは絶対ではありません。セラーが全体の設定として国際発送を選んでいる場合もあります。日本へ直送してくれるかどうかを確実に見極めるには、商品をショッピングカートに入れてレジ（決済画面）まで進みます。レジまで進むことができれば、直送してくれるということになります。なお、日本へ直送できる商品に絞り込む方法があるので、以下にそれを紹介します。

● 日本へ直送できる商品に絞り込む方法

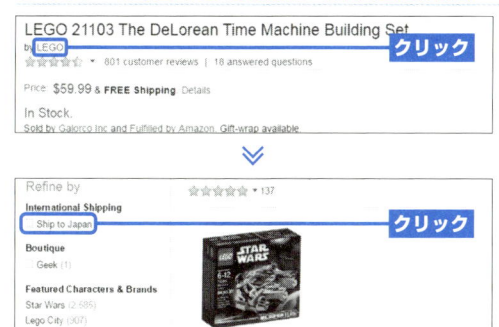

❶ 商品ページから、商品のブランド名をクリックします。

❷ 画面左の＜ Ship to Japan ＞をクリックすると、日本へ直送できる商品に絞られます。ただし、念のために必ずショッピングカートに入れてレジ（決済画面）まで進み、確認しましょう。

Section **14**　　　　　　第2章 >> Amazon.comで輸入しAmazon.co.jpで販売しよう

日本に直送できない商品は
転送会社を使おう

| 基礎知識 | 仕入れ&販売 | FBA販売 | リサーチ | 仕入れ | オリジナル商品 | 自動化 | 輸入ビジネス | トラブル対策 |

転送会社を利用する

　Amazon.comで購入したい商品が日本に直送できない場合は、**転送会社**に商品を集め、日本に送ってもらうこともできます。手数料はかかりますが、転送会社の配送料金は通常よりも安く、また商品をまとめて送ることでも、結果的にコストが安くなる場合が多いです。また、箱の破損や商品の間違えなど、転送会社に現地でチェックしてもらうこともできます。日本のAmazonのFBA倉庫に直送してくれる転送業者もいるので、うまく活用してビジネスを進めていきましょう。

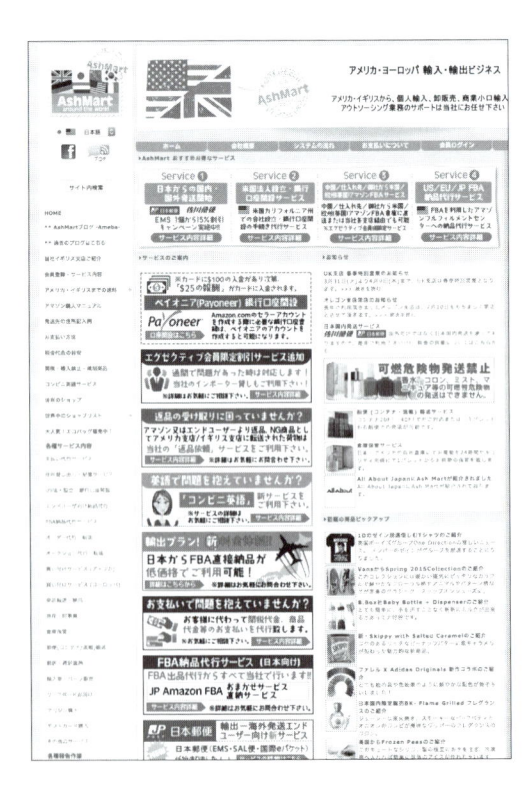

AshMart
URL http://www.ashmart.com/

◀ AshMart は、サンディエゴにある転送会社です。現地の日本人女性スタッフが丁寧できめの細かい対応をしてくれます。一般的な転送や代行サービスだけでなく、現地買付けや卸購入代行サービスなど、豊富なサービスもウリの１つで、日本の FBA 倉庫への直送サービスも利用可能です。きちんと梱包して配送してくれるので、安心してビジネスを行うことができます。

MyUS.com
URL http://www.myus.com/

◀ アメリカの転送会社といえばここ!というくらい有名な転送会社です。手数料も安くシステムも使いやすいので、ネット輸入ビジネスを実践する多くの方が利用しています。オプションサービスも充実しており、おすすめの転送会社です。ただし、すべて英語で指示を出さなければならないことや、ときどき箱が潰れて届くことなどがネックです。

● MyUSの転送料金を最大30％割引する方法

MyUSでは、クレジットカードのキャンペーンから入会することで送料の割引を受けることができます。割引を受けることのできるブランドはJCB、VISA、American Expressの3つで、それぞれ割引率が異なります。

	JCB	VISA	American Express
URL	http://www.myus.com/en/rates_jp/	http://www.myus.com/en/visa/	http://www2.myus.com/amex/ja
登録費用	無料（通常20ドル）	無料（通常20ドル）	無料（通常20ドル）
年会費	2年間無料 （1年60ドル）	2年間無料 （1年60ドル）	2年間無料 （1年60ドル）
転送料金割引	初回20％オフ、 2回目以降15％オフ	初月1か月25％オフ、 以降20％オフ	FedEx、DHL、UPSの配送料が30％オフ
そのほかのサービス	商品を30日間無料保管 同梱・再梱包サービスが無料	とくになし	商品を30日間無料保管 再梱包サービスが無料 リアルタイム荷物追跡機能が無料 など

もっともお得なのは、送料が毎回30％オフになるAmerican Expressカードです。すでにほかのカードで登録してしまっている場合でも、MyUSに問い合わせることで、より割引率の高いものへと変更することが可能です。

Section 15
Amazon.co.jpに出品アカウントを作ろう

基礎知識 | 仕入れ&販売 | FBA販売 | リサーチ | 仕入れ | オリジナル商品 | 自動化 | 輸入ビジネス | トラブル対策

Amazonには2つの出品形態がある

続いて、日本のAmazon.co.jpに出品アカウントを登録しましょう。Amazonでは、Amazonマーケットプレイスで商品を販売することになりますが、Amazonマーケットプレイスには「大口出品」と「小口出品」の2つの出品形態があります。

▲ 大口出品は、頻繁に無料のキャンペーンが行われています。

大口出品はたくさん販売する方向け、小口出品は頻繁には販売をしない方向けの出品形態です。大口出品は、固定費用が毎月必ず4,900円かかります。小口出品は固定費用がかかりませんが、商品が1つ売れるごとに100円の成約料がかかります。またいずれの場合も、販売手数料とカテゴリー成約料がかかります。

●大口出品
月額 4,900 円 + 販売手数料
+ カテゴリー成約料

●小口出品
基本成約料 100 円 + 販売手数料
+ カテゴリー成約料

経費面で見ると月の販売個数が49個未満なら小口出品が有利ですが、違いはそれだけではありません。小口出品では、販売できないカテゴリーがあります。また、現在Amazonに登録されていない商品の新規販売ができません。便利な「一括出品ツール」や「注文管理レポート」が利用できないというデメリットもあります。何よりも、Amazon販売でもっとも大事なポイントである**ショッピングカート獲得**ができません（P.102参照）。これはAmazon販売では致命的ですので、**本格的に販売を行っていきたいのであれば、大口出品**をおすすめします。

大口出品のメリット

大口出品のメリットを以下にまとめてみました。ご自身の販売方法を念頭に、どちらの出店形態をとるか検討してみてください。

● 月額4,900円＋販売手数料

大口出品では何個売れても月々4,900円です。月に50点以上販売する場合は、大口出品のほうが費用を抑えることができます。

● 一括出品ツールや注文管理レポートが利用できる

一括出品ツールを利用することで、大量の商品をまとめて出品することができます。また、Amazonではすべての販売データが記録されており、ビジネスレポートという形で見ることができます。

● 小口では出品できないカテゴリーにも出品できる

大口出品であれば、「時計」や「アパレル」といった、小口出品では販売できないカテゴリーにも出品できます（Sec.21参照）。なお、出品には事前審査が必要です。

● カタログにない商品も登録できる

Amazon.co.jp のカタログに掲載のない商品を、新規で登録できます。ただし、本・ミュージック・ビデオ・DVDのカテゴリーの商品は登録できません。

●「ショッピングカート獲得」が期待できる

ショッピングカート獲得とは、その商品ページで「カートに入れる」をクリックすると、あなたの商品が選ばれる状態のことです。このショッピングカートの獲得は、Amazon販売においてもっとも重要です。

	大口出品	小口出品
月間登録料	4,900 円	なし
基本成約料	なし	成約商品1点につき100円
出品制限	原則なし	一部商品は出品不可
出品形態	出店（Amazon.co.jp 上に出品商品一覧ページ掲載）	出店
一括出品ツール・注文管理レポート	利用可	利用不可

Section 16

第2章 >> Amazon.comで輸入しAmazon.co.jpで販売しよう

Amazon.co.jpの出品用アカウントを取得して設定しよう

基礎知識　仕入れ&販売　FBA販売　リサーチ　仕入れ　オリジナル商品　自動化　輸入ビジネス　トラブル対策

大口出品者登録を行う

ここでは、Amazon.co.jpの出品アカウント（大口出品）を開設していきます。まずは、Amazon.co.jp（http://www.amazon.co.jp/）にアクセスします。

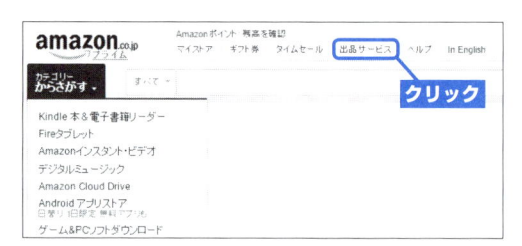

❶ トップページ上部の＜出品サービス＞をクリックします。

❷ ＜大口出品オンライン登録へ＞をクリックします。

❸ 必要な情報を登録します。氏名やEメールアドレスなどの必要事項を入力したら、＜Amazonサービスビジネスソリューション契約＞にチェックを入れ、＜次に進む＞をクリックします。

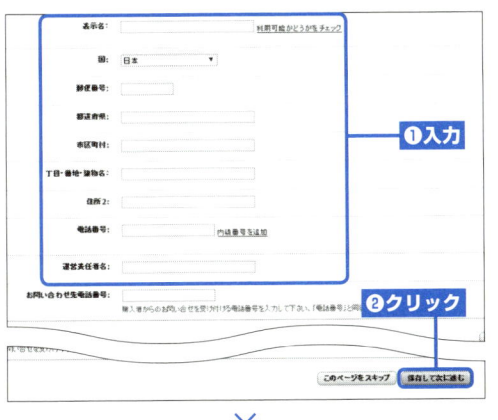

❹ 出品者の情報を入力します。ショップ名や住所、運営責任者名などを入力し、＜保存して次に進む＞をクリックします。ショップ名は＜利用可能かどうかをチェック＞をクリックすると、重複した名前のお店がないかを確認してくれます。

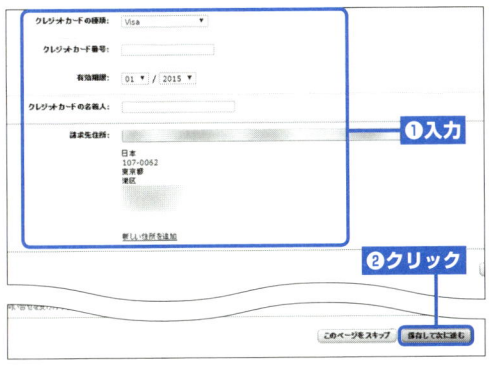

❺ クレジットカード情報を入力します。＜保存して次に進む＞をクリックします。

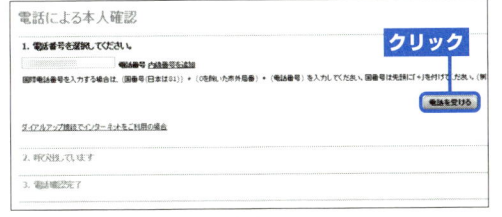

❻ 電話による本人確認があります。かかってきてもよい電話番号を入力し、＜電話を受ける＞をクリックすると、すぐに Amazon から自動電話がかかってきます。

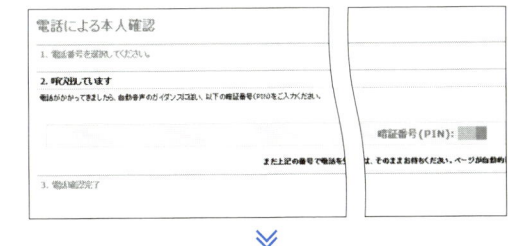

❼ 電話を受けると、画面に 4 ケタの暗証番号が表示されるので、電話に打ち込みます。

❽ 暗証番号が正しければ＜出品開始＞が表示されるので、これをクリックすれば本人確認は終了です。

❾ 「アカウントを設定」画面が表示されるので、登録内容に間違いがないか確認して、＜出品開始＞をクリックします。

❿ 登録が完了し、セラーセントラル（管理画面）が表示されます。

⓫ 続いて売上金が入金される銀行口座の登録を行います。＜銀行口座情報を確認＞をクリックします。

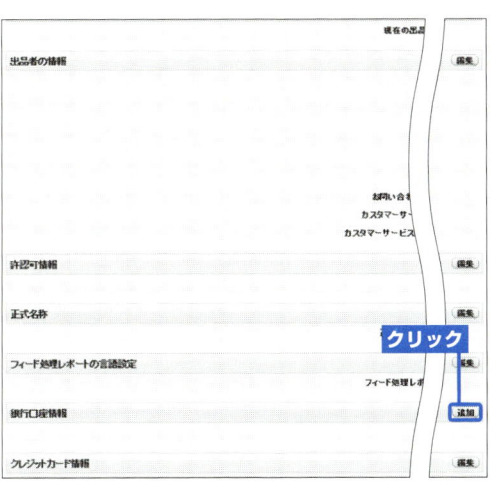

⓬「銀行口座情報」の右側に表示されている<追加>をクリックします。

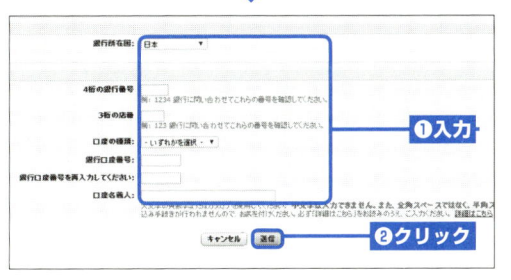

⓭ Amazon.co.jp 銀行口座情報に、受け取り口座の情報を入力します。入力が終わったら<送信>をクリックして完了です。

　以上で出品用アカウントが登録できました。Amazon.co.jpから登録完了のメールが届きますので、確認してください。手順⓭で4桁の銀行番号がわからない場合は、「金融機関コード銀行コード検索」などで検索して調べましょう。

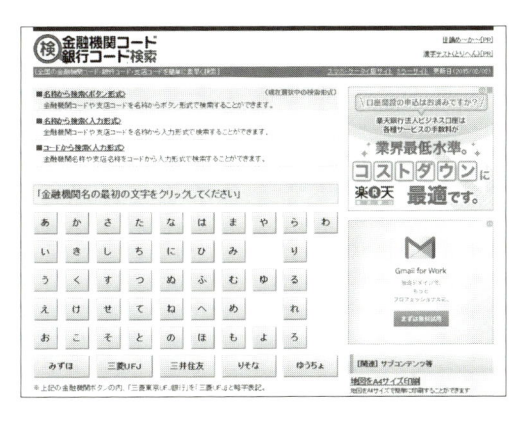

金融機関コード銀行コード検索
URL http://zengin.ajtw.net/

Section **17**

第2章 >> Amazon.comで輸入しAmazon.co.jpで販売しよう

セラーセントラルの使い方

| 基礎知識 | 仕入れ&販売 | FBA販売 | リサーチ | 仕入れ | オリジナル商品 | 自動化 | 輸入ビジネス | トラブル対策 |

セラーセントラルとは？

　セラーセントラルとは、Amazonの販売用アカウントの「管理画面」です。出品の手続きや在庫の調整など、すべての操作はこの管理画面から行うことができます。まずはAmazon.co.jpのトップページから、セラーセントラルの画面に移動しましょう。

❶ Amazon.co.jpトップページ右上の「こんにちは、○○さん」にマウスカーソルを移動します。メニューが表示されるので、＜アカウントサービス＞をクリックします。

❷ 「アカウントサービス」画面で、＜出品用アカウント＞をクリックします。

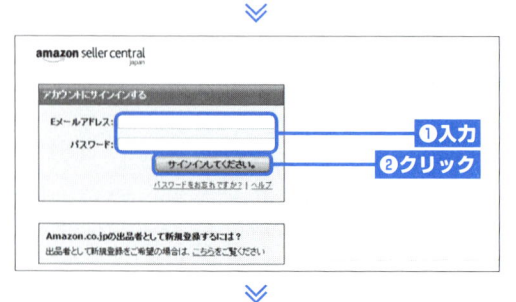

❸ 「サインイン」画面が表示されたら、P.54手順❸で登録した「Eメールアドレス」と「パスワード」を入力し、＜サインインしてください。＞をクリックします。

❹ セラーセントラルの画面が表示されます。

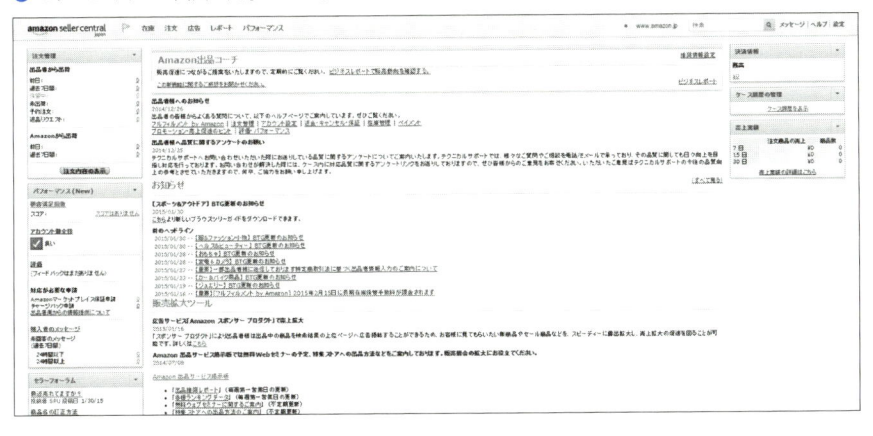

セラーセントラルでは、主に下記のようなことができます。

1. 在庫管理
2. 商品登録
3. 注文管理
4. 売上分析
5. パフォーマンス分析
6. 広告出稿
7. 各種設定
8. お客様対応
9. Amazonへの問い合わせ

セラーセントラルの画面中央には、品薄商品の情報や、出品推奨商品情報など、Amazon.co.jpより提供される販売促進の情報が随時更新されて表示されます。

セラーセントラルの5つのタブ

セラーセントラルの上部には、5つのタブが並んでいます。「在庫」「注文」「広告」「レポート」「パフォーマンス」です。それぞれどのようなことができるのか見てみましょう。

● 在庫

「在庫」タブの中でとくに重要なのは、「在庫管理」「FBA在庫管理」「商品登録」です。登録や出品した商品はすべてここで管理することができ、在庫や価格の調整も行えます。

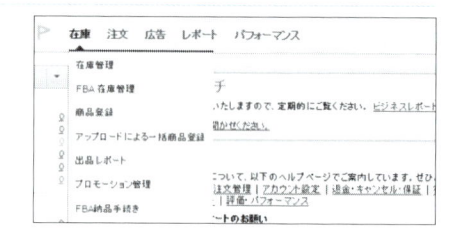

● 注文

受注した注文の管理ができます。ここから購入者にメールを送ることもできます。返品の管理などもここで行えます。

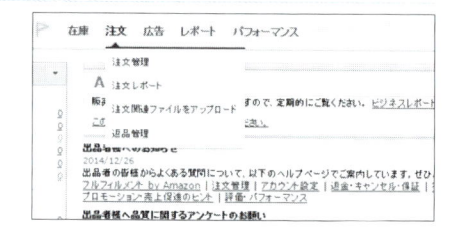

● 広告

検索連動型広告「Amazonスポンサープロダクト」の出稿ができます。広告については、あとの章で解説します。

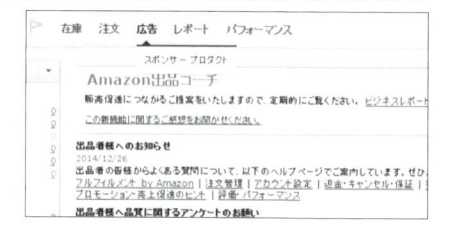

● レポート

売上や手数料の確認など、お金に直結する事柄を確認できます。ビジネスレポートもここからリンクしています。

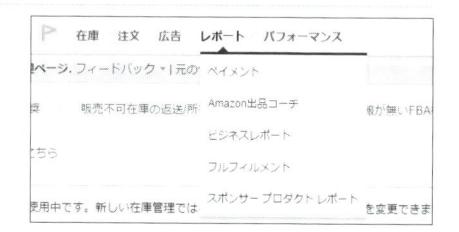

● パフォーマンス

購入者からいただいた評価や、顧客満足度などを確認できます。

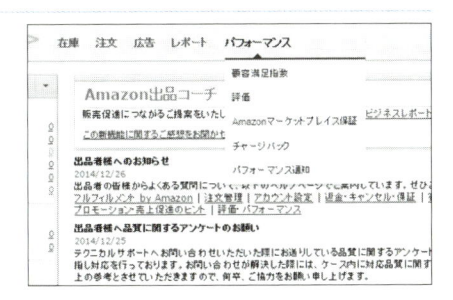

● セラーセントラルのそのほかの機能

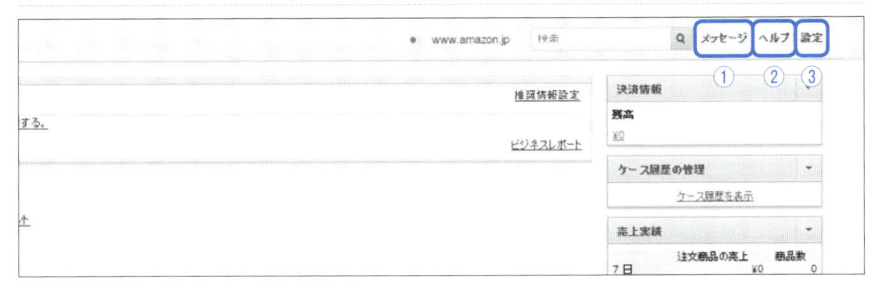

①メッセージ
出品者と購入者とのメッセージの履歴、メッセージの内容および関連注文情報を確認することができます。

②ヘルプ
Amazonへの問い合わせはここから行います。購入者から悪い評価をもらってしまった場合も、ここから削除依頼を出すことができます。セラーセントラルで＜ヘルプ＞をクリックして、「ヘルプ」画面に飛び、画面右下の「テクニカルサポートにお問い合わせ」からAmazonへ問い合わせることができます。問い合わせはメールでも電話でも対応してくれます。電話の場合は店舗名と登録してある銀行口座番号の下4桁を聞かれますので、回答してください。メールでも対応は早く丁寧なので、わからないことがあればどんどん質問しましょう。

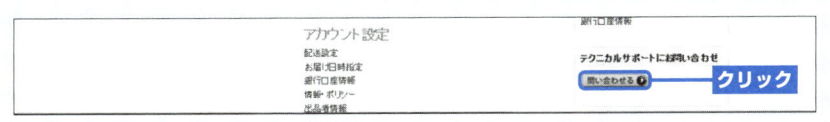

▲「ヘルプ」画面を表示し、「テクニカルサポートにお問い合わせ」の＜問い合わせる＞をクリックします。

③設定
メールアドレスやクレジットカード情報、住所などの登録情報を確認・変更する場合に使います。

Section 18

第2章 >> Amazon.comで輸入しAmazon.co.jpで販売しよう

Amazonマーケットプレイスに出品しよう

| 基礎知識 | 仕入れ&販売 | FBA販売 | リサーチ | 仕入れ | オリジナル商品 | 自動化 | 輸入ビジネス | トラブル対策 |

商品ページから出品する

Amazonマーケットプレイスへの出品方法には、「商品ページからの出品」と「セラーセントラルからの出品」の2通りがあります。ここではもっとも簡単な「商品ページからの出品」を行います。

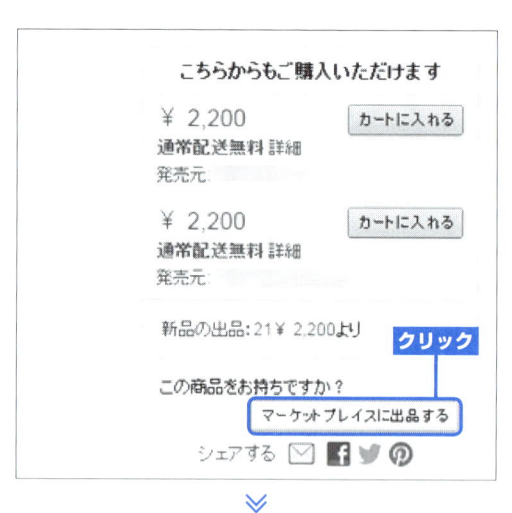

❶ Amazon.co.jpで、出品したい商品のページを開きます。画面右下にある＜マーケットプレイスに出品する＞をクリックします。

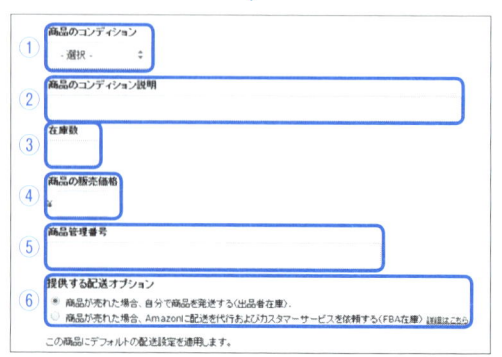

❷ 出品画面が表示されるので、商品の状態を入力します。必要な事項は下記のとおりです。

①商品のコンディション
②商品のコンディション説明
③在庫数
④商品の販売価格
⑤商品管理番号
⑥提供する配送オプション（出品者在庫かFBA在庫か）

①商品のコンディション

　商品の状態を指定します。「新品」「中古 - ほぼ新品」「中古 - 非常に良い」「中古 - 可」「中古 - 良い」の中から選択します。

▲ 外箱がつぶれているなど状態が悪い場合は、新品でも「中古 - ほぼ新品」として出品しましょう。

②商品のコンディション説明

　ここで入力した内容が、商品の詳細ページで出品者のコメントとして表示されます。購入者はこのコンディションの文面で購入するかどうかを判断することになります。できるだけ客観的な事実にもとづいて入力しましょう。

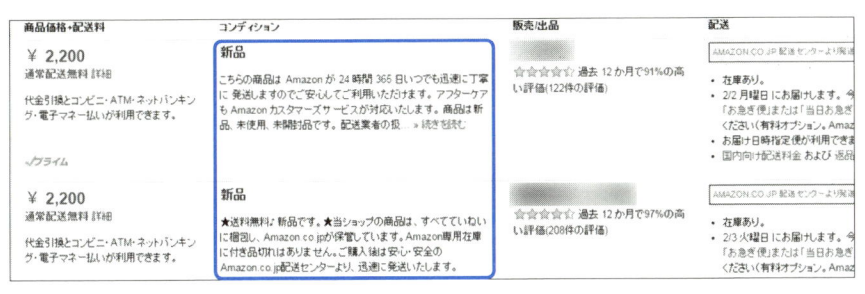

▲ 長文になると短縮して表示されます。購入者にとってのメリットを優先して入力しましょう。

◎ コンディション説明に書いておくべき内容とその例

商品の状態について詳しい説明	新品・未開封品です。／中古美品・内容確認のために1度開封しただけです。／新品ですが輸入品につき外箱に傷がある場合がございます。
決済方法や納期、配送・梱包について	即日発送いたします。／ご注文後、24時間以内に発送いたします。／クロネコヤマトで配送します。／2～3営業日以内に発送いたします。
FBAの場合	Amazon.co.jpが24時間365日いつでも迅速に対応いたします。／注文後Amazon配送センターより迅速に配送されます。
特典やおまけなどの特記事項	初回限定盤です。／ケースが付属します。／日本語説明書付き。
返品について（販売ポリシー）	万が一不具合がございましたら返品または返金対応をさせていただきます。
お店からの一言	当店ではお客様に安心してご購入いただけるよう全商品の検品を行いコンディションに相違がないように努めています。

③在庫数

販売できる商品の個数を入力します。

④商品の販売価格

希望販売価格を入力します。①商品のコンディションで「新品」を選択すると、現在販売されている最低の価格が表示されますので、1つの基準として参考にしましょう。また、①商品のコンディションで「中古」を選ぶと、写真を掲載することができます。

▲＜最低価格に一致＞をクリックすると、現在の最低価格が入力されます。

⑤商品管理番号

商品管理番号は、出品者が設定する、個々の商品を特定するための識別コードです。SKU（エスケーユー／Stock Keeping Unitの略）ともいいます。多くの商品を扱っていると、自分の商品の情報を忘れてしまうことがあります。そのためSKUに情報を残しておくと、とても便利です。

商品管理番号は、数字とアルファベットを組み合わせて設定できます。たとえば「商品ジャンル（おもちゃ）」「仕入れ日時」「仕入れ価格」「ASIN」（商品識別番号）を組み合わて作成します。

SKU: toy03_1020_2000_B00F4MN9FM
　　　ジャンル　日時　価格　　ASIN

このように商品管理番号を決めておくと、あとの管理が大変楽になります。

⑥提供する配送オプション

注文が入ったら自分で発送するか（出品者在庫）、次の章で解説する「フルフィルメント by Amazon」に納品して配送をAmazonに任せるか（FBA在庫）を選びます。

- 商品が売れた場合、自分で商品を発送する（出品者在庫）
- 商品が売れた場合、Amazon に配送を代行およびカスタマーサービスを依頼する（FBA 在庫）

出品を完了する

①〜⑥を設定したら、出品を完了します。ここでは「出品者在庫」として出品しています。

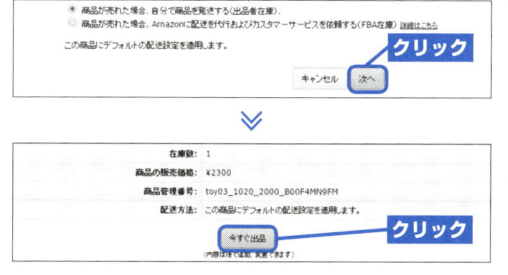

❶ ＜次へ＞をクリックします。

❷ 商品情報に間違いがないか、確認します。＜今すぐ出品＞をクリックして、出品完了です。

商品の価格を調整する

セラーセントラルでは、出品した商品の価格を変更して調節できます。Amazonでの販売では、価格を常に調整することで利益や回転率を上げていくことができます。

● 商品の価格を調整する

❶ セラーセントラルを表示したら＜在庫＞→＜在庫管理＞をクリックし、「在庫管理」画面を表示します。該当する商品の「出品価格＋配送料」の欄にある、現在の価格をクリックします。

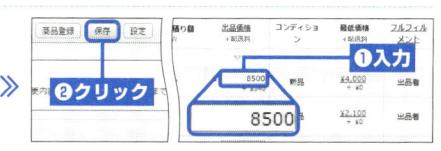

❷ 新しい価格（ここでは 8,500 円）を入力し、＜保存＞をクリックして完了です。「商品情報は更新されました。なお、変更内容がこのページに反映されるまで、15 分ほどかかる場合があります。」と表示されます。

Section 19　　　　　第2章 >> Amazon.comで輸入しAmazon.co.jpで販売しよう

注文された商品を発送しよう

| 基礎知識 | 仕入れ&販売 | FBA販売 | リサーチ | 仕入れ | オリジナル商品 | 自動化 | 輸入ビジネス | トラブル対策 |

セラーセントラルで注文を確認する

　Amazonマーケットプレイスに出品した商品に注文が入ると、Amazon.co.jpから注文確定メールが送られてきます。メールが届いたら、セラーセントラルにアクセスします。セラーセントラルの左上には「注文管理」という欄があり、注文された商品がいまどのような状態にあるのかが表示されています。発送していない商品がある場合は「出荷されていない商品を確認する」という表示があるので、これをクリックします。すると、注文された商品やお客様の情報が表示されます。

❶ <出荷されていない商品を確認する>をクリックします。

❷ 「注文管理」画面が表示されます。

商品の発送準備をする

それではいよいよ、商品を発送する準備に取りかかりましょう。商品の発送には、梱包用のダンボールと商品の納品書、緩衝材（プチプチなど）が必要です。梱包に関しては、納品書を入れる以外にとくに決まったルールはありませんが、サイズに合った箱を選んだり、緩衝材を入れて梱包することで、商品やパッケージの破損を防ぎ、お客様にもよい印象を持ってもらえます。

● 納品書を印刷する

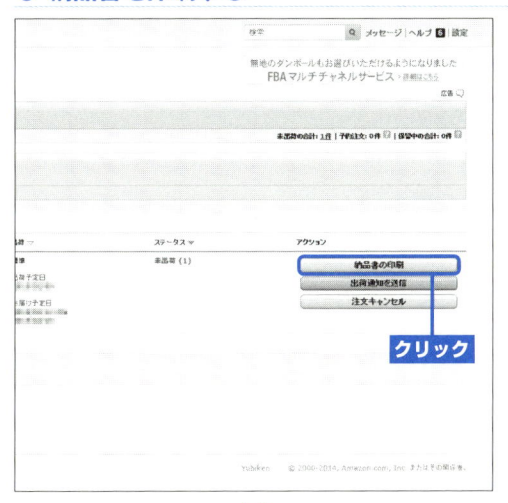

❶ 左ページの方法で「注文管理」画面を表示し、＜納品書の印刷＞をクリックします。

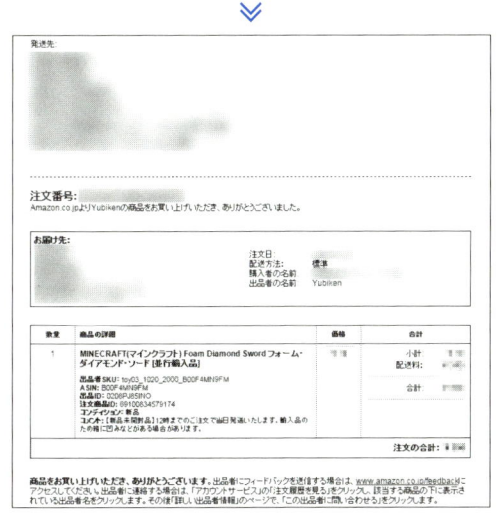

❷ 別ウインドウが開いて、印刷用の納品書が表示されるので、プリントアウトします。印刷した納品書は、商品と一緒に箱の中に納めましょう。

● 出荷通知を送信する

　梱包が終わったら、配送業者に荷物を引き渡します。そして、商品を出荷したことをAmazonに知らせる「出荷通知」を送ります。「出荷通知」には、発送日のほか、配送業者と配送方法、トラッキング（追跡）番号を入力します。トラッキング（追跡）番号は必ずしも必要なわけではありませんが、不要なトラブルを避けるためにも、できるだけ入力しておきましょう。　ただし、配送方法によってはトラッキング番号のないものもあるので、その場合は書かなくても問題ありません。

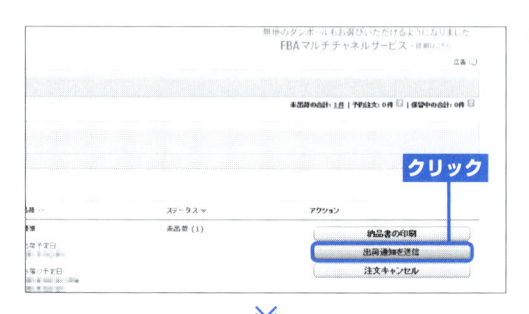

❶ 「注文管理」画面の＜出荷通知を送信＞をクリックします。

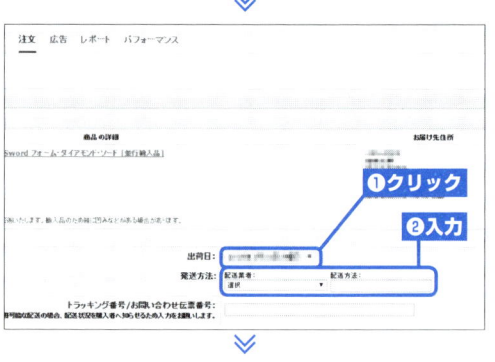

❷ 「出荷日」をクリックして選択し、「配送業者」と「配送方法」を入力します。配送方法は「ゆうパック」や「メール便」などと書いておきましょう。

❸ トラッキング（追跡）番号がある場合は入力し、＜出荷通知を送信＞をクリックすると、発送の手続きは完了です。

　基本的には、注文確定メールが届いてから2営業日以内に商品を発送しなければなりません。2営業日を過ぎると、管理画面に「発送日を過ぎています」と表示され、パフォーマンス（P.72参照）が下がります。できるだけスムーズに発送できるように、緩衝材や必要なダンボールなども複数のサイズで用意しておきましょう。

● ダンボールは買うべきか、もらってくるべきか

梱包用のダンボールは購入するほかに、もらってきたものを利用することもできます。しかし、**ダンボールは買ったほうがよい**、というのが筆者の見解です。理由は次のようなものです。

1. もらってきたダンボールだと梱包が汚くなる
2. ちょうどよいサイズのダンボールを探すのは困難で時間がかかる

ダンボール・ネット
[URL] http://www.danboru.net/main.asp#bottom_open

アースダンボール
[URL] http://www.bestcarton.com/

▲ ダンボール販売専用サイトでは、さまざまなサイズのものを購入できます。

売上は14日ごとに入金される

出品者が出荷通知を行うと「取引完了」という状態になり、売上が計上されていきます。売上の詳細はセラーセントラルの＜レポート＞から「ペイメント」画面を開いて確認することができます。Amazonではヤフオク！などと異なり、商品1点ごとに入金されるわけではありません。Amazonが代行して回収を行い、**手数料を差し引いた金額が14日ごとに登録口座へ振り込まれます**。およそ振り込み開始から6〜10営業日で実際に着金されます。

▲ 振り込み日はこちらで決められません。出品者登録をした日から14日周期で振り込まれます。

Section 20

第2章 >> Amazon.comで輸入しAmazon.co.jpで販売しよう

お客様から出品者レビューをもらおう

基礎知識　**仕入れ&販売**　FBA販売　リサーチ　仕入れ　オリジナル商品　自動化　輸入ビジネス　トラブル対策

出品者の信用度は「レビュー」で決まる

　Amazonマーケットプレイスにおいて、出品者の信用度はカスタマー（お客様）によるレビューによって決まります。カスタマーが行う出品者への評価は「非常に良い」から「非常に悪い」まで5段階になっています。評価履歴では、出品者への評価が「高い」「普通」「低い」の3段階に集約され、「30日間」「90日間」「1年間」「全評価」それぞれの評価パーセンテージで表示されます。また「最近の評価」欄では、最近のレビューがまとまって表示されます。こうした評価の状況は、セラーセントラルの＜パフォーマンス＞から「評価」画面を開いて確認することができます。

最近の評価:		すべての評価を見る
4（5が最高）：「迅速な対応ありがとうございました」		2015年2月4日
5（5が最高）：「迅速な対応かつ丁寧な梱包でした。機会があればまた利用したいです。」		2015年2月1日
4（5が最高）：「物に対して、梱包が大きい気がします．．．」		2015年1月30日
3（5が最高）：「普通」		2015年1月29日
5（5が最高）：「問題なく商品を受け取ることができました。」		2015年1月26日
		すべての評価を見る

評価履歴:				
評価	30日間	90日間	1年間	全評価
高い	86%	93%	96%	96%
普通	14%	4%	2%	2%
低い	0%	2%	2%	2%
評価数	21	91	414	939
この表の見方				

▲「最近の評価」ではレビュー、「評価履歴」では評価データが確認できます。

● 評価が低くなるとどうなってしまうのか？

　Amazonマーケットプレイスでは「顧客満足指数」という、Amazonが出品者を評価する基準があります。この指数が低くなると、この先で詳しく説明する「ショッピングカート獲得」が困難になり、最悪の場合アカウントの停止などにもつながります。

● 顧客満足指数では注文不良率が重要

「顧客満足指数」には、「注文不良率」「キャンセル率」「出荷遅延率」「ポリシー違反」「回答時間」の5つの要素があります。Amazonでは「注文不良率：1%未満」「出荷前キャンセル率：2.5%未満」「出荷遅延率：4%未満」を1つの基準として定めていますが、中でももっとも重要視されているのが「**注文不良率**」です。注文不良とは、ある注文に対してカスタマーからマイナスの評価（低評価）が寄せられた場合や、Amazonマーケットプレイス保証やチャージバックが申請された場合に、その注文は不良であったと見なされます。そして「注文不良率」を構成する3つの要素のうちの1つがカスタマーからの評価なのです。

▲ セラーセントラルの「顧客満足指数」画面で、それぞれの値を確認できます。

　Amazonマーケットプレイスで販売を行っていくと、どうしても一定の割合で注文不良は出てしまいます。カスタマーからのキャンセルだけでなく、勘違いによるクレームや返品などもありますし、嫌がらせやイタズラ評価が入る可能性もあります。あまり神経質になりすぎず、できることをしっかりとやっていきましょう。

　なお、理不尽な評価を受けた場合は、P.61の方法でカスタマーサポートに削除依頼を出してみましょう。公平性を維持するため評価自体は削除されなくても、5段階評価に横線が引かれ、評価の集計から外してくれる場合もあります。

Amazonでは「普通」は低評価

　Amazonマーケットプレイスで買いものをするカスタマーの中には、「Amazon（本体）から買っている」と認識している人もまだまだ多くおり、出品者への評価システムというものが存在することを知らない場合もあります。また評価システムは知っていても、何も問題がなかったから「3：普通」を付けるという方も少なくありません。

　しかし出品者側にとって「3：普通」というのは、評価履歴を下げてしまう評価です。評価履歴は評価の総数に占める割合で算出されるので、低評価が付いてしまうと全体の評価％に影響を与えます。たとえば評価総数が5のうち、普通が1つでも入ると全体の評価％は「80％」になってしまいます。

　低評価が増えると、「注文不良率」が上がり→Amazonからの評価が下がり→ショッピングカート獲得率が下がり→売上が下がる…という悪い流れになってしまいます。お客様にとっても、同じ商品なら評価％の低い出品者よりも高い出品者から買うというのが購入者心理です。そうならないためにも、また評価数を増やすためにも、カスタマーに評価を付けていただくよう促していきましょう。

● **お客様にお店の評価リクエストをしよう**

　商品を購入したお客様にはAmazonからも評価リクエストメールが送られますが、出品者からも積極的に評価をリクエストしましょう。セラーセントラルの＜注文＞から「注文管理」画面を表示して、該当する注文の詳細情報の中の「購入者に連絡する：（購入者名）」の、購入者名をクリックすると「カスタマーに連絡」画面になります。ここからお客様に直接メールを送ることができます。「件名」で「評価リクエスト」を選択し、1,300文字以内でメッセージを入力します。添付ファイルも一緒に送れますので活用しましょう。カスタマーへの評価リクエストの方法にはもう1つ、「手紙を同封する」方法があります。次ページでは、評価リクエストの文章例をご紹介します。

▲ 評価リクエストを送るには、「注文の詳細」に表示されるお客様の名前をクリックします。

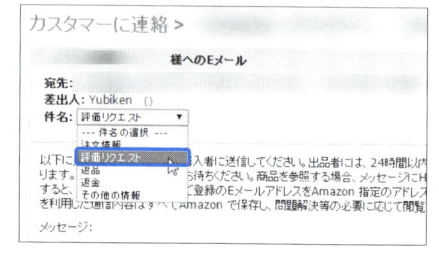

▲ ＜評価リクエスト＞をクリックすると、メッセージが入力できます。

◎ 評価リクエスト例

（カスタマー名）様

いつも当店をご利用下さいましてありがとうございます。
Amazon マーケットプレイス【お店名】の【名前】と申します。

お買い求めいただきました『商品名』はご満足いただけましたでしょうか。
お陰様で大変多くのお客様にご支持をいただいている商品となります。
万が一不具合などございましたら遠慮なくお申し付けください。
迅速に対応させていただきます。

さて、今回のお取引につきまして、
大変恐縮ではございますが、当店への評価をお願いできませんでしょうか。
評価は他のお客様に安心して当店をご利用頂く判断材料となります。
私共も大変励みとなりますので、ご協力をお願いいたします。

●評価の付け方はカンタンです！（1 分程度）
1. Amazon トップページ（http://www.amazon.co.jp/）からログインします。
右上の「こんにちは、○○さん」をクリックします。
2.「注文履歴」セクションから"その他""出品者を評価する"をクリックします。
3. 該当注文の「出品者を評価」にて評価をお願いします。

【出品へ評価の目安】
　　★★★★★　対応に問題なし
　　★★★★　　少し不満がある　　減点−1
　　★★★　　　不満がある　　　　減点−2
　　（※商品に対する評価ではございませんのでご注意ください）
4. 質問やコメントをご入力の上「評価を送信する」ボタンを押して下さい。

ご協力ありがとうございました。
お寄せ頂いた貴重なご意見を元に、業務改善に勤めて参ります。

今後も変わらぬご愛顧のほど、よろしくお願い申し上げます。

★☆ お店の名前 ☆★
担当：名前
〒XXX-XXXX
住所：AAAABBBBBCCCC
TEL：XX-XXXX-XXXX

ポイントは以下のとおりです。なお、お客様に高評価を強要することは、Amazonポリシー違反となるので注意しましょう。

1. 「評価の目安」を示しておくことで、高評価をいただきやすくする
2. 評価の付け方、所要時間の目安を書いておくことで、わかりやすくする

Section 21

第2章 >> Amazon.comで輸入しAmazon.co.jpで販売しよう

出品制限のある商品を出品しよう

基礎知識 / **仕入れ&販売** / FBA販売 / リサーチ / 仕入れ / オリジナル商品 / 自動化 / 輸入ビジネス / トラブル対策

出品許可を申請する

Amazonマーケットプレイスでは、特定のカテゴリーに属する商品については出品許可が必要です。ただし、出品許可申請ができるのは大口出品アカウントの場合に限ります。小口出品アカウントの場合は、残念ながら出品できません。出品制限のある商品ジャンルには、次のようなものがあります。

| 時計 | 服&ファッション小物 | シューズ&バッグ | ジュエリー |
| コスメ | ヘルス&ビューティー | 食品&飲料 | ペット用品 |

「食品&飲料」は、食品衛生法により個人輸入者が取り扱うことはできません。「コスメ」は、Amazonの規定で並行輸入品の出品が禁止されています。「ファッション」については、「UGG Australia」「A bercrombie & Fitch」などの一部ブランドは審査が必要です。それ以外は、申請を行うことで出品が可能になります。詳細は「Amazonマーケットプレイス出品規約」（https://www.amazon.co.jp/gp/help/customer/display.html?nodeId=1085374）に記載されています。

それでは許可申請を行いましょう。下記の順序で行います。申請には商品画像が必要ですので、あらかじめ用意してから進めるとよいでしょう。

1. 特定商取引法にもとづく出品者情報の登録
2. 該当ジャンルの出品申請

特定商取引法にもとづく出品者情報を登録する

　最初に、「特定商取引法にもとづく出品者情報の登録」を行います。インターネットで物販やサービスなどを販売・提供する際には、販売者の名前・住所・電話番号などをサイト上に記載する義務があります。記載することでお客様の安心感を高め、トラブルを未然に防ぎます。しっかりと情報を掲載しましょう。

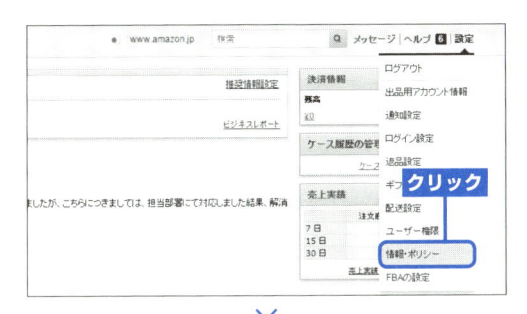

❶ セラーセントラルを表示し、右上の＜設定＞→＜情報・ポリシー＞をクリックします。

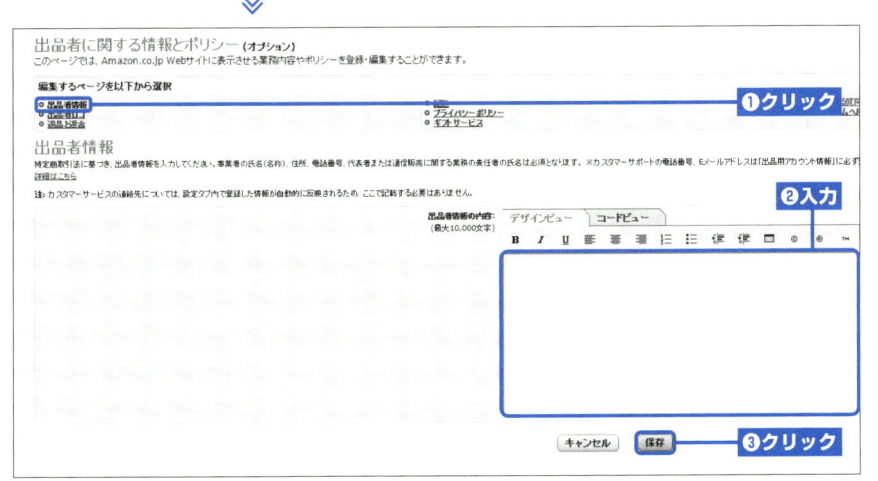

❷ ＜出品者情報＞をクリックして、テキストボックスに情報を入力し、＜保存＞をクリックすれば登録完了です。

◎ 出品者情報の入力例

店舗運営責任者：アマゾン太郎
会社名：有限会社マーケットプレイス
会社住所：〒160-0000　東京都目黒区目黒 1-1-1　XX ビル 1 階
電話番号：03-XXXX-XXXX

該当ジャンルの出品を申請する

続いて、出品したい商品に該当するジャンルに対して、出品申請を行います。出品申請はセラーセントラルから行います。ここでは「時計」を例に、申請を進めていきましょう。

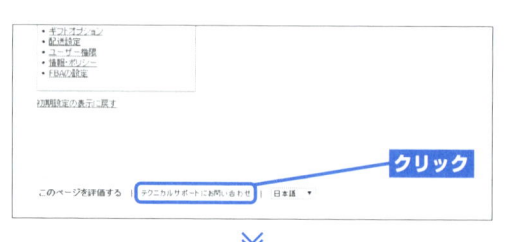

❶ セラーセントラル画面を表示し、画面左下の＜テクニカルサポートにお問い合わせ＞をクリックします。

❷ ＜どのサービスに対するお問い合わせですか？＞→＜Amazon出品サービス＞→＜在庫と商品情報＞→＜商品登録および出品申請＞→＜商品登録または表示＞→＜出品申請が必要なカテゴリーを表示し、申請する＞の順にクリックして進みます。該当のカテゴリー（ここでは「時計」）の＜出品を申請＞をクリックします。

❸ 申請画面が表示されるので、表示される質問に回答して進んでいきます。基本的には＜Yes＞で進んでいけば問題ありません。

◎ 出品者情報の入力例

- 商品はすべて新品ですか？→「はい」
- 商品に製品コード（JAN）がありますか？または製品コード免除が許可されている商品ですか？→「商品に製品コード（JAN）があります。」
- 販売するブランド名をすべて入力してください
  → 入力して「続ける」をクリック
- 並行輸入品ですか？→「はい」または「いいえ」を選択
- 製品コード（JAN／EAN／UPC）がない商品の出品を許可されていますか？
  →「はい」「続ける」をクリック

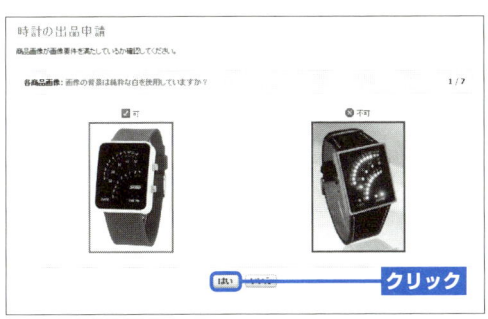

❹ 回答を進めると、商品画像についての質問が7回表示されます。問題がなければ、7回すべて＜はい＞をクリックします。

❺ 「商品画像を1種類アップロードしてください（メイン画像）」と表示されたら、＜ファイルを選択＞をクリックして自分が出品しようとしている商品の画像をアップロードし、＜続ける＞をクリックします。

❻ 最後のページが表示されます。「Eメール」、「電話番号」、「オンライン売上高見積り額」、「店舗情報」を入力して、＜申請を送信＞をクリックすれば完了です。24時間以内にAmazonからメールが届きます。なお、「オンライン売上高見積り額」は、ある程度の見込み額で大丈夫です。

　いったん出品許可が下りれば、同一カテゴリーについては申請なしで出品ができるようになります。ただし、違うカテゴリーで出品する場合は、再度申請が必要です。

Section 22

まだカタログにない商品を Amazon.co.jpに登録しよう

| 基礎知識 | 仕入れ&販売 | FBA販売 | リサーチ | 仕入れ | オリジナル商品 | 自動化 | 輸入ビジネス | トラブル対策 |

Amazonにない商品でもカタログ登録して出品できる

これまではAmazonのカタログにすでに登録されている商品を出品して販売してきました。しかし、まだカタログに登録されていない商品も、私たち出品者が新規登録を行って販売することができます。ただし、**登録できるのは大口出品アカウントのみ**になります。また、ビデオ・DVDのカテゴリーは原則、新規登録を行うことができません。

● 製品コードの有無で登録方法が異なる

Amazonで商品を新規登録する際、製品コードがある商品と製品コードがない商品で、方法は大きく異なります。製品コードとは、ISBN・JAN・EAN・UPG・GTINなどの「バーコード・ナンバー」のことで、いわゆる流通コードと呼ばれるものです。私たちがコンビニやスーパー、百貨店で買える商品は、ほとんどが流通されて店頭に並んでいる商品ですので、この流通コードが付帯しています。しかし、たとえば街中のコーヒーショップで買ったコーヒーに流通コードは付帯していませんし、中国輸入の「ノーブランド商品」にも付いていません。

製品コードは「流通システム開発センター」というところで事業者登録を行えば、自分でJANコードを作れるようになります。JANコードの作り方についてはこの先で詳しく解説しますが（P.186参照）、ここでは製品コードのない並行輸入品を販売するという観点で解説を進めていきます。まずは製品コードのない商品として出品申請を行い、次に製品コードなしで商品を登録する、という流れを進めてみましょう。

流通システム開発センター
URL http://www.dsri.jp/

製品コードがない商品の出品申請を行う

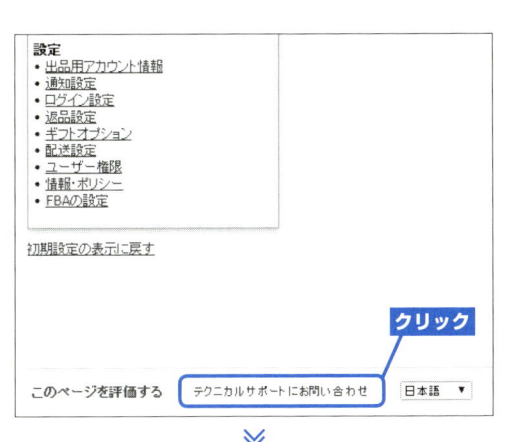

❶ セラーセントラルを表示し、「テクニカルサポート」の最下段にある＜テクニカルサポートにお問い合わせ＞をクリックします。

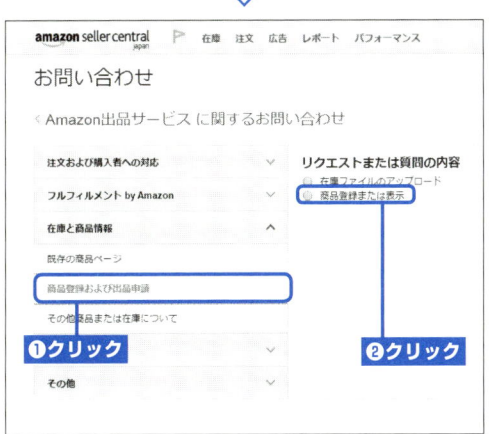

❷ P.76と同様に＜Amazon出品サービス＞→＜在庫と商品情報＞→＜商品登録および出品申請＞→＜商品登録または表示＞の順にクリックして進みます。

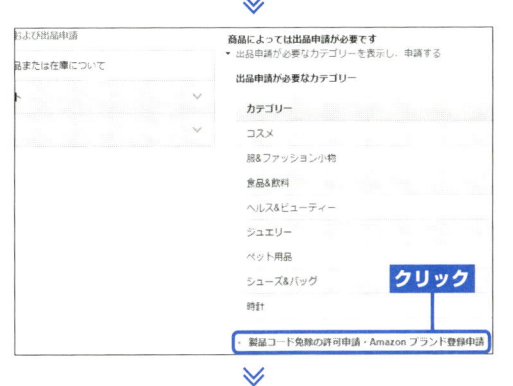

❸ ＜製品コード免除の許可申請・Amazonブランド登録申請＞をクリックします。

❹「製品コード免除の許可申請・Amazon ブランド登録申請」画面が表示されます。カテゴリーや商品のコンディション、商品 URL などを入力していきますが、ここではとくにわかりにくいところをピックアップして解説します。

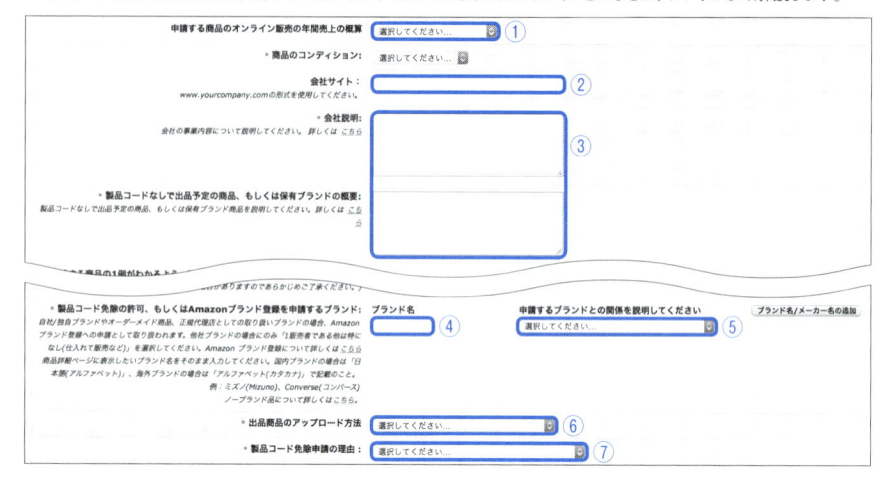

① 「申請する商品のオンライン販売の年間売上の概算」
絶対的な数字ではありませんので、とりあえず「¥100,000 以下」を選択しましょう。

② 「会社サイト」
公式サイトの URL を貼りましょう。海外のサイトでもよいです。

③ 「会社説明」「製品コードなしで出品予定の商品、もしくは保有ブランドの概要」
海外メーカー（海外商品）の説明になります。メーカーや商品についてネットで調べて、わかる範囲で記入しましょう。

④ 「ブランド名」
海外ブランドの場合は、"Converse（コンバース）"のように「アルファベット（カタカナ）」で記載しなければなりません。

⑤ 「申請するブランドとの関係を説明してください」
「1 販売者である他は特になし（仕入れて販売など）」を選択します。

⑥ 「出品商品のアップロード方法」
セラーセントラルの「商品の新規登録から」を選択します。

⑦ 「製品コード免除申請の理由」
「並行輸入品」を選択します。

　すべて入力し、＜送信＞をクリックすれば申請は完了です。数日でAmazonから審査完了のメールが届きますので、審査に通れば商品登録を行うことができます。一度審査に通ったブランドは、同じカテゴリーであれば再審査なしで登録できるようになります。なお、カテゴリーごとに登録の手順が若干異なりますので、「カテゴリー別商品登録ルール」（https://www.amazon.co.jp/gp/help/customer/display.html?nodeId=200688280）を参照しておきましょう。

製品コードがない商品の商品登録を行う

　カテゴリーごとの出品申請を終えたら、続いて商品登録を行います。製品コードがない商品の商品登録を行う場合は、最初にセラーセントラルの「在庫」タブから「商品登録」のページへアクセスし、本当に商品の登録がないかどうか、メーカー名や型番など思い付くキーワードを入力して検索します。たまたま誰も販売していないだけで、実は商品ページは存在しているという場合もありますので、注意が必要です。

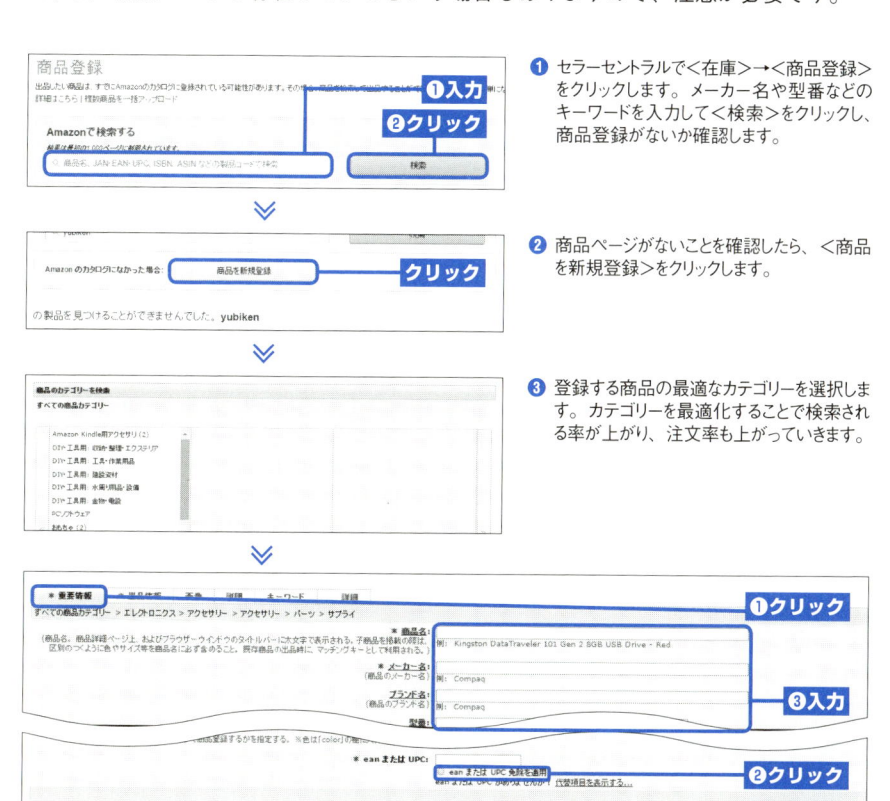

❶ セラーセントラルで＜在庫＞→＜商品登録＞をクリックします。メーカー名や型番などのキーワードを入力して＜検索＞をクリックし、商品登録がないか確認します。

❷ 商品ページがないことを確認したら、＜商品を新規登録＞をクリックします。

❸ 登録する商品の最適なカテゴリーを選択します。カテゴリーを最適化することで検索される率が上がり、注文率も上がっていきます。

❹ ＜重要情報＞をクリックし、＜ean または UPC 免除を適用＞のチェックを入れます。すべての項目を入力し、＜保存して終了＞をクリックすれば、出品手続きが完了です。

　並行輸入品の場合は、販売形態（並行輸入品）という項目に該当の値「JP Parallel Import」を指定し、商品自体のJAN／UPCコードを入力してください。この項目を指定すると、商品名には自動的に［並行輸入品］と記載され、通常商品とは別の商品詳細ページ（ASIN）が作成されます。

Section 23

第2章 >> Amazon.comで輸入しAmazon.co.jpで販売しよう

無在庫販売をやってみよう

基礎知識 / 仕入れ&販売 / FBA販売 / リサーチ / 仕入れ / オリジナル商品 / 自動化 / 輸入ビジネス / トラブル対策

無在庫販売のメリットとデメリット

　Amazon個人輸入ビジネスというのは、必ずしも在庫を持たなければいけないというわけではありません。とくに資金が少ないうちは無在庫販売を併用することで、より有利にビジネスを進めていくことができるでしょう。

◎ 無在庫販売のメリット
- 在庫リスクがない（少ない）
- 在庫スペースが不要
- テストマーケティングが行える

◎ 無在庫販売のデメリット
- キャンセル率が高い
- 利益率が低い
- 仕入れ先の管理が必要

　無在庫販売の最大のメリットは、在庫リスクがないところです。事前に商品を仕入れる必要がないので、資金額を超えた商品数を販売することも可能ですし、余分な在庫を抱え込まなくてすみます。なにより、テストマーケティングとしても使えるのが、大きなポイントです。まだAmazonで販売されていない商品などは、無在庫販売で反応を見て、売れることがわかったら在庫を持って販売するようにしましょう。

　一方で、**受注後にお客様からキャンセルが入りやすいことが、最大のデメリット**となります。また、在庫販売に比べて、お届けまでの日数がかかるためショッピングカート獲得が難しくなり、その分価格を安く販売する必要があるので、利益率は下がる傾向にあります。また、受注後に仕入れる際に在庫切れになっていたり、在庫はあっても価格が上がっている、というケースは割とよくあります。さらには、注文をいただいたお客様から「遅い」などのクレームが入ることも多々あり、トラブルにつながる可能性も高く、最悪の場合はアカウント停止になるリスクもあります。ですので、無在庫販売は本筋ではなく、テストマーケティングととらえ、まずは**無在庫で様子を見ながら販売を行い、その中で売れる商品に絞って在庫を持ちFBAで販売する**、という使い方がベストかと思います。

無在庫販売で注意すること

次に無在庫販売で注意しなければならないことを見ていきましょう。まず、何より**納期に余裕を持つ**ことが大切です。Amazon販売は「顧客満足指数」を下げないというのがもっとも大切なことですので、注文が入ったらこちらからキャンセルすることなどはせず、必ず対応するようにしましょう（P.70参照）。中にはキャンセルを希望されるお客様もいますが、即座に受け入れるようにしましょう。

お客様は待っている間、不安なものです。できるだけマメに連絡を入れることで安心してお待ちいただくことができ、それがよい評価にもつながることが多いのです。

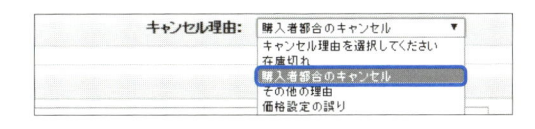

◀ お客様より、納期の都合でキャンセル希望があった場合は、セラーセントラルから＜注文＞→＜注文キャンセル＞をクリックして、「購入者都合のキャンセル」を選択しましょう。

- 余裕を持った納期設定を行う
  （2～3週間程度がベスト）
- 注文が入ったらキャンセルしない
- キャンセル依頼には即座に対応
- お客様にはこまめに連絡をする
  （例：受注時・注文時・海外発送時・日本到着時）

無在庫販売を設定する

無在庫販売を行う場合は、「Amazon商品概要」画面の「出品情報」タブで、「注文から出荷までの日数」に14日などと記入します（P.90参照）。コンディション説明欄には「海外倉庫より発送いたしますので、お届けまでに2週間程度お時間をいただいております。」などと記載しておきましょう。

POINT ▶ 無在庫販売に向いている商品

無在庫販売に向く商品は、「人気商品の関連商品」「稀少価値が高い商品」「売れるかどうかわからない商品」の3つになります。人気商品そのものの場合、すでにFBA販売者などが存在する場合は、価格をかなり下げないと戦うのは難しいです。また、稀少価値が高い商品を無在庫販売することで、ニッチな商品を高い利益率で販売して稼いでいる方もいます。

Section 24

第2章 >> Amazon.comで輸入しAmazon.co.jpで販売しよう

利益の計算方法を覚えておこう

基礎知識　**仕入れ&販売**　FBA販売　リサーチ　仕入れ　オリジナル商品　自動化　輸入ビジネス　トラブル対策

Amazon販売で利益を計算する方法

　ここでは、Amazon販売特有の利益計算の方法をご紹介します。まずは商売の基本的な考え方として、一般的な利益の計算方法をおさらいしましょう。利益というのは、収入から費用を引いたものです。物販に当てはめると、お客様に販売した金額から、仕入れ代金や経費を差し引いた残額になります。経費には、関税・消費税や通関手数料、転送会社の手数料なども含まれます。

利益 ＝ 販売価格（＋送料）－ 仕入れ値（商品原価＋送料＋経費）

　Amazonで販売した場合、これに加えてAmazon手数料が発生します。何となく仕入れて販売してみたら実は赤字だった…ということのないように、下記の計算式を覚えて、仕入れの前にしっかりと利益計算を行いましょう。

販売価格－仕入れ値（商品価格＋送料＋関税・消費税）－国内配送料－ Amazon 手数料
＝利益

　このうちAmazonの手数料は、下記の3つの費用を合わせた金額になります。それぞれ詳しく見ていきましょう。

1. 販売手数料　　　2. カテゴリー成約料　　　3. 基本成約料

1. 販売手数料

販売手数料は、売れた金額にかかる手数料です。この販売手数料は、「商品代金＋送料」の合計金額に対してかかります。基本的には8〜15%ですが、商品カテゴリーにより異なりますので確認しておきましょう。なお、手数料は変更になる場合があるので注意してください。小口出品にもかかります。

2. カテゴリー成約料

カテゴリー成約料は、カテゴリーごとにかかる手数料です。販売手数料と同じく、商品カテゴリーによって異なります。小口出品にもかかります。

3. 基本成約料

基本成約料は、小口出品のみにかかる手数料です。大口出品にはかかりません。商品が売れるごとに100円かかります。

出品手数料と価格設定

出品者が商品の発送後に出荷通知を送信し取引が完了すると、Amazonは購入者から販売価格と配送料を集金し出品者のアカウントに計上します。同時に、Amazonの手数料として販売手数料（各カテゴリーにより金額が異なります）、カテゴリー成約料（下表参照）、¥100の基本成約料を差し引きます。大口出品（プロマーチャント）の場合は¥100の基本成約料が免除されます。
内訳は以下のとおりです：

出品手数料と価格設定
[URL] http://www.amazon.co.jp/gp/help/customer/display.html?nodeId=1085246

◀ 販売手数料やカテゴリー成約料の内容を確認しておきましょう。

ツールを使ってAmazon手数料を計算する

Amazon手数料を自動で計算してくれる便利なツールがあります。それが**FBA料金シミュレーター**です。検索したい商品を「商品名」や「ASIN」で検索し、次に「商品代金」と「配送料（あなたからお客様へ国内配送料）」の項目に希望する販売価格を入力します。するとその価格で販売した場合の販売手数料を自動的に計算してくれます。ここで表示された利益から、仕入れ値と国内配送料を引いてマイナスにならなければ、利益が出ると計算できます。自社発送の場合とFBA発送の場合の両方に対応しています。

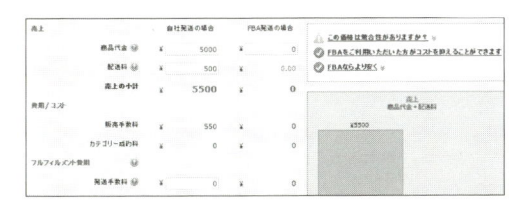

FBA 料金シミュレーター
[URL] https://sellercentral.amazon.co.jp/gp/fba/revenue-calculator/index.html/

Column ▶ 利益率と回転率の考え方

　Amazon輸入ビジネスにおいて、一体どのくらいの利益率を目指せばよいのでしょうか。「最低でも3割は必要だ」「薄利多売こそ再現性がある」など、さまざまな意見があるかと思います。もちろん商売として考えると、できるだけ高利益で販売したいというのは前提としてあります。しかし実は、利益率と同じくらい大切なのが「回転率」です。いくら高利益だからといって、仕入れてから売れるまでに半年もかかるのでは、その間お金を眠らせているのと同じ状態といえます。それよりは多少薄利でも、とにかく売って売ってお金を回していく…という考え方も必要になってきます。

　とくにAmazonでの販売は、次の章で解説するFBAを活用すれば「自動販売機」状態にすることができ、販売の手間が大幅に削減されます。とはいえ、あまりにも薄利多売で回していると、価格競争が起こったときに赤字になってしまいます。『最低でも純利益率2割』は死守したいところです。そして純利益率2割を1つの基準として逆算していくと、たとえば『月に10万円を稼ぐには、5倍の50万円分の仕入れが必要』ということになります。

　次に回転率についての考え方ですが、基本的には「1ヶ月半」で在庫が入れ替わるように販売を進めていくのがよいでしょう。Sec.10で「クレジットカードのタイムラグをうまく活用しよう」という話をしましたが、その文脈で考えると、最長の場合「7／1」に購入した商品は、約60日後の「8／27」に支払いを行います。最短の場合「7／30」に購入した商品は、約30日後の「8／27」に支払いを行います。最長と最短の間を取ると「45日」となります。つまり平均45日後に支払いを行うと考え、仕入れた商品は「1ヶ月半」で捌き切るクセを付けておくと、支払い日にキャッシュがなくて支払いができない＝破綻するということを回避できます（もちろん資金に余裕がある場合はこの限りではありません）。

```
最長                    最短
7/1                    7/30  8/1              約30日後         8/27
購入                    購入                                   支払い
                       約60日後
```

支払い日までの平均は、(30+60)÷2＝45日

　利益率と回転率、ビジネスはバランスが大事です。「純利益率2割の高回転商品」をベースにして「低回転だけど利益率の高い商品」もラインナップに加えていく。この2つの視点で商品選定を行っていきましょう。仕入れた商品が全然売れないという状況は、モチベーションの意味でもよくありません。商売には慣れも必要です。まずは薄利でもよいので「仕入れて売る」ということを進めていき、うまくなってきたら仕入れ交渉や商品選定のセンスで平均的に利益率を上げていく、というのがベストかと思います。

▲「利益率」と「回転率」のバランスをうまく取れるように、商品選定を行っていきましょう。

第 3 章

FBA販売で利益をさらに伸ばそう

Section 25	FBAとは何かを知ろう	88
Section 26	FBAに登録しよう	90
Section 27	FBA納品時に注意すること	94
Section 28	FBA手数料の計算方法	98
Section 29	FBAとショッピングカート獲得の密接な関係	100
Section 30	FBAとセラーセントラル	102
Section 31	FBA納品代行サービスを活用しよう	106
Section 32	FBAマルチチャネルサービスを活用して売上を上げよう	108

Section 25

第3章 >> FBA販売で利益をさらに伸ばそう

FBAとは何かを知ろう

基礎知識　仕入れ&販売　**FBA販売**　リサーチ　仕入れ　オリジナル商品　自動化　輸入ビジネス　トラブル対策

FBAとは？

　FBAとは「**フルフィルメント by Amazon**」の略です。販売する商品を事前にAmazonの倉庫に入れておくことで、受注から出荷、カスタマーサービスまでを、Amazonが一手に代行してくれるというサービスです。まずはFBAを利用することのメリットを、3つのポイントで見ていきましょう。

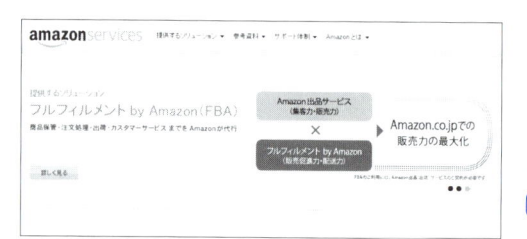

フルフィルメント by Amazon（FBA）
URL http://services.amazon.co.jp/services/fulfillment-by-amazon/merit.html

1. 購入率アップ

　FBAに納品された商品は、Amazonの会員制プログラム「Amazonプライム」の対象商品となります。「全品通常配送無料」「お急ぎ便無料」など、ユーザーにお得感をアピールでき、24時間365日受注・出荷対応で、急な需要にも即座に対応できます。その結果、**チャンスロス（販売機会）が軽減される効果があります**。またFBAに納品した商品は、Amazonで稼ぐための最大のポイントである「ショッピングカート」の獲得率がアップするという大きなメリットもあります。

▲ FBAに納品した商品は、「この商品は○○（お店の名前）が販売し、Amazon.co.jpが発送します。」という表示でお客様に安心感を与えます。

2. 作業負担の軽減

　お客様に商品を個別に発送するのは、意外と手間がかかります。販売数が少ないうちは自己発送ができても、数が増えてくると発送作業だけで1日が終わってしまうこともあるほどです。FBAを利用することで、**注文処理、ピッキング、梱包、出荷をすべてAmazonが対応してくれます。**ギフトラッピングやメッセージにも対応しており、さらには配送後のカスタマーサービスまでAmazonが対応してくれます。私たち出品者のやることは、仕入れと在庫の納品だけになり、作業や手間を大幅に減らすことができるようになります。

3. 物流コストの効率化

　FBAの配送代行手数料は、**送料込みで全国一律料金**です。私たちが郵便局や宅配業者に商品の配達を依頼するよりも安く、通常は別料金となる沖縄・離島なども一律となります。また一般的な物流倉庫に依頼をすると毎月の固定費がかかりますが、FBAは商品サイズと保管日数によって料金が設定されるので、かなりの経費を抑えることができます。そしてAmazon以外の販売経路、自社サイトやヤフオク！、楽天市場などのショッピングモールで販売する際にも、「FBAマルチチャネルサービス」を活用することで、個々のお客様へ配送してもらうことが可能です。その際にも、お客様が混乱しないようにAmazonのロゴがない無地のダンボールで配送してくれます（小田原FC、川越FC、大東FC、川島FCのみ）。

FBAは年中無休の「自動販売機」

　FBAはよく「自動販売機」と比喩されます。まさにその言葉のとおり、**Amazonが24時間365日受注からカスタマーサービスまでを代行してくれる**のです。私たち出品者はセラーセントラルから在庫を確認し、なくなってきたら注文して納品しておけばよいのです。大量の商品を扱っていても自宅で管理する必要がなくなり、ビジネスを効率的に進めていくことができます。とくに時間のない副業の方には、大変便利なサービスです。FBAを積極的に利用して、Amazonで稼いでいきましょう。

▲ FBAに納品した商品の受領状況や在庫の状態は、セラーセントラルから確認できます。

Section 26

第3章 >> FBA販売で利益をさらに伸ばそう

FBAに登録しよう

基礎知識　仕入れ&販売　**FBA販売**　リサーチ　仕入れ　オリジナル商品　自動化　輸入ビジネス　トラブル対策

FBA の登録方法をマスターする

それでは早速FBAへの登録を進めていきましょう。FBAへの登録は、Amazon.co.jpのセラーセントラルから行います。

❶ セラーセントラルで＜在庫＞をクリックして、＜商品登録＞をクリックします。

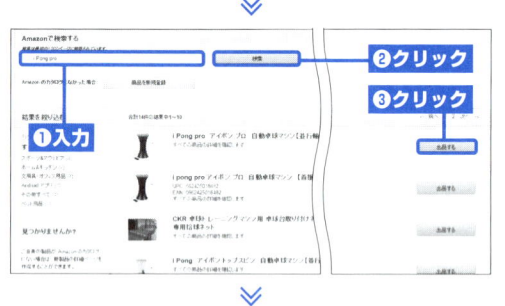

❷ 「Amazon で検索する」に商品名や ASIN などを入力して＜検索＞をクリックすると、商品の検索結果が表示されます。登録したい商品の＜出品する＞をクリックします。

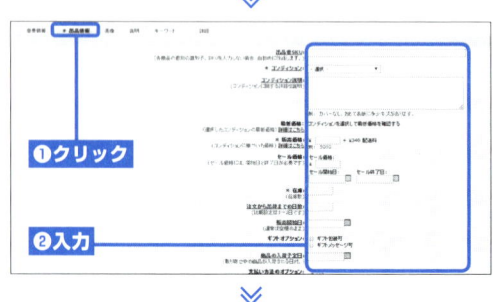

❸ ＜出品情報＞をクリックして、「SKU」や「コンディション」「説明文」「販売価格」などの商品の出品情報を入力します。

90

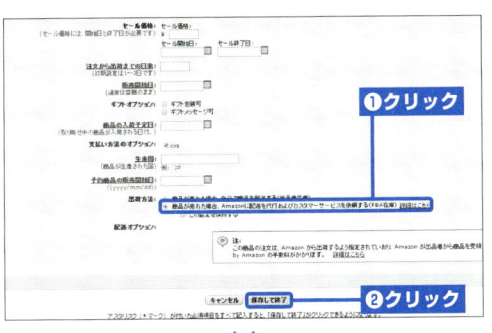

❹ 「出荷方法」では、＜商品が売れた場合、Amazon に配送を代行およびカスタマーサービスを依頼する（FBA 在庫）＞をクリックして選択します。すべての入力が完了したら、＜保存して終了＞をクリックします。

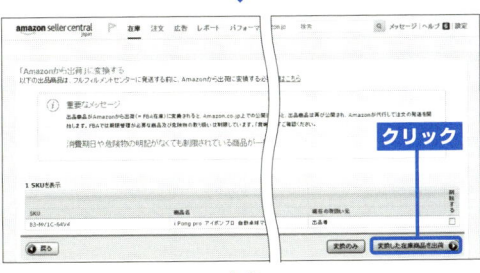

❶ クリック
❷ クリック

❺ 「『Amazon から出荷』に変換する」画面が表示されたら、＜変換した在庫商品を出荷＞をクリックします。

クリック

❻ FBA 倉庫に商品を納品するために、初回のみ発送元の住所を入力します。住所の入力が完了したら、＜この住所から納品＞をクリックします。

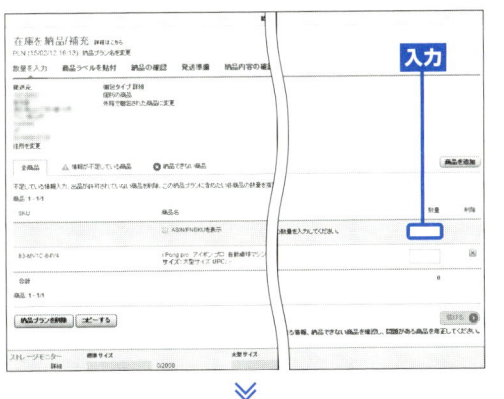

❶ 入力
❷ クリック

❼ 「在庫を納品/補充」画面で、納品数などを入力していきます。まずは「数量を入力」が表示されるので、納品する商品ごとに「数量」を入力していきます。

入力

第3章 FBA 販売で利益をさらに伸ばそう

FBA販売

91

❽ 数量を入力すると、「商品ラベルを貼付」へと進みます。＜すべてに適用＞をクリックして、納品ラベルを「出品者」が貼るか、「Amazon」に依頼するかを選びます。

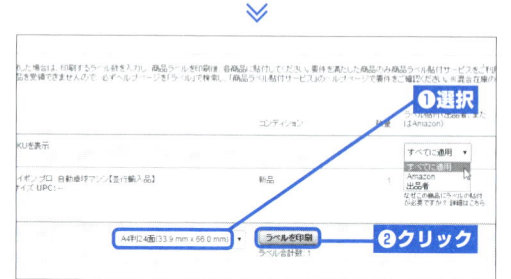

❾ ラベル用紙のサイズに合わせた項目を選択し、＜ラベルを印刷＞をクリックします。

❿ バーコードと商品名が記載された商品ラベルが PDF 形式でダウンロードされるので、プリンターで印刷しましょう。FBA に納品する際、各商品にこの商品ラベルを貼ります。

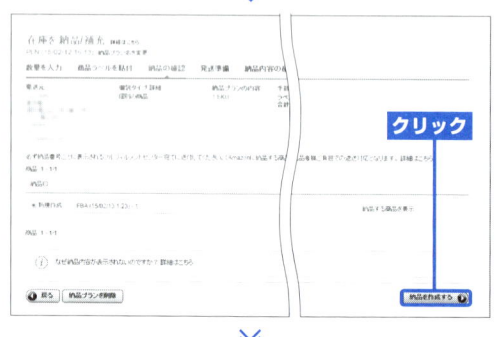

⓫ 「納品の確認」では、納品 ID を作成します。商品ごとに納品先が異なりますので、ここからは同じ納品先の商品ごとに操作を行います。＜納品を作成する＞をクリックして次に進みます。

⑫ 「発送準備」では、数量の変更や商品の削除が行えます。問題がなければ「配送サービス」で配送業者を選択します。FBAパートナーキャリアは、Amazon提携配送業者（日本郵便）が提供する特別割引料金でのFBA納品配送サービスです。今回は＜他の配送業者＞をクリックして、「ゆうパック」を選びました。

⑬ 手順⑫の画面で＜配送ラベルを印刷＞をクリックして、配送ラベルを印刷します。印刷した配送ラベルは、納品する各ダンボールの上に貼ります。配送業者の伝票は別に用意しましょう。終わったら＜納品を完了する＞をクリックします。

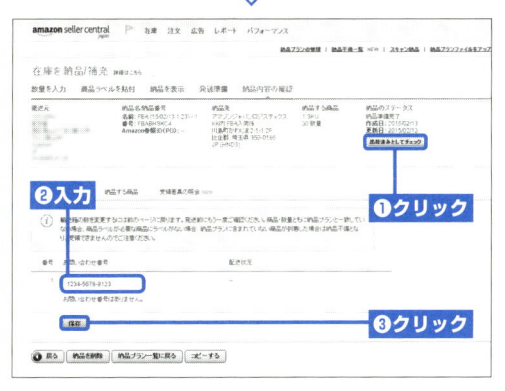

⑭ 「納品内容の確認」が表示されます。配送業者へ荷物を引き渡したら、＜出荷済みとしてチェック＞をクリックします。続いて「お問い合わせ番号」に配送業者の追跡番号を入力し、＜保存＞をクリックすれば、FBAへの納品作業は終了です。

　FBAへの納品が完了すると、Amazonから「FBAからのお知らせ 受領完了」というメールが届きます。出品されているかどうかを商品ページで確認しましょう。送料はアカウントから引き落としになるため、発送（集荷）の際に支払いは不要です。集荷は、郵便局Web集荷サービスか、電話（0800-0800-111）にて依頼を行いましょう。コンビニなどへの持ち込みはできないので要注意です。

Section 27

第3章 >> FBA販売で利益をさらに伸ばそう

FBA納品時に注意すること

基礎知識　仕入れ&販売　**FBA販売**　リサーチ　仕入れ　オリジナル商品　自動化　輸入ビジネス　トラブル対策

FBA 納品ルールはしっかり守ろう

　FBA納品には、実は細かいルールがあります。ルールをきちんと理解しないで何となく発送してしまうと、受け入れ拒否をされて着払いで戻ってきたり、最悪の場合、FBAの利用を禁止されることもあります。ここではFBA納品時に注意しておきたいことを12のポイントにまとめて解説します。

1. 3辺の合計が170cmを超えるもの、30kgを超える商品は利用できない

　納品できる商品の大きさや重量には制限があります。この制限を超える商品は、FBAを利用できません。制限を超える商品は自己発送で対応しましょう。

2. 異なるジャンルの商品はまとめて納品しない

　複数の商品をまとめて納品すれば、1個あたりの国内送料を大幅に抑えることができます。しかし商品のジャンルによって、納品先のFBA倉庫が異なりますので注意が必要です。納品のリストを参照して、異なる納品先の商品を1つの荷物にまとめないよう注意してください。

納品先の情報
※FC=Amazonフルフィルメントセンターの略です。

納品元住所(*)	販売商品の種類	納品先FC
東日本	本、CD・レコード、ビデオ・DVD、PCソフト、TVゲーム(TVゲーム以外の大型商品も対象に含む)	小田原FC
	服&ファッション小物、シューズ&バッグ、ジュエリー、時計	川越FC
	大型商品	川島FC
	上記以外の商品(例 家電、おもちゃ&ホビー、ヘルス&ビューティー、ホーム&キッチンなど)	小田原FC
西日本A 西日本B	本、CD・レコード、ビデオ・DVD、PCソフト、TVゲーム(TVゲーム以外の大型商品も対象に含む)	小田原FC
	服&ファッション小物、シューズ&バッグ、ジュエリー、時計	川越FC
	大型商品	大東FC
	上記以外の商品(例 家電、おもちゃ&ホビー、ヘルス&ビューティー、ホーム&キッチンなど)	堺FC(西日本A) 鳥栖FC(西日本B)

(*)東日本:北海道、青森、岩手、宮城、秋田、山形、福島、茨城、栃木、群馬、埼玉、千葉、東京、神奈川、新潟、富山、石川、福井、山梨、長野、静岡

Amazon.co.jp ヘルプ：配送・経路指定要件
`URL` http://www.amazon.co.jp/gp/help/customer/display.html?nodeId=200315160

3. 納品する輸送箱の大きさは50cm×60cm×50cm以下

　輸送箱（ダンボール）は基本的に「50cm×60cm×50cm以下」のサイズで送らなければいけません（大型・アパレル商品以外）。これは「3辺合計160cm」という意味ではなく、どれか1辺でも超える場合はNGとなります。たとえば「80cm×60cm×10cm」ではNGです。最近はとくに輸送箱のサイズが大きすぎて受け入れ拒否をされるケースが増えていますので、「少しくらいオーバーしても大丈夫かな」という姿勢は止めて、必ず守りましょう。

4. 輸送箱の重さが15kgを超過したら、天面と側面に「重量超過」と明記する

　FBAを利用できる商品の重さは30kgまでとなっていますが、重さが15kgを超えたら必ず輸送箱の天面と側面に「重量超過」と明記しましょう。また、強度の弱いダンボールを使用すると、商品の荷重に耐えられずに破損してしまう恐れがあります。その場合も受け入れ拒否となりますので、再利用のダンボールを使用する際はとくに気を付けましょう。

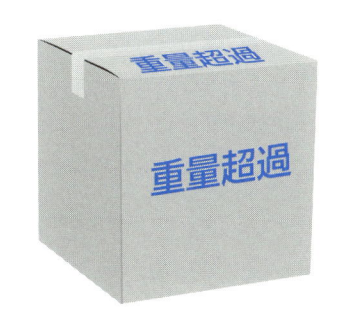

5. 大型・アパレル商品は箱サイズの指定なし

　大型商品とは、商品寸法が45×35×20cmのどれか1辺でも超えるもの、あるいは梱包時の重量が9kg以上のすべての商品を指します。通常は「50cm×60cm×50cm以下」のサイズで送らなければいけませんが、**大型・アパレル商品の場合は、たとえば3辺合計200cm位の大きな箱に複数個入れて送ってもよい**、ということです。

6. 複数の箱をバンドやガムテープでまとめて1個口として発送するのはNG

　バンドやガムテープなどで、小さい箱をまとめて1箱とすることはできません。送料を抑えようと、ついやりたくなってしまいますが、そのような行為は禁止になっています。しっかりと複数個口で発送しましょう。

7. 本・CD・DVDは、緩衝材（プチプチなど）で中身が確認できない梱包をしてはいけない

　CDやDVDのケースは輸送時にヒビが入ることが想定されるので、本来であれば個別に緩衝材（プチプチ）で包んで梱包したいところです。しかし、これはルール上禁止されています。ケース破損の対策は、輸送箱に入れる際、商品の間に緩衝材を入れるなどして対処するしかありません。また、使用できる緩衝材は「クッション、エアキャップ、紙」に限ります。バラ状発泡スチロールやシュレッダーずみペーパーは使用できません。

8. パッケージに入っていない裸の商品を、そのままむき出しで納品してはいけない

　裸の商品は、ビニール袋、シュリンクラップなどでしっかり封印しましょう。ただし、商品を食品用ラップフィルムで巻いて納品することは禁止されています。玩具に使用する開口部15cm以上のビニール袋については、最低4箇所の通気口となる穴が開いているか、もしくは窒息注意の情報を書いた注意書きを中に入れておかなければなりません。

9. 必要ないラベルおよびバーコードは隠す

　もともと箱に貼ってあるバーコードなどは、間違えてスキャンされてしまう可能性があります。無地のラベルを貼って隠すのがベストですが、バーコードに線を入れて読み取り不可にするのでもOKです。その場合は、横線ではなく縦線を入れます。

▲ バーコードは隠すか縦線を入れて読み取り不可にします。

10. 破損品は受領されない

　「箱が潰れている」「色あせがある」「袋から商品が出ている」「袋が破れている」などの状態の商品は受領されず、破棄されるか返送されるかしかなくなります。せっかくの納品が無駄になりますので、事前にしっかり確認しましょう。

11. 1つのASIN（1商品）は、必ずまとめて納品する

1ASIN（1商品）が複数の梱包で分離されていると、納品できません。必ず1つにまとめて納品します。これはセット商品なども同じです。たとえばステレオアンプなど本体とスピーカーが別箱の場合、すべてのパーツが収まる大きな箱に入れてから、その箱にラベルを貼って納品する必要があります。

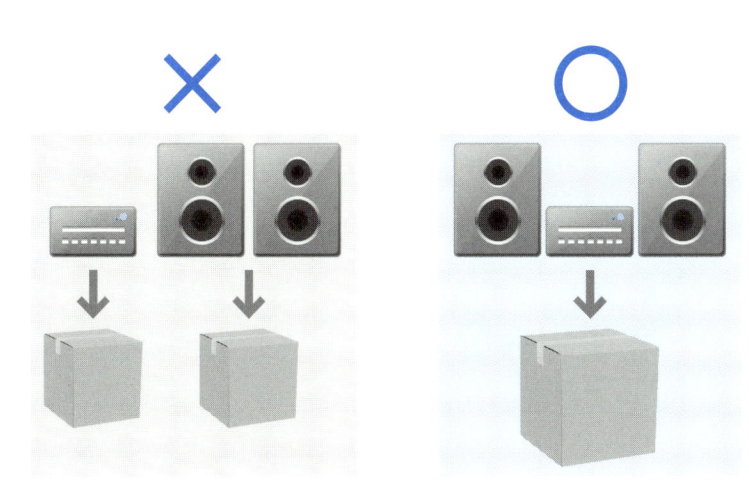

▲ 別々の箱ではなく、すべてのパーツを同じ箱に入れて納品します。

12. パレットやチャーター便で納品する際は事前に予約を入れる

納品数が少ないうちは問題ありませんが、船輸送などで大量に商品を仕入れて、そのままパレットでFBAに納品する場合は、事前に納品予約を行わなければなりません。納品予約は専用ポータル（CARP）を使います。まずは「carp-support-fe@amazon.com」に連絡を入れて登録しましょう。事前の納品予約がない場合、受け入れ拒否となり商品が返送されてしまいます。この費用は出品者負担となりますので、要注意です。

なお、下記の対象配送業者の場合は、自分で納品予約を行わなくても事前に配送業者に伝えるだけでOKです。

- ヤマト運輸
- 佐川急便
- 日本通運
- 郵便事業
- 福山通運
- 西濃運輸
- 名鉄運輸
- カトーレック
- トールエクスプレス
- エコ配

Section **28**

第3章 >> FBA販売で利益をさらに伸ばそう

FBA手数料の計算方法

基礎知識　仕入れ&販売　**FBA販売**　リサーチ　仕入れ　オリジナル商品　自動化　輸入ビジネス　トラブル対策

FBA 料金は 2 つの手数料の合計額

　FBAの料金は、商品の保管管理費である「在庫保管手数料」と販売時の出荷・梱包・配送の手数料「配送代行手数料」の2つの合計で決まります。初期費用や毎月固定の倉庫代は不要です。

FBA 料金 ＝ 在庫保管手数料（商品サイズと保管日数に応じた手数料） ＋ 配送代行手数料（出荷作業手数料＋発送重量手数料）

● 在庫保管手数料

　「在庫保管手数料」は、下記の計算式で算出されます。商品のサイズと保管する日数がポイントとなります。

$$在庫保管手数料 = ¥8,126 \times \frac{商品の体積（cm^3）}{10cm \times 10cm \times 10cm} \times \frac{保管日数}{当月の日数}$$

● 配送代行手数料

　「配送代行手数料」は、出荷作業手数料と梱包資材費である「出荷作業手数料」と、配送費である「発送重量手数料」の合計金額で算出されます。

配送代行手数料 ＝ 出荷作業手数料 [単価] × [販売個数] ＋ 発送重量手数料 [単価] × [出荷数]

「配送代行手数料」は、商品の金額、種類、サイズ・重量によって「大型商品」「高額商品」「メディア小型商品」「メディア標準商品」「メディア以外小型商品」「メディア以外標準商品」の6種類に分類され、それぞれに応じた料金が定められています。下記の表を参照すれば、商品がどの種類に分類されるかがわかります。

FBA の料金プラン
[URL] http://services.amazon.co.jp/services/fulfillment-by-amazon/fee.html

◀ Amazon の「FBA の料金プラン」には、配送代行手数料の料金単価や種類の分け方などが詳しく掲載されています。

なお、配送代行手数料の標準サイズは、一般的な宅配サービスの100サイズに該当します。ゆうパックの100サイズの料金は1,000円以上しますが、仮に重さが8kgだとすると、FBAの配送代行手数料は「出荷作業手数料:98円」＋「221円（発送重量手数料2kg）＋36円（6kg）」＝355円となり、かなり低く抑えられています（メディア以外・標準）。ここだけを見ても、FBAがいかにリーズナブルかがわかるかと思います。

FBA 料金シミュレーターで計算する

　計算式や表だけでは、なかなかイメージを掴みにくいかと思います。FBAの料金を算出する場合は「FBA料金シミュレーター」を活用するのがよいでしょう。データを入力するだけでよく、細かい計算は不要です。予定している販売価格を「商品代金」に入力し、「計算」というオレンジ色のボタンをクリックすれば、Amazonからの入金額が緑色で表示されます。また、「出荷作業手数料」の項目が515円以上になったら、その商品は大型商品であることを意味します。

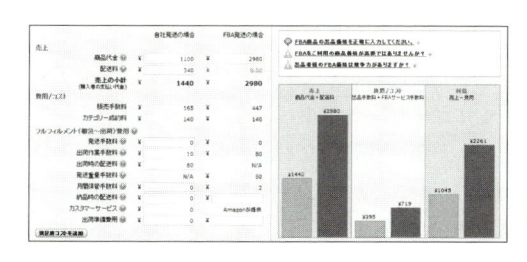

FBA 料金シミュレーター
[URL] https://sellercentral.amazon.co.jp/gp/fba/revenue-calculator/index.html

Section **29**

第3章 >> FBA販売で利益をさらに伸ばそう

FBAとショッピングカート獲得の密接な関係

| 基礎知識 | 仕入れ&販売 | **FBA販売** | リサーチ | 仕入れ | オリジナル商品 | 自動化 | 輸入ビジネス | トラブル対策 |

Amazon販売の最大の攻略ポイントは「ショッピングカート獲得」

　Amazon販売を行う上で重要なのが「ショッピングカートの獲得」です。「ショッピングカートの獲得」とは、お客様が訪問した商品ページのトップに、自分のストアの名前が出ている状態のことです。商品ページでは「この商品は、○○（ストアの名前）が販売し、Amazon.co.jpが発送します。」という表示になっており、「ショッピングカートに入れる」をクリックすれば、そのままあなたのお店から商品が購入されることになります。

◀ ショッピングカートを獲得したセラーは、いわばAmazon一押しのセラーということです。

　Amazon販売では、ライバルの出品者も同じ商品ページで同じ商品を販売しています。しかし、Amazonで買いものをするお客様は、わざわざほかの出品者と比較をして買うということはほとんどありません。そのため、商品ページに自分のストアが表示される「ショッピングカート獲得」ができるかどうかが、売上に大きく影響してくるのです。

● ショッピングカート獲得資格の要件

　それではどうすれば「ショッピングカート獲得」ができるのでしょうか。まずはAmazonが「ショッピングカート獲得資格の要件」として公表している条件を見てみましょう。注文不良率などの指標は、「セラーセントラル」の「パフォーマンス」にある「顧客満足指数」で確認ができます（P.71参照）。なお、ショッピングカート獲得の要件は、商品カテゴリーによって異なります。また、カテゴリーによってはショッピングカートを獲得できない場合もあります。

1. 注文不良率：注文不良率は、購入者からの評価、Amazon マーケットプレイス保証やチャージバックの申請率の割合をもとに算出されます
2. そのほかの出品者のパフォーマンスの指標
3. 配送スピード、配送方法、価格、FBA の利用によるものも含む年中無休のカスタマーサービスなどを通じて、商品とともに購入者に提供されるショッピング体験全般
4. Amazon.co.jp で出品している期間と取引の数
5. 出品形態が「大口出品」であるかどうか

ショッピングカート獲得率を高める

次に、ショッピングカート獲得率を高めていくための、3つのポイントを解説します。しかし、実はこれらのポイントは、**FBAセラーはすべて優遇されています**。その意味でも、Amazon販売とFBAは切っても切り離せない関係にあるといえるでしょう。

1. 価格

ショッピングカート獲得は、何といっても「**価格**」が重要です。価格を下げれば、獲得の確率が大幅にアップします。ただし最安値にすれば絶対にカートを獲得できるというわけではありません。これは、Amazonがショッピングカート獲得出品者を「適宜」変更しているからです。また、一般的には自社発送セラーよりもFBAセラーのほうが優遇される傾向にあります。自社発送セラーでもカート獲得は可能ですが、FBAセラーと比較してかなり価格を下げないと獲得は難しいのが現実です。

2. 在庫状況

在庫状況も、カート獲得の重要な要素の1つです。在庫切れを起こしていてはカートは獲得できません。また当然ですが、無在庫販売では難しくなります（Sec.23参照）。

3. カスタマー対応

問い合わせやクレーム対応が迅速に行えているか、ということも獲得の大きな要因の1つです。商品の不具合や初期不良を極力少なくする、ということもこれに含まれます（Sec.20参照）。つまり「**お客様が安心して買える出品者かどうか**」というところが問われるのです。この点でも、やはりFBA出品者の方が有利となります。

Section 30

第3章 >> FBA販売で利益をさらに伸ばそう

FBAとセラーセントラル

基礎知識　仕入れ&販売　**FBA販売**　リサーチ　仕入れ　オリジナル商品　自動化　輸入ビジネス　トラブル対策

FBAの在庫管理画面を表示する

　FBAの在庫管理画面は、セラーセントラルから確認できます。なお、**FBAの在庫管理画面**と**自社発送の管理画面は別の画面**になるので、注意しましょう。「FBA在庫」画面ではFBA倉庫の状態を確認したり、返品された商品を戻してもらう依頼を行ったりすることができます。

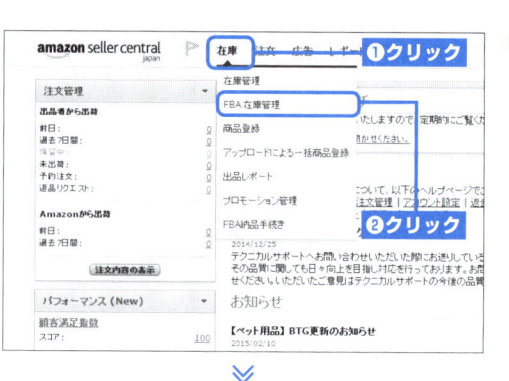

❶ セラーセントラルを表示します。＜在庫＞タブをクリックして、＜FBA在庫管理＞をクリックします。

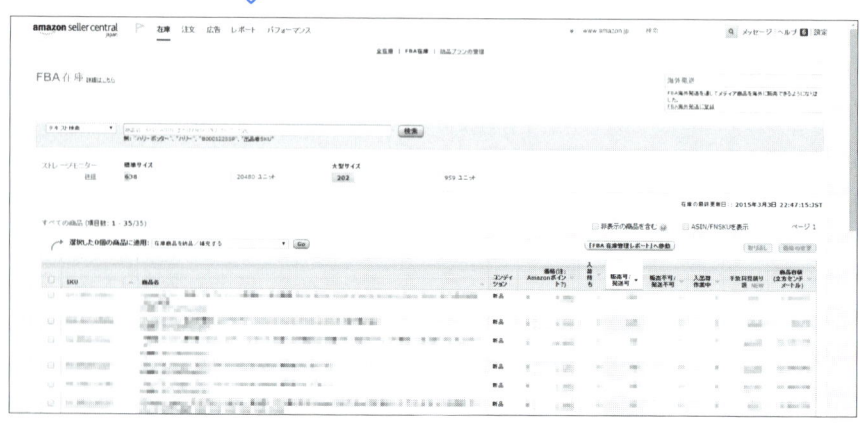

❷ 「FBA在庫」画面が表示されます。

FBA 在庫画面の見方

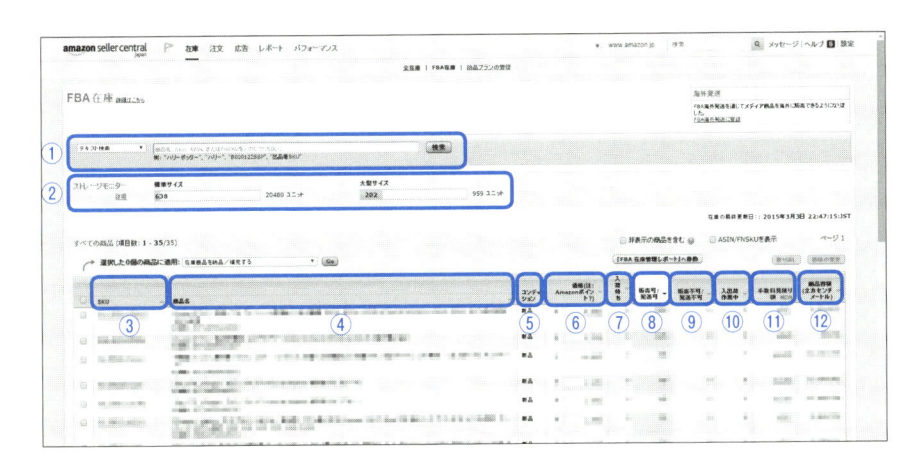

①クイック検索
商品名などのキーワードを入力して、<検索>をクリックすると、在庫内の商品を検索できます。

②ストレージモニター
緑、黄色、赤の3色で在庫レベルを表示します。FBA に納品できる在庫数の上限は、小型・標準商品は 2,000 点、大型商品は 500 点までです。販売実績で上限を増やすこともできます。

③ SKU
各商品の SKU（商品管理番号）が表示されます（P.64 参照）。

④商品名
商品名が表示されます。

⑤コンディション
「新品」または「中古品」として、指定したコンディションが表示されます。

⑥価格
FBA での販売価格です。

⑦入荷待ち
FBA 納品手続きが完了してもまだ FBA に反映されていない在庫数が表示されます。

⑧販売可／発送可
すぐに販売できる在庫数が表示されます。

⑨販売不可／発送不可
お客様から返品された商品や入庫時の破損や不具合により、販売できる商品としてカウントされない場合、ここに表示されます。

⑩入出荷作業中
注文が入ってから発送完了になるまでの、倉庫内配送作業中に表示される数字です。

⑪手数料見積り額
FBA で販売した際の手数料の見積り額です。「販売手数料」「カテゴリー成約料」「基本成約料」のことを指します。在庫保管料やその他手数料は含まれません。

⑫商品容積（立方センチメートル）
1 ユニットあたりの容積が表示されます。

販売不可／発送不可の在庫を返送してもらう

　FBA納品時に、箱が破損していたり梱包の状態が悪いなどの理由で、販売に適さない商品と判断されてしまったり、お客様からの返品があったりした場合は、FBA在庫の「販売不可/発送不可」の欄に数値が表示されます。これはこのまま放置しておくと保管料が加算されてしまうので、FBA倉庫から戻してもらう必要があります。なお、FBA商品の返送や所有権の放棄依頼には、商品ごとに手数料が課金され、返送にはピッキング、梱包、出荷作業で1週間〜10日程度かかります。

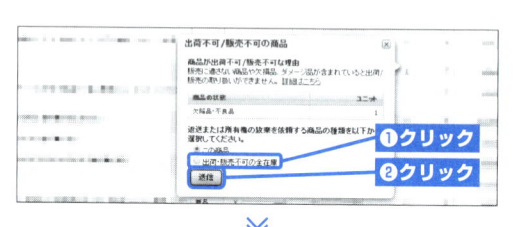

❶「出荷不可／販売不可の商品」に表示されている数字をクリックすると、ポップアップが表示され、商品の状態が表示されます。＜出荷・販売不可の全在庫＞にチェックを入れ、＜送信＞をクリックします。

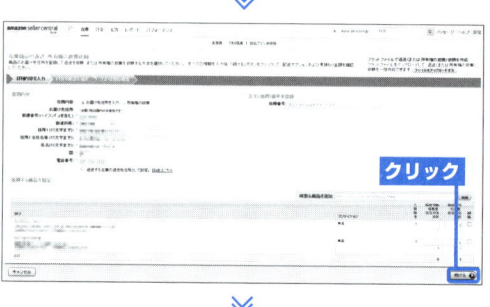

❷「在庫商品の返送・所有権の放棄依頼」画面が表示されます。内容を確認して、＜続ける＞をクリックします。

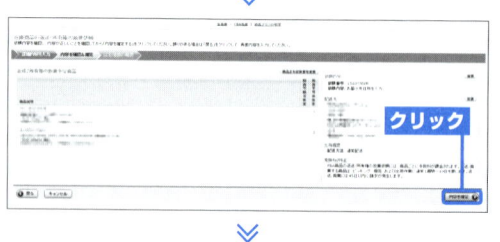

❸「返送／所有権の放棄予定商品」画面が表示されます。内容を確認して、＜内容を確定＞をクリックします。

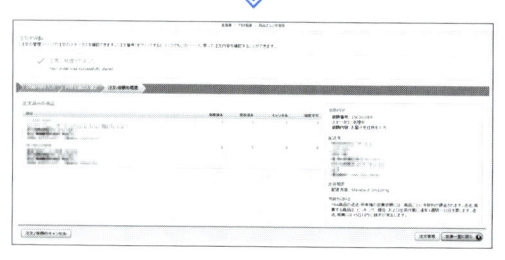

❹「注文の削除」画面が表示されたら、処理は完了です。

セラーセントラルとショッピングカート

Sec.29で解説したとおり、Amazon販売ではショッピングカートの獲得が重要となります。セラーセントラルでは、ショッピングカートを獲得するための手がかりとなる情報を表示できます。

● ショッピングカート獲得価格が常にわかるようにする

ショッピングカート獲得価格は、在庫管理画面に表示されるように設定することができます。ただし、表示されている価格よりも低い価格に設定したとしても、ショッピングカートを獲得できるとはかぎりません。

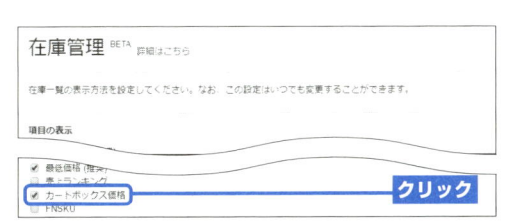

❶ セラーセントラルで＜在庫＞→＜在庫管理＞をクリックし、在庫管理画面を表示します。画面右上部にある＜設定＞をクリックすると在庫一覧の表示方法を設定する画面になりますので、＜カートボックス価格＞にチェックマークを入れて＜更新＞をクリックします。

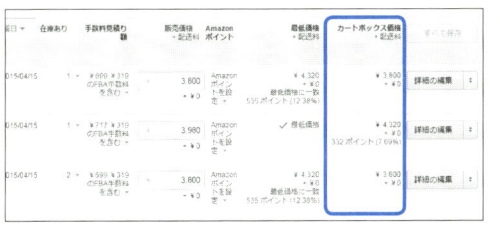

❷ 在庫管理画面に「カートボックス価格」が表示されるようになります。

● ビジネスレポートでカート獲得率を確認する

ショッピングカート獲得率は、セラーセントラルのビジネスレポートから確認ができます。定期的に確認をして、できるだけ獲得率を高めるようにしましょう。

▲ セラーセントラルの＜レポート＞タブで＜ビジネスレポート＞をクリックし、左側のリストから＜（子）商品別詳細ページ 売上・トラフィック＞をクリックすると、現在販売している全商品の「カートボックス獲得率」がチェックできます。

Section 31

>>FBA販売で利益をさらに伸ばそう

FBA納品代行サービスを活用しよう

基礎知識　仕入れ&販売　**FBA販売**　リサーチ　仕入れ　オリジナル商品　自動化　輸入ビジネス　トラブル対策

Amazon販売をより便利に

　これまで説明してきたように、Amazon販売とFBAというのは非常に密接な関係にあります。また、FBAを利用するということは私たち販売者にとって大きなメリットがあります。ここでは、FBAをさらに便利に活用する方法を考えていきます。

FBA納品を外注化する

　自分でFBA倉庫に納品するのではなく、代行業者に納品を任せるという方法です。これができれば、あなたは**指1本触れることなく商品の販売、発送を行うことができるようになります**。サービス内容やコスト面から、ベストな業者を選んでいきましょう。たとえばSec.14で紹介したAshMartは、日本の会社で、日本でのサービスに力を入れています。日本にも倉庫を用意して、転送サービスを充実させています。ただし、**基本的にはサービスが充実すればするほど、手数料は高くなります**。

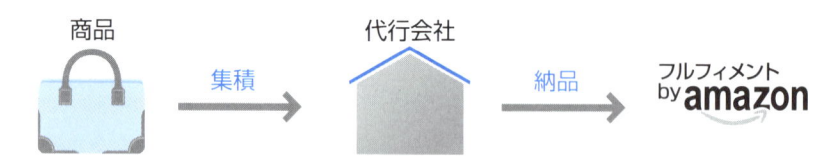

▲ 商品は代行会社の倉庫に集められたあと、FBA倉庫に納品されます。

海外から日本のFBAに直納する

　ここまで解説してきた方法では、海外から日本に商品が入ったあと、一度国内のどこかの倉庫に入るというパターンでした。これでも十分に効率はよいのですが、その分手数料が加算されることになります。ここからはさらに効率化を図り、アメリカから直接日本のFBAに納品することを可能にするにはどうすればよいか考えていきます。その際、注意しなければならない3つのポイントがあります。

1. Amazonはインポーター（輸入者）にはならない

　FBAに直接納品するからといって、Amazonをインポーター（輸入者）とすることはできません。受け取り時に関税・消費税などを請求されると、Amazonは受け取り拒否をします。そのため、基本的には配送会社と契約を行い、配送料金や関税消費税などを一括で請求してもらうようにしておく必要があります。これは、EMS（国際スピード郵便）ではなく、OCS（国際エクスプレスサービス）やFedex、DHLなどの配送業者のアカウントを持っていれば可能です。

2. 納品の箱の大きさに注意

　FBAに納品できるダンボールの大きさには制限があります（Sec.27参照）。これを超えてしまうとAmazonは受け取り拒否をしますので注意しましょう。

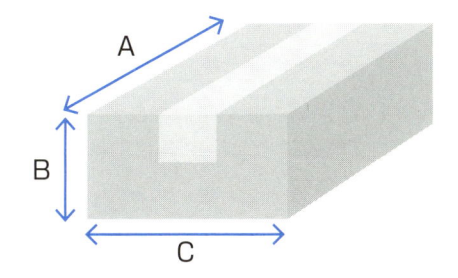

◀ FBA納品は「50cm × 60cm × 50cm以下＝ 160サイズ」までに制限されています。

3. 現地で検品する必要がある

　欧米輸入の場合は、メーカーやブランドがしっかりと検品を行い、パッケージされて市場に出る商品がほとんどですので、それほど心配はいらないのですが、中国輸入の場合は工場から直接卸されている場合が多くあります。そのため日本で販売する際には、事前に中国で検品を行う必要があります。そして現地のスタッフやパートナーに検品を任せる場合でも、日本人ほど丁寧にはできないことが多々あります。その場合は具体的な指示書やマニュアルを作成し、日本で通用する検品のクオリティを理解してもらいましょう。場合によっては検品の流れを動画で撮影し、見てもらうのも効果的です。

　欧米輸入にせよ中国輸入にせよ、ワンストップでFBA直納サービスを行っている業者はたくさんあります。最初のうちは、そのようなサービスを利用するのが安心です。航空便だけでなく船輸送でも可能ですので、積極的に取り入れていきましょう。

Section **32**

第3章 >> FBA販売で利益をさらに伸ばそう

FBAマルチチャネルサービスを活用して売上を上げよう

基礎知識 | 仕入れ&販売 | **FBA販売** | リサーチ | 仕入れ | オリジナル商品 | 自動化 | 輸入ビジネス | トラブル対策

Amazon以外で売れた商品も発送できる

　FBAの便利なところは、「**FBAマルチチャネルサービス**」という外部倉庫としての機能も担ってくれるということです。ヤフオク！や楽天市場、自社ネットショップなど、**ほかの販売チャネルで販売を行った場合も、FBAに商品が納品されていれば、FBAが直接商品を届けてくれます。**

　通常、外部倉庫に倉庫管理や配送業務を依頼すると、スペース代が大きなネックとなります。毎月の保管料などがかかりますし、ある程度の配送量がないと依頼できません。しかし、FBAの場合は「1個からでも」配送業務を請け負ってくれます。管理も楽で、FBAのデータはCSVでダウンロードすることができます。配送コストも、一般的な物流倉庫に依頼するよりも格安です。Amazonが配送業者と契約している価格ですので、個人の配送料金とは比較になりません。

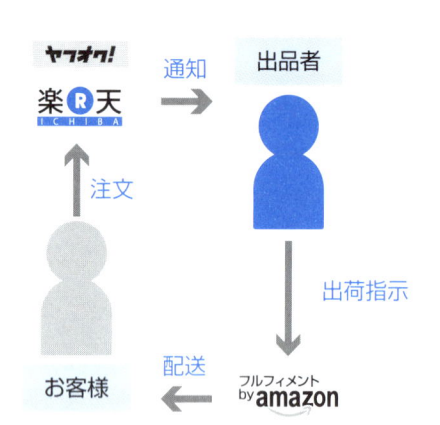

● 日時指定や代金引換にも対応

　マルチチャネルサービスは、細かい配達日時指定にも対応しています。「お届け日時指定便」を選択すれば、希望の日時に配達を行ってくれます。 また最長2週間の保留にも対応しています。これはとても便利な機能で、たとえば同じ商品をヤフオク！で販売していた場合、落札されたら入金されるまでの間は「保留」にしておき、入金があったら「発送」すればよいのです。これなら在庫数が合わなくなることもありません。

マルチチャネルサービスで配送依頼を行う

マルチチャネルサービスでの配送依頼は、セラーセントラルの「FBA在庫管理」画面から行います。

❶ セラーセントラルで＜在庫＞→＜FBA在庫管理＞をクリックします。発送依頼を行いたい商品のチェックを入れ、「FBAマルチチャネルサービス依頼内容を新規作成」を選んで＜Go＞をクリックします。

❷ お届け先住所を入力します。注文番号は、売れた販売チャネルの注文番号を記入しておくと管理しやすいでしょう。入力が完了したら、＜続ける＞をクリックします。

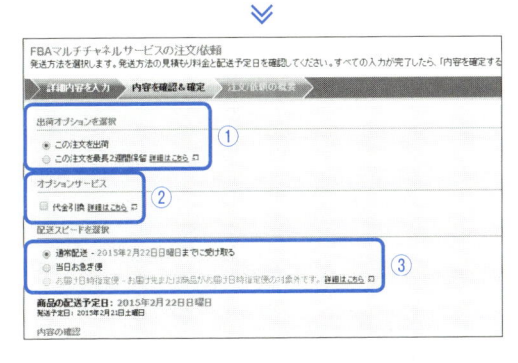

❸ 下記を参考に、オプションや配送スピードを選択します。すべて設定して、問題がなければ＜内容を確定＞をクリックします。これでマルチチャネルサービスの配送依頼が完了します。

①出荷オプションを選択
通常は「この注文を出荷」に設定します。「この注文を最長2週間保留」を選択すれば、配達希望日が少し先の注文にも対応が可能になります。

②オプションサービス
チェックを入れると「代金引換」になります。代金引換の手数料は、注文1件ごとに324円かかります。

③配送スピードを選択
日時指定がなければ「通常配送」、急ぎの場合は「当日お急ぎ便」を選択します。日時指定がある場合は「お届け日時指定便」を選択しましょう。

Column ▶ FBA のデメリット

これまで FBA というサービスがいかに便利で優れているか、というところを見てきました。しかし完璧に思える FBA サービスですが、実は意外なところにデメリットもあります。

1. 融通が利かない

たとえば「納品ラベルを貼り間違えてしまった」「説明書を同梱し忘れた」など、納品後に気が付くミスというのは意外と多いものです。そんなとき、FBA ではちょっと電話をかけて担当者に修正を行ってもらうなど、細かい対応は受け付けてくれません。納品後に何か変更をしたい場合は、一度すべて送り返してもらうしかないのが現状です。

2. マルチチャネルの発送スピードが遅い

通常 Amazon プライムだと即日発送を行う Amazon ですが、マルチチャネルになると即日発送ができない場合もあります。とくに配送作業が混雑している場合、発送が 3 日以上先になるということもあります。つまり楽天市場の販売オプションである「あす楽」などには対応しきれない場合があるのです。また発送完了の連絡が夜に届くこともあり、お客様にお問合わせ番号をお知らせする場合に困ることもあります。

Amazon プライム	マルチチャネル
⭕ 即日配送	❌ 即日配送

3. 大型商品・小さい商品には不向き

大型商品は配送手数料が高く付くため、向いていません。一方、小さい商品の場合も、FBA を利用すると 300 円程度の配送手数料がかかってしまいます。これを配送料金の安い自社発送（クロネコ DM 便）にすることで、利益の出しにくかった商品も扱えるようになります。ライバルに比べて低価格品でも利益を出せるようになり、商品リサーチの幅が広がります。FBA もとらえ方によっては経費です。最近では FBA をあえてやめ、自社発送に切り換える出品者も増えてきました。脱 FBA 化も進んでいるということを覚えておいてください。

ここではあえてデメリットを書きましたが、初心者の方や副業で Amazon 輸入ビジネスをやられる場合、FBA を利用するのは必須でしょう。煩雑になりがちな受注や配送を管理してもらえるだけでも、時間と労力が大幅に節約できますし、結果的に売上も上がっていきます。こんなに便利なシステムを活用しない手はありません。

第4章

売れる商品を多彩な方法でリサーチしよう

Section 33	商品リサーチの基本を覚えよう	112
Section 34	リサーチは主観に頼らない!	114
Section 35	海外と日本の価格差を狙う「ベーシックリサーチ」	118
Section 36	ライバルのマネをする「ライバルリサーチ」	122
Section 37	Amazonのデータを活用する「データリサーチ」	124
Section 38	実店舗で情報を掴め!「リアルリサーチ」	128
Section 39	思いもよらなかった商品が見つかる「ロジックリサーチ」	130
Section 40	Amazon以外のサイトでリサーチしよう	132

Section 33　　　　　　　　　　　第4章 >> 売れる商品を多彩な方法でリサーチしよう

商品リサーチの基本を覚えよう

基礎知識　仕入れ&販売　FBA販売　**リサーチ**　仕入れ　オリジナル商品　自動化　輸入ビジネス　トラブル対策

どんな商品を仕入れて売ればよいの?

　ネット輸入ビジネスというのは、物販ビジネスです。そして物販は「仕入れですべてが決まる」といわれることがあります。筆者としては、これは「半分正解で、半分不正解」と考えています。それは差別化戦略などによって、仮に同じ商品を販売したとしてもライバルより高く売ることができるからです。しかしAmazonの場合、ほかの販路に比べて差別化が難しく、その点で「仕入れ」の重要性がより高いといえます。この章で紹介するさまざまなリサーチ方法を十分に活用して、よい商品を探していきましょう。

基本的には海外との価格差を利用する

　仕入れの基本は、海外との価格差を利用することです。同じ商品でも、Amazon.comの価格とAmazon.co.jpの価格には大なり小なり「差」が生じています。商売の基本は「安く仕入れて高く売る」ですので、価格差のある商品を海外から仕入れてきて国内で売れば、それだけで利益が出せるということになります。
　初心者の方は、まずはAmazon.co.jpですでに販売されている輸入品を仕入れて売る、というところから始めましょう。Amazon.co.jpで販売されている輸入品には、「並行輸入」「import」「海外限定」「日本未発売」「US限定」などのキーワードが表示されています。この中で「売れている商品」や「ライバルが扱っている商品」を見つけ、そこから派生してリサーチを行っていきます。

▲「並行輸入」で検索するだけでも、200万件も商品が出てきます。

売れている商品を仕入れて売る

とはいえ、「価格差があればどんな商品でもよいのか？」といえば、そんなことはありません。残念ながらAmazonで販売されている商品の中には、まったく売れない商品も数多く存在します。どの商品がどれだけ売れているのかを確認できるツールやサービスがありますので、それらを活用して仕入れるか否かの判断を行っていきます。こうしたサービスを活用した仕入れ判断の方法は、Sec.34で詳しく解説します。

PRICE CHECK - プライスチェック -
URL http://so-bank.jp/

モノレート
URL http://mnrate.com/past.php

初心者におすすめしたい5つのポイント

初心者におすすめの商品選びのポイントは、「小さくて」「軽くて」「壊れにくい」「電気を使わない」「直接身体に取りいれない」商品を扱うことです。大きかったり重かったりする商品は送料が高くなりますし、壊れやすい商品は輸送時に破損してしまう可能性があります。また電気を使う商品は、PSE（電気製品安全法）や電波法（Bluetoothなど）に違反する恐れがあります。身体に触れるものは薬機法に接触する恐れがあります（Sec.08参照）。最初は利益重視よりも「仕入れて売る」をやってみることが大切ですので、こうした扱いやすい商品から始めてみましょう。

Section 34

第4章 >> 売れる商品を多彩な方法でリサーチしよう

リサーチは主観に頼らない！

基礎知識 / 仕入れ&販売 / FBA販売 / **リサーチ** / 仕入れ / オリジナル商品 / 自動化 / 輸入ビジネス / トラブル対策

リサーチした商品が売れているかどうか調べよう

　リサーチで見つけた商品が、実際にAmazonで需要があるかどうかを調べてみましょう。Amazonにはベストセラーランキングというものがあり、各カテゴリー別にランキングが公開されています。ランキングの仕組みは公表されていませんが、1時間ごとに更新されています。新品でも中古品でも、自社発送でもFBAでも、とにかく売れればランキングが上がり、売れなければ下がっていくという仕組みです。狙っているジャンルは、たとえば週に1回日曜日にチェックすると決めて定期的にランキングを見ていると、そのジャンルの流行がわかります。これを「定点観測」と呼び、リサーチで重要な考え方になります。

Amazon.co.jp ベストセラーランキング
URL http://www.amazon.co.jp/gp/bestsellers

▲ ベストセラーランキングを見ると、各ジャンルのベストセラー商品がわかります。カテゴリーが大きすぎる場合は、左のカテゴリリストから絞り込んでいきます。

Amazon.co.jp ヒット商品ランキング
URL http://www.amazon.co.jp/gp/movers-and-shakers

▲ ヒット商品ランキングというものもあります。過去24時間でもっとも売上が伸びた商品のランキングです。

　とはいえ、現在のランキングだけで売れているかどうかを判断するのは、とても危険です。なぜなら、あなたがリサーチしたタイミングが、1年以上ずっと売れていなかった商品がたまたま売れたときだった…という場合もあり得るからです。反対に、ずっと売れていたのに、在庫切れなどで一時的にランキングが下がってしまって発見できなかった、というケースも想定できます。かといって、1時間ごとに更新されていくランキングを常に追いかけるのも困難です。そこで、**過去のランキングの「推移」を見ることによって、仕入れるべきかどうかを判断する**、という作業が必要になってきます。そのために便利なツールをご紹介します。

プライスチェックでランキングをチェックする

「プライスチェック」（http://so-bank.jp/）は、Amazonで販売されている商品のランキングや価格の変動を見ることができるサイトです。**ランキングの変動を知ることで、売れているか売れていないかを判断する**ために利用します。

❶ プライスチェックの検索欄に「商品名」または「ASINコード」を入力し、＜検索＞をクリックします。すると、商品のランキングの情報が表示されます。

プライスチェックでの検索時には、商品名ではなく、「ASINコード」を入れることをおすすめします。なぜなら、同じ商品でも別の商品カタログで複数出品されている場合があり、間違いが起こることもあるからです。

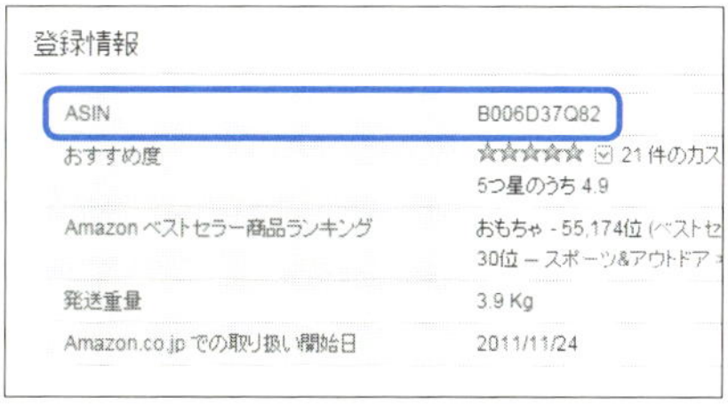

検索された商品ページには、「ランキング変動グラフ」が表示されます。グ

▲「ASINコード」は、Amazon商品ページ中段の「登録情報」に記載されています。

ラフは「商品が売れると上昇し、売れないと下降する」ようになっています。つまり、「**ギザギザが多い＝よく売れている**」と認識することができます。反対にグラフにまったく動きがない場合は「売れていない」と認識します。

◎ ギザギザが多い＝よく売れている商品　　◎ ギザギザが少ない＝売れていない商品

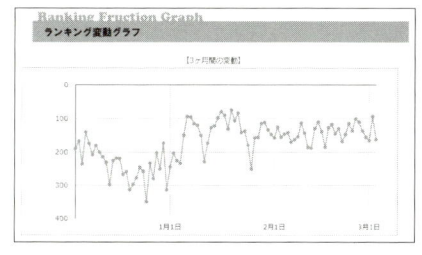

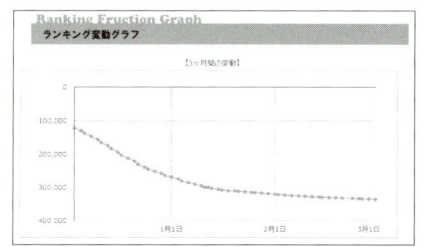

モノレートで細かくランキングをチェックする

　商品情報をさらに細かく見ていくために、「モノレート」（http://mnrate.com/past.php）を利用します。モノレートも、基本的にはAmazonの価格変動やランキングを表示してくれるサイトです。プライスチェックと比較すると、6ヶ月や1年という長い期間での変動を表示することができます。また2時間ごとのランキングも表示されるので、1日何個売れたのかの予測を立てやすくなっています。さらに、ランキングはグラフだけでなく、数値でも表示してくれます。

　プライスチェックと同様にASINコードで検索し、「**出品者数の推移**」と「**最安値の推移**」を見ていきます。急激に出品者が増えていて、価格も下落している場合は、その商品の出品者が一気に増えたということになります。つまり、価格競争が起きているということになるので、その場合は仕入れを見送りましょう。

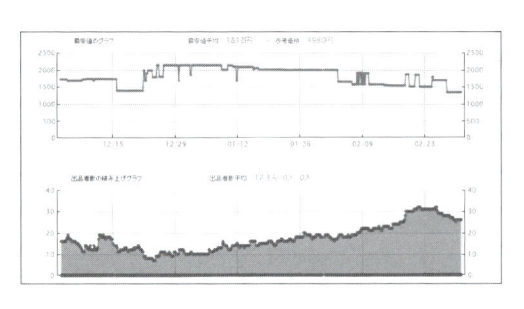

◀ 上から「最安値の推移」「出品者数の推移」です。出品者が一気に増えて価格が下がっている様子がうかがえます。

最終的な仕入れ判断は？

　それでは、最終的に仕入れるか仕入れないかの判断はどうすればよいのでしょうか。それぞれの予算や考え方によって判断基準は大きく異なると思いますが、ここでは初心者の方に向けて1つの基準を示しておきます。

FBAセラーが4人以上いる場合に、FBAセラーが販売している価格以下では十分な利益が取れない場合は仕入れをやめる

　上記の条件で、仮にあなたが参入したとします。その場合、FBAセラー5人がほぼ同じ価格で出品することになります。売れる確率は20％です。つまり月に10個売れるポテンシャルがある商品でも、あなたからは2個しか売れないということになります。

また出品者が3人以上になると、ライバルが一気に増える傾向があります。その結果、価格競争に陥りやすいということも考えられます。

　このように1つの目安を掲示しましたが、さまざまな要素が重なってくるのが商売です。あくまでも1つの考え方として理解してください。**一番やってはいけないのは思い付きや直感で仕入れることです**。ほとんどの方が、これで失敗します。慣れてくればある程度の目利きはできるようになってきますが、とくに最初のうちは、必ずデータを確認してから仕入れるクセを付けましょう。

在庫変動を100%確認する方法

　「プライスチェック」や「モノレート」のデータは、実は100%正確ではありません。なぜかというと、Amazonは自社のデータを他社に提供していないからです。したがってデータの漏れがあるので、あくまでも目安として考えるしかありません。しかし、在庫変動を100%確認する方法があります。それは**ライバルセラーの出品商品を全部自分のショッピングカートに入れてしまうこと**です。商品ページの「新品の出品」をクリックすると、その商品を販売している出品者の一覧になりますので、すべての出品者から「カートに入れる」を行います。次にショッピングカート内で、各出品者の在庫数量を最大値まで上げます。これで、今現在Amazonで販売されている同商品は、あなたのショッピングカートに全部入っている、という状態になります。この状態から商品が売れていくと、カート内の数量が下がっていきますので、商品が何個売れているのが正確にわかるのです。

　在庫変動を調べるツールは、ほかにも有料でさまざまなものが提供されています。しかしAmazonのプログラムの変更があると突然使えなくなるということも多いようです。ここでは利用者が多く評判の高い「億ポケ」と「あまログ」という2つのツールを紹介します。

億ポケ
URL http://okpoke.jp/

あまログ
URL http://amalogs.com/auth/login

Section 35
海外と日本の価格差を狙う「ベーシックリサーチ」

第4章 >> 売れる商品を多彩な方法でリサーチしよう

基礎知識　仕入れ＆販売　FBA販売　**リサーチ**　仕入れ　オリジナル商品　自動化　輸入ビジネス　トラブル対策

Amazonで商品を絞り込む

　ここでは、もっとも基本的な商品リサーチの方法を解説していきます。すでに解説したように、リサーチにおいて重要なポイントは「売れている商品を仕入れる」ということです。Amazonで販売されている輸入品を見て、売れている商品へと絞り込んでいきましょう。

「輸入品」からカテゴリー・価格帯へと絞り込んでいく

　Amazonの検索欄に、「並行輸入」「輸入」「日本未発売」「import」などのキーワードを入れて検索すると、検索結果に輸入品が表示されます。しかしこれではあまりにも数が多いので、カテゴリーを絞り込んでいきます。**続いて価格帯で絞り込みを行い、最後に売れている商品を見つけていく**のが、Amazonでの基本的なリサーチ方法になります。

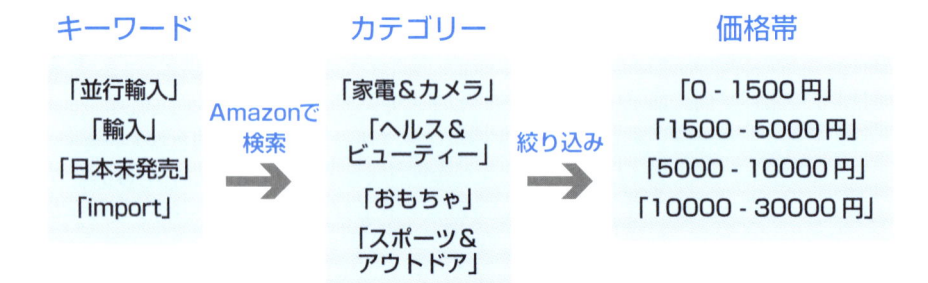

キーワード		カテゴリー		価格帯
「並行輸入」 「輸入」 「日本未発売」 「import」	Amazonで検索 →	「家電＆カメラ」 「ヘルス＆ビューティー」 「おもちゃ」 「スポーツ＆アウトドア」	絞り込み →	「0 - 1500円」 「1500 - 5000円」 「5000 - 10000円」 「10000 - 30000円」

▲ キーワードで検索した商品を、カテゴリーや価格帯などで絞り込んでいきます。

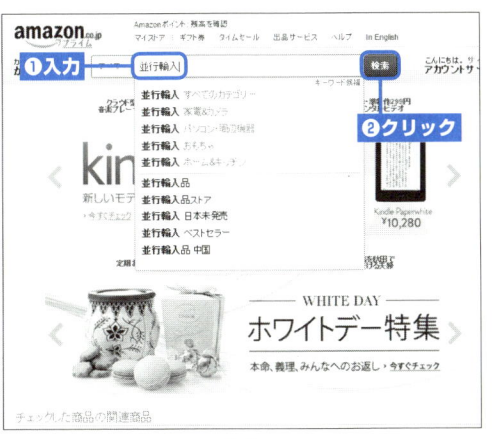

① Amazon.co.jp を表示します。検索欄に検索したいキーワード（ここでは「並行輸入」）を入力し、＜検索＞をクリックします。

② 検索結果が表示されます。＜カテゴリーを選択して並べ替え＞をクリックし、絞り込みたいカテゴリー（ここでは＜おもちゃ＞）をクリックします。

③ 「おもちゃ」のカテゴリーに絞り込まれて表示されます。ここまでで「並行輸入」の「おもちゃ」で絞り込んだ商品が表示されています。次は、価格帯で絞り込んでみましょう。ここでは＜5000～10000円＞をクリックします。

第4章 売れる商品を多彩な方法でリサーチしよう

リサーチ

❹「5000～10000円」の商品が表示されます。最後に人気の高い順に並べ替えてみます。＜キーワードに関連する商品＞をクリックして、＜人気度＞をクリックします。

❺「人気度」の高い順に商品が表示されます。これで「並行輸入」「おもちゃ」「5000～10000円」「人気順」で絞り込むことができました。

1つの商品から派生させて関連商品を探していく

　このようにして絞り込んだ商品は、その「メーカー名」「ブランド名」で検索することで、関連商品を見つけることができます。絞り込んで最初に見つけた商品で利益が出ないとしても、関連商品であれば利益が出る可能性もあります。このように、1つの商品を見つけたら、その関連商品を深堀りしていくということは大変重要です。

Amazonレコメンド機能を活用する

　Amazonの商品ページで「この商品を見たお客様はこれも見ています」などと表示されているのが、Amazonのレコメンド機能です。ここから掘り下げていくことで、検索ではなかなか見つからなかった商品を見つけることができます。

　そのほかにも、それぞれの商品ページでは、さまざまなポイントをチェックできます。以下にチェックすべきポイントをまとめましたので、ていねいに確認していきましょう。

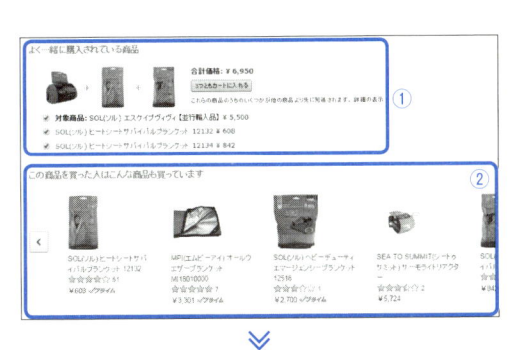

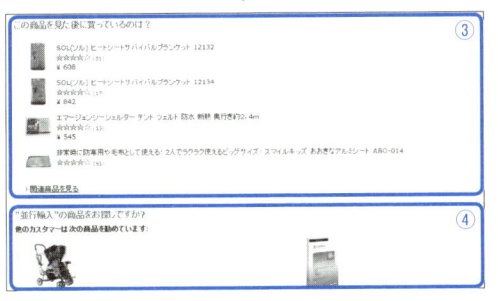

① よく一緒に購入されている商品
② この商品を買った人はこんな商品も買っています
③ この商品を見た後に買っているのは？
④ "〇〇"の商品をお探しですか？

関連商品を探すときの考え方

　関連商品を探すときは、たとえばその商品の「サイズ違い」や「色違い」はないか、また「新モデル」「旧モデル」はないか、と考えていきます。アパレルなどの場合はサイズ、色のほかに季節的な要素も加わります。ゲームの場合はPS3版を見つけたらXbox360版やPS4版はないか、家電やエレクトロニクスでは新型モデルや消耗品、パーツ単体はないか…といったように、リサーチの幅は無限に広がっていきます。Sec.39の「ロジックリサーチ」では、この関連商品を探す方法をフレームワークに落とし込んで実践していきます。

Section 36
ライバルのマネをする「ライバルリサーチ」

> 第4章 >> 売れる商品を多彩な方法でリサーチしよう

| 基礎知識 | 仕入れ&販売 | FBA販売 | **リサーチ** | 仕入れ | オリジナル商品 | 自動化 | 輸入ビジネス | トラブル対策 |

売れている出品者のマネをしよう

　Amazonで輸入品を販売している出品者を探し、その出品者がどんな商品を販売しているのかをチェックするのが「ライバルリサーチ」です。とくに初心者のうちは、先輩出品者がやっていることをどんどんマネしていきましょう。「商品を追いかけていくよりも人を追いかけろ」といわれますが、筆者もこの意見に賛成です。「どんな商品が売れるのか」を理解するためにも、ライバルリサーチを数多く行っていきましょう。

Amazon出品者のストアページを表示する

　早速、Amazonでライバルリサーチを行ってみましょう。まずは検索欄に＜並行輸入＞と入力して検索を行い、いずれかの商品ページを開きます。

❶ ＜新品の出品＞をクリックします。

❷ 出品者一覧が表示されます。店舗名・画像をクリックすると、その出品者のストアページが表示されます。

　ストアページには、その出品者が現在Amazonで販売しているすべての商品が表示されます。また、ストアページの商品は、売れている順に並ぶ傾向があります。絶対ではありませんが、「よく売れている商品は最初のほうに表示される」という傾向は覚えておきましょう。

ライバルリサーチのポイント

　Amazonには、初心者から本業のベテランまで、さまざまな経験値の出品者が出品しています。ライバル出品者をリサーチする際のポイントは、以下の3点です。

1. 評価数が3ケタ以上ある

　評価数が多いということは、ある程度長く販売を続けてきているか、または販売数が多いということです。お互いに評価を付け合うヤフオク！と違い、Amazonではお客様から評価をいただくということが当たり前ではありません。筆者の感覚では、「30人に1人のお客様が（お店（出品者）への）評価を入れ

評価履歴:				
評価	30日間	90日間	1年間	全評価
高い	100%	100%	99%	98%
普通	0%	0%	1%	1%
低い	0%	0%	0%	1%
評価数	11	27	128	372

この表の見方

▲ 評価履歴は出品者のストアページに表示されています。

てくれる」といった程度の割合です。このことから、評価数が3ケタ以上あるというのは優良なセラーであることの1つの基準となります。

2. 評価のパーセンテージが94%以上ある

　評価のパーセンテージがよいセラーは、真面目な商売としてAmazon販売を行っていると考えることができます。

3. FBAに納品している

　FBAに納品しているということは、そのセラーが「この商品は儲かる」と判断して、在庫リスクを抱えて販売をしている、ということになります。こうした商品は、売れる商品である可能性が非常に高いといえます。このような商品をリサーチしていくことが、Amazon輸入で稼いでいくための第一歩です。

定点観測してチェックする

　こうした方法で目を付けた出品者のアカウントは、ストアページのURLをエクセルにまとめて定期的にチェックしていきましょう。定期的にチェックすることを「定点観測」と呼び、リサーチの大事なポイントになります。

Section 37

Amazonのデータを活用する「データリサーチ」

>> 売れる商品を多彩な方法でリサーチしよう

基礎知識　仕入れ&販売　FBA販売　**リサーチ**　仕入れ　オリジナル商品　自動化　輸入ビジネス　トラブル対策

データを活用してリサーチをしよう

　Amazonが優れているのは、すべての情報をデータ化しているところです。そしてそのデータの多くは、私たち出品者にも利用できるようになっています。Sec.34で紹介したランキングの機能もそのひとつです。ここでは、こうしたAmazonが提供するデータを活用した、一歩進んだリサーチテクニックについて解説していきます。

Amazon 出品サービス掲示板

　Amazon出品サービス掲示板では、私たち出品者に役立つ、さまざまな情報が提供されています。

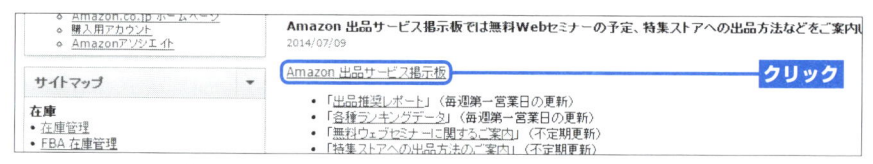

▲ セラーセントラルの「販売拡大ツール」にある、＜Amazon出品サービス掲示板＞をクリックして表示します。

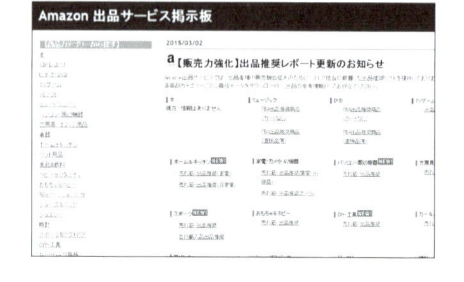

　その中でもここで見ていきたいのは、**【販売力強化】出品推奨レポート**です。「出品推奨商品」「品薄レポート」「売上TOP1000レポート」「閲覧数TOP1000レポート」などがあります。たとえば「売上TOP1000レポート」は、各ジャンルの売上上位1000商品がリスト化されているものです。レポートのリンクをクリックしてリストが表示されたら、検索（Ctrl＋F）で「輸入」などと入力すると、輸入商品がピンポイントでわかります。

エクセルを使ってリストから商品を絞り込む

出品推奨レポートのリストは、ダウンロードしてエクセルで開くことが可能です。ここでは「売上TOP1000レポート」を使ったリサーチを行ってみましょう。

◎ エクセル列に表示されている内容

	A	B	C	D	E	F	G	H	I	J	K
1	RANK	ASIN	JAN	ITEM_NAME	SELLER_N	LOWEST_P	SELLER_N	LOWEST_P	OTHER_INF	RECOMMEND_ITEM	
2	1	B0041ISYZK		IROTEC(ア	1	11664	0	0	株式会社ス	Recommend	
3	2	B00JTSXI4	4.54E+12	ショップジ	4	13800	0	0	ショップジャパン		
4	3	B00KNFUQMO		ファイティン	1	8262	0	0	ファイティン	Recommend	
5	4	B005K09FHO		アーミーダ	1	3980	0	0	eSPORTS	Recommend	
6	5	B008AROE	4.56E+12	寒い冬は自	1	33980	0	0	スカイブル	Recommend	
7	6	B008163XXE		リーディン	1	7980	0	0	eSPORTS	Recommend	
8	7	B005Q6OL44		PURE RISE	1	8580	0	0	イトセ	Recommend	
9	8	B00F9LU1	4.97E+12	ALINCO(ア	13	9690	0	0	ALINCO(アルインコ)		

A列　RANK：　　　　　　　　　　　　　ランキング
B列　ASIN：　　　　　　　　　　　　　エーシンコード
C列　JAN：　　　　　　　　　　　　　　ジャンコード
D列　ITEM_NAME：　　　　　　　　　　商品名
E列　SELLER_NUMBER_NEW：　　　　新品出品者の数
F列　LOWEST_PRICE_NEW：　　　　　新品の最安値
G列　SELLER_NUMBER_USED：　　　中古品出品者の数
H列　LOWEST_PRICE_USED：　　　　中古品の最安値
I列　OTHER_INFO：　　　　　　　　　　メーカー名

　エクセルを使って開いた表は、並べ替え・フィルター機能を活用して絞り込みを行うことが可能です。たとえば、E列「SELLER_NUMBER_NEW」で並べ替えを行い、「SELLER_NUMBER_NEW（新品出品者の数）」が少ないということがわかれば、「その商品は（現時点では）ライバルが少ない」ということがわかります。

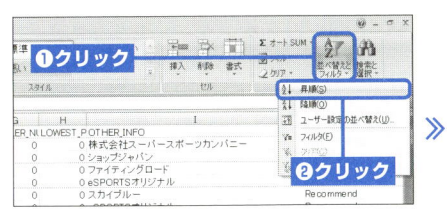

❶ E列をクリックして選択し、＜並べ替えとフィルタ＞→＜昇順＞をクリックします。

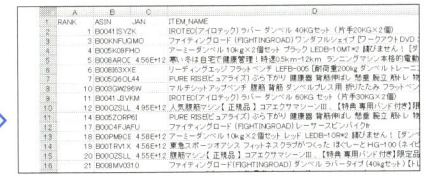

❷ これで「出品者が少ない順」に並び替えができました。ここから「輸入」で検索すると、ライバルが少ない商品を見つけることができます。

ここではさらに一歩突っ込んで、「ライバルが少ない、価格帯が5,000円～20,000円の輸入品」を見つけてみましょう。

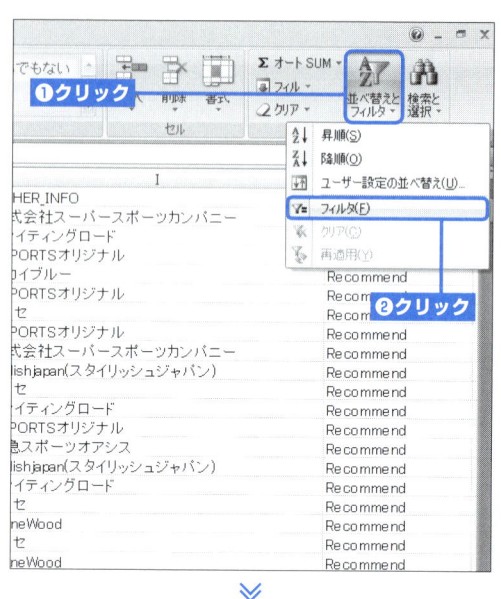

❶ D列「ITEM_NAME」、E列「SELLER_NUMBER_NEW」、F列「LOWEST_PRICE_NEW」、G列「SELLER_NUMBER_USED」の4つの列を選択し、＜並べ替えとフィルタ＞→＜フィルタ＞をクリックします。

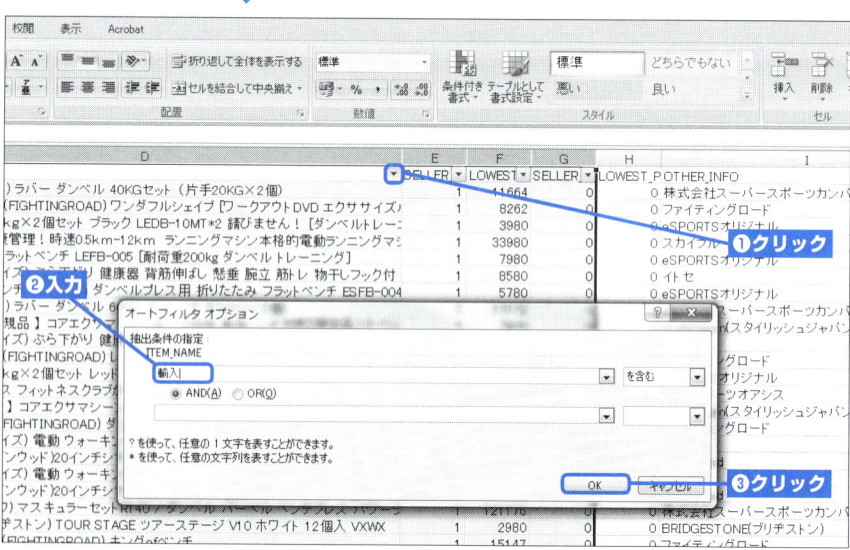

❷ D列「ITEM_NAME」の をクリックして、＜輸入＞と入力し、＜OK＞をクリックします。すると、輸入品のみが表示されます。

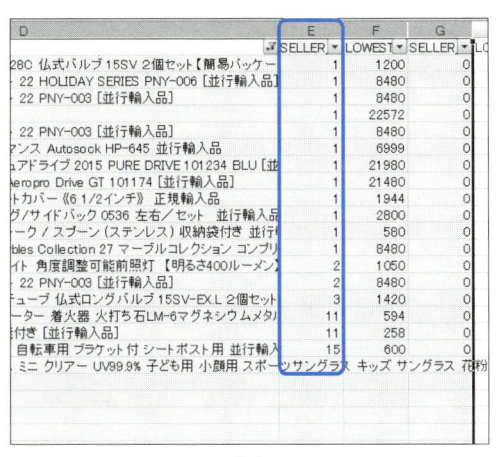

❸ D列からG列までの4つの列を選択したら、P.125 手順❶を参考に、E列「SELLER_NUMBER_NEW」を「昇順」に並び替えます。

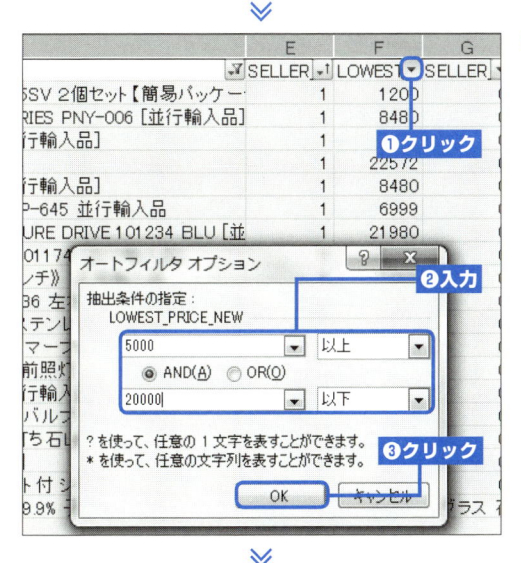

❹ 最後にF列「LOWEST_PRICE_NEW」を並び替えます。F列の▼をクリックして、5000 以上 20000 以下と設定し、<OK>をクリックします。

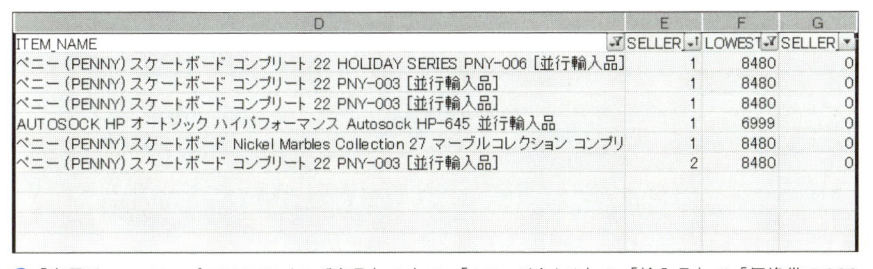

❶クリック
❷入力
❸クリック

❺「家電ジャンルのトップ 1000 ランキング商品」の中で、「セラーが少なめ」の「輸入品」で「価格帯 5,000 円～ 20,000 円」の商品が一覧表示されます。このようにして Amazon が提供しているデータを活用してリサーチをしていくことができます。

第4章 売れる商品を多彩な方法でリサーチしよう

リサーチ

127

Section 38

第4章 >> 売れる商品を多彩な方法でリサーチしよう

実店舗で情報を掴め!
「リアルリサーチ」

| 基礎知識 | 仕入れ&販売 | FBA販売 | **リサーチ** | 仕入れ | オリジナル商品 | 自動化 | 輸入ビジネス | トラブル対策 |

ネットだけではなくオフラインでもリサーチしよう

　これまではネット上でのリサーチを進めてきました。ここではネットを離れて、いわゆるオフラインでのリサーチを考えてみたいと思います。

　私たちはインターネットを活用して商売をしようとしているわけですから、ある程度はパソコンやインターネットに触れている方が多いかと思います。しかし世の中にはインターネットやパソコンなどをほとんど利用していないという方が、まだまだたくさんいます。そんな方々は、一体どのように情報を集めているのでしょうか。

● 雑誌でのリサーチ

　一番おすすめなのは「雑誌」です。たとえばコンビニの棚というのは、商品の競争率がもっとも高く、コンビニに並ぶだけで売上が30％以上伸びるという話もあります。そんな競争の激しい中、並んでいる雑誌というのは、かなり有力なリサーチのネタになります。私たちが扱う海外商品というのは「憧れの商品」になりやすいという側面があるため、雑誌に取り上げられやすい傾向にあります。私の知人は、コンビニの雑誌から女性に人気のとあるグッズを発掘し、大きく稼ぎました。書店やコンビニでマメにチェックしておくとよいでしょう。

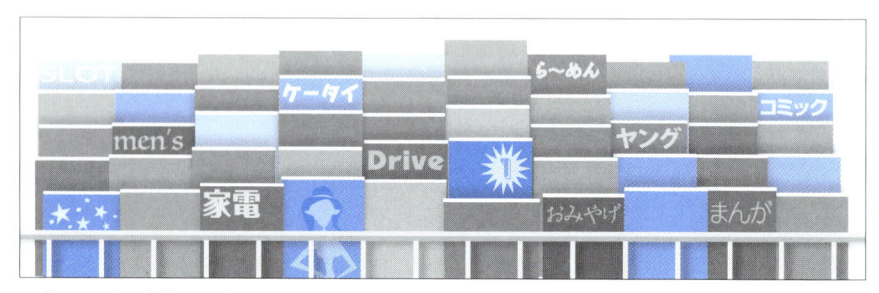

▲「モノマガジン」「DIME」など、コンビニに並んでいる雑誌は情報の宝庫です。

● **テレビからのリサーチ**

今なお圧倒的に強いのが「テレビ」という媒体です。テレビで取り上げられた商品が、翌日市場から姿を消すということはよくあります。とくに売れているアーティストやモデルが身に付けている小物などは、検索ランキングで見ても急激にアクセスが増えたりします。また最近は「家電芸人」や「ランキング番組」など、新しい形のアプローチも増えています。深夜の通販番組なども、定期的にチェックしましょう。

● **実店舗でのリサーチ**

大手百貨店（伊勢丹・東急・阪急・高島屋など）は輸入品の宝庫です。たとえば時計を扱っているなら、百貨店の時計売場などに行って店員さんに売れ筋商品を聞いてみましょう。「人気の商品はどれですか？」などと質問をすれば、丁寧に答えてくれます。狙っている商品や売れ筋情報などを、会話の中から聞き出していきましょう。とてもよい情報源になります。

● **電話でのリサーチ**

たとえば新しい商品を仕入れた際に、わからないことがあったときは、メーカーや販売店に電話で問い合わせをするのもありです。その際にまだ公にされていない新商品や関連商品の情報を掴むことができるかもしれません。電話に出た人が詳しくない場合は、担当者に変わってもらって話を聞くようにしましょう。

● **常にアンテナを立てておく**

普段は無意識に歩いている街中は、広告であふれています。繁華街や電車の中で常に「あれは輸入品かな？」「海外との価格差はないのかな？」などと見ていると、いつの間にか意識しなくても目に入ってくるようになります。ネットだけでなく、一歩外に出てリサーチをしてみると、まだ手垢の付いていない優れた商品に出会えます。柔軟にリサーチを行ってください。

POINT ▶ お客様からのリサーチ

商品のレビューには、お客様の「生の声」が並んでいます。ここからニーズを拾っていくことも可能です。「使いやすい・使いにくい」「○○と比べてよかった・悪かった」「高い・安い」といった、商品の感想や意見、不満の声を解消できる商品を販売すれば、売れる可能性が高いと考えられます。どのようなお客様がどのような目的で買っているのか。ほかにどんな商品がほしいのか…など、意識して見ていくだけでもリサーチの幅は自然と広がります。

第4章 売れる商品を多彩な方法でリサーチしよう

Section **39**　　　　　　　　第4章 >> 売れる商品を多彩な方法でリサーチしよう

思いもよらなかった商品が見つかる「ロジックリサーチ」

基礎知識　仕入れ&販売　FBA販売　**リサーチ**　仕入れ　オリジナル商品　自動化　輸入ビジネス　トラブル対策

論理の力を応用して商品の幅を広げよう

　1つ商品が見つかったら、その関連商品を探していくことで商品の幅は一気に広がります。関連商品を探していくということは商品を深堀りしていくことですが、なんとなくリサーチをしているだけでは、探しきれずに漏れが出てしまいます。そうならないためには、先に枠組み（フレームワーク）を決めてから考えていくと、漏れが少なくなります。
　ここでは論理の力で関連商品を探していく「曼荼羅ワーク」というリサーチ方法をお伝えします。これは「マンダラート」と呼ばれる発想法をベースに、筆者がリサーチ用にアレンジしたものです。これまでは見えてこなかった商品が浮かび上がってくるということで、限界を越えたリサーチ方法とも呼べるかと思います。

曼荼羅ワークのやり方

　曼荼羅ワークのやり方はとても簡単です。下記の表を見ながらやってみましょう。

1. 3×3＝9マスの「曼荼羅シート」を用意します。
2. よく売れる商品や有名商品である「メイン商品（スター商品）」を中心に書きます。
3. その周りに、事前に決めた項目に沿って商品を並べていきます。書き進めていくと、最終的に真ん中のメイン商品を中心とした、8つ以上の関連商品が並ぶことになります。

消耗品（互換品）	バリエーション	組み合わせ（セット）
エントリー・ハイエンド	メイン商品（スター商品）	最新・旧型
分解（パーツ）	類似品	アクセサリー

曼荼羅ワークを実践する

　それでは曼荼羅ワークを実践してみます。今回はダイソンの掃除機をメイン商品（スター商品）としてやってみましょう。

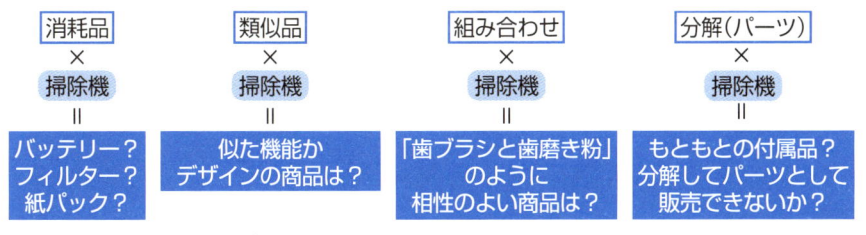

消耗品	類似品	組み合わせ	分解（パーツ）
× 掃除機 ＝ バッテリー？ フィルター？ 紙パック？	× 掃除機 ＝ 似た機能か デザインの商品は？	× 掃除機 ＝ 「歯ブラシと歯磨き粉」 のように 相性のよい商品は？	× 掃除機 ＝ もともとの付属品？ 分解してパーツとして 販売できないか？

▲ 連想ゲームのようなイメージで書き進めていきます。

　1つの枠には最低1商品を落とし込んでいきます。2つでも3つでも問題はありません。もしも思い付かない場合は、Googleなどで「（商品名）消耗品」などと画像検索してみましょう。知らない商品でも視覚的に判断できるので便利です。どうしても埋められない枠は飛ばしてもよいですが、多少項目と違っても埋めることを優先しましょう。

消耗品	バリエーション	組み合わせ（セット）
エントリー・ハイエンド	メイン商品（スター商品）	最新・旧型
分解（パーツ）	類似品	アクセサリー

　このように、1つの商品から派生して商品が増えていきます。さらに、その派生商品を真ん中に置き、掘り下げていくことで、無限に近いリサーチが行えます。項目は、扱っている商材に合わせて柔軟に書き換えて使いましょう。**商品展開を増やしていくと、競合他社と比べて専門性も強くなり、顧客単価が上がります。**またメイン商品の利益が薄くても、競合の少ない関連商品は、**高い利益率で販売ができます。**積極的に商品展開を広げていきましょう。

Section 40
Amazon以外のサイトでリサーチしよう

第4章 >> 売れる商品を多彩な方法でリサーチしよう

| 基礎知識 | 仕入れ&販売 | FBA販売 | **リサーチ** | 仕入れ | オリジナル商品 | 自動化 | 輸入ビジネス | トラブル対策 |

楽天やヤフオク!などからもリサーチしよう

　Amazonでのリサーチに慣れてきたら、楽天市場やヤフオク!でもリサーチを行ってみましょう。**ヤフオク!で売れる商品というのは、Amazonでも売れる可能性が高く、その逆もまたしかり**です。Amazon以外のサイトで積極的にリサーチすることで新しい視点を発見できますし、まだAmazonでは誰も扱っていない美味しい商品が見つかるかもしれません。

● 楽天のランキングやヤフオク!をリサーチする

　まず、楽天市場のランキングは必見です。ただし「楽天スーパーセール」や「お買い物マラソン」などのキャンペーンやセール、ポイント変倍など、楽天市場の場合はお店独自のキャンペーンや外的な要因が売上数に作用している場合が多いので、単にランキングを見るだけでは誤解をしてしまう可能性があります。そうならないためにも、狙っているジャンルは定期的なチェックを行うようにしましょう。

　またヤフオク!でも、「輸入」「未発売」「限定」などの検索ワードで優良出品者を調べて、どのような商品を扱っているのか見ていきましょう。

楽天市場ランキング
URL http://ranking.rakuten.co.jp/

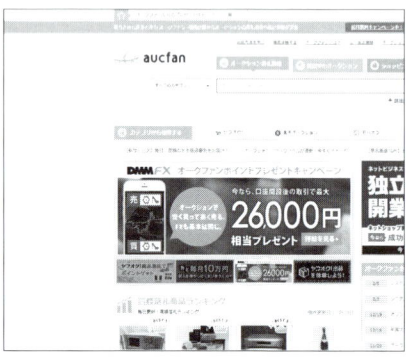

ヤフオク!
URL http://auctions.yahoo.co.jp/

● オークファンやテラピークでリサーチする

　ヤフオク！の場合は、過去の販売履歴を100％に近い形で正確に調べることができます。「オークファン」や「テラピーク」といったツールを使うことで、過去の落札データを見たり、落札総額から市場規模を見たり、ライバルセラーがこれまでに販売してきた商品をすべて見たりすることができてしまいます。

　オークファンは、「ヤフオク！」「モバオク」「楽天オークション」「Amazon」「ebay」といった国内・海外の主要オークション・ショッピングサイトの価格相場を一括でリサーチできる検索サイトです。オークションとショッピングサイトを含めて国内外11サイト以上に出品されている約8億件のデータから、過去2年間分のオークション開催中の商品の価格や過去の落札価格を横断的に調べることができます。

　テラピークはもともとebayの分析サイトでしたが、現在はヤフーと正式にデータライセンスを締結しており、ヤフオク！の取引データが100％提供されています。販売されている商品の落札データ、月間合計落札額、平均落札価格など、さまざまなデータを見ることができます。狙っている商品ジャンルのトップセラーランキングをチェックすれば、どのセラーがどんな商品を、どのくらい出品・販売しているのか、すべて丸裸にすることができてしまいます。また面白い機能にカテゴリーヒートマップというものがあり、キーワードからではなくカテゴリーから今人気の商品をリサーチすることができます。

オークファン
URL http://aucfan.com/

テラピーク
URL https://www.terapeak.jp/

Column ▶ Google Chrome 拡張機能で快適リサーチ

　Amazon 輸入ビジネスを進めていくにあたり、絶対に必要というわけではないけれど、使ったほうが便利なものがあります。ツールなどは本編中でもご紹介してきましたが、ここでご紹介したいのは Web ブラウザです。Web ブラウザは、Windows だと「Internet Exproler（IE）」、Mac だと「Safari」などが有名です。それらも悪くはないのですが、ぜひ導入していただきたいのが「Google Chrome」というブラウザです。

　「Google Chrome」を使うメリットは、何といっても「動作が軽い・早い」ということが挙げられます。とくに Amazon 輸入ビジネスでは国内外のさまざまなサイトをリサーチしていくので、サクサク動くことは必須です。

　次に「複数の Chrome 間で設定やタブなどを自動で同期・共有できる」ということがあります。Google アカウントを登録すれば、各種設定や拡張機能、ブックマークやパスワードなどを複数の Chrome で同期できます。たとえば会社やネットカフェなどで海外のよいサイトを見つけてブックマークすると、自宅でも同じように追加されているのです。

　そしてここからは Amazon 輸入ビジネス実践者のための、Chrome の嬉しい機能をご紹介します。まずは「Google 翻訳」などの「翻訳ツールバー」です。「翻訳ツールバー」を使えば、海外サイトでも日本語へ一発変換してくれます。

　また、オススメの拡張機能に「SmaSurf」という無料ツールがあります。これは基本的には商品検索の効率を上げるためのツールで、世界各国の Amazon やリサーチサイトへのアクセスを簡単にしたり、通貨換算機能で自動的に日本円で表示をしてくれるなど、一度使ったら手放せないくらい便利なツールです。以前にご紹介したプライスチェックや FBA 料金シミュレーターの Web サイトを表示することもできます。

SmaSurf for Web ブラウザ拡張機能
[URL] https://chrome.google.com/extensions/detail/kbilhcaegfmcpmlnpcogdgfchpodhcih?hl=ja

▲ これまでご紹介した「モノレート」「eBay」「オークファン」なども表示でき、わからない言葉や単語があっても、テキストを反転させると左下に「クイック検索」というタブが表示されるので、Google や Wikipedia などですぐに検索することが可能になります。

第5章

賢い仕入れで
ライバルに差を付けよう

Section 41	もう一度確認したい商売の大原則	136
Section 42	ツールを活用して「Amazon.com」から安く仕入れよう	138
Section 43	アメリカ以外のAmazonから仕入れよう	142
Section 44	ヨーロッパのAmazonから仕入れるときに注意すること	144
Section 45	オークションサイト「ebay」で安く仕入れよう	146
Section 46	ツールを使ってもっと便利にebayを利用しよう	150
Section 47	海外ネットショップから安く仕入れよう	152
Section 48	海外ネットショップをもっとお得に利用しよう	156
Section 49	中国輸入を始めよう	158
Section 50	中国輸入の代行業者を利用しよう	160
Section 51	中国輸入でリサーチしたい商品	162
Section 52	タオバオで商品を検索しよう	164
Section 53	タオバオ仕入れを実践しよう	168
Section 54	アリババ仕入れを実践しよう	170

Section 41

もう一度確認したい商売の大原則

基礎知識　仕入れ&販売　FBA販売　リサーチ　**仕入れ**　オリジナル商品　自動化　輸入ビジネス　トラブル対策

商売のキモとは「安く仕入れて高く売る」こと

　前章までは、Amazon個人輸入の基本的な方法や考え方を説明してきました。ここからはライバルと差を付けるために考えていきたいポイントを説明していきます。

　ここで、もう一度思い出していただきたい商売の大原則があります。それは「**安く仕入れて高く売る**」ということです。誰よりも「安く仕入れて」誰よりも「高く売る」ことを考えて愚直に行動する。それだけであなたは確実に稼げるようになりますし、多くのライバルを出し抜いていくことができるでしょう。なぜなら、**多くのAmazon出品者はそこまでやらない**からです。たった一歩でも、1ミリでも差を付けていくことで、最終的には大きな差が開きます。

安く仕入れる方法

　商品を安く仕入れるには、2つの考え方があります。1つは「安いとき・安いところで買う」という考え方、もう1つは「ボリューム・ディスカウント」という考え方です。その2つに加え、価格の安い中国から輸入する方法もあります。それぞれについて見ていきましょう。

1. 安いとき・安いところで買う（小ロットで仕入れる場合）

　さまざまなサイトを調べて、商品が安くなったタイミングを狙って仕入れる方法です。この章では「安いときに・安いところで買う」方法を4つ紹介します。

- ・Amazon.com で価格が安いときに仕入れる　→ Sec.42
- ・アメリカ以外の Amazon から仕入れる　→ Sec.43・44
- ・ebay などのオークションで安く落札する　→ Sec.45・46
- ・もっとも価格が安いサイトから仕入れる　→ Sec.47・48

2. ボリュームディスカウント

　セラーと交渉して、直接取引を行う方法です。ボリューム、つまり「ある程度量をまとめて買うから安くしてほしい」と交渉を行うということです。

3. 中国から輸入する

　「世界の工場」と呼ばれる中国から商品を仕入れる方法です。とくにこの数年は、物流インフラが整ったおかげで中国輸入がとてもやりやすくなりました。利益率が高くAmazonとの相性もよいので、欧米輸入に慣れてきたら積極的にチャレンジしていきましょう。中国輸入については、Sec.49から解説していきます。

高く販売する方法

　安く仕入れた商品は、今度は高く販売しなければいけません。ここでは、Amazon販売で高く売る方法を考えていきます。

1. スター商品だけではなく関連商品を販売する

　売れ筋商品であるスター商品は、ライバルも多く、販売しても利益がほとんど取れないケースが多いです。そこで、ど真ん中を狙うのではなく、少しズラして関連商品を販売していきましょう。「レッドオーシャンの中のニッチを狙う」という考え方になります。Amazonのプロモーション機能（Sec.80参照）を活用するとより効果的です。

2. 付加価値を高める（差別化する）

　たとえば英語で書かれているマニュアルを日本語化する、または保証書を付けるなど、ライバルより高く販売してもお客様に選んでいただけるように、付加価値を高めて販売しましょう。

3. 自分しか販売できない商品を販売する＝独占販売権の取得やオリジナル商品化を行う

　欧米のメーカーと交渉をして日本の輸入総代理店を狙う、また中国の工場でオリジナル商品を生産して自分しか販売できない商品を売っていく、という方法も非常に有効です。オリジナル商品というと敷居が高く感じるかもしれませんが、今は1個からでも手軽にオリジナル商品を作ることができるようになりました。この方法については、次の第6章で詳しく解説していきます。

Section 42

ツールを活用して「Amazon.com」から安く仕入れよう

基礎知識　仕入れ&販売　FBA販売　リサーチ　**仕入れ**　オリジナル商品　自動化　輸入ビジネス　トラブル対策

Amazonは価格競争が起こりやすい構造

　Amazonで販売を始めると、必ず直面する問題があります。それは**価格競争**です。前述してきたように、Amazonでは1つの商品につき1つのページが原則です。そのため、複数のセラーが同じ商品を同じ商品ページに出品することになります。

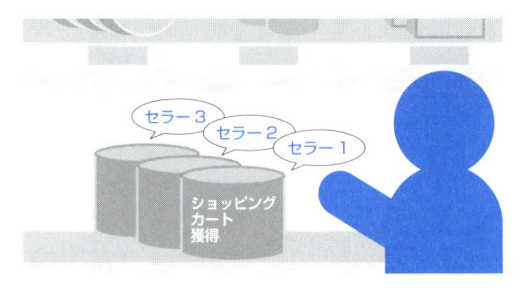

◀ スーパーマーケットの陳列棚をイメージしてください。

　スーパーマーケットでの陳列棚で、同じ列に同じ商品が、異なる業者から納品されていると仮定してください。お客様の手がすぐに届くのは、最前面に出ている商品です。これがAmazonでの「ショッピングカート獲得」だと思ってください。すると何が起こるでしょう？　カートを獲れなかった業者は、値段を下げ始めます。値段を下げると、カートを獲得しやすくなるからです。そうすると、うしろに下げられた業者は売れ行きが悪くなるのでまた値段を下げます。それに対抗してほかの出品者がまた値段を下げ…この繰り返しで価格競争が起こります。つまり**Amazonという販路は、出品者に競争をさせて最安値で販売されるように設計されている**ともいえます。そうやってお客様に「Amazonは安い」というイメージを作りだし、結果的に多くのお客様がAmazonのサイトを訪れるのです。

　ところでこの価格競争は、日本のAmazonに限ったものなのでしょうか？　答えはもちろんNOです。Amazon.comでも世界中のAmazonでも、同じようなことは起こっています。反対に輸入する側の立場からすれば、もっとも価格が下がったときに仕入れができれば最高です。そのタイミングがわかるよい方法はないのでしょうか。

Amazon.com で価格が安いときに仕入れる方法

　Amazon.comの価格変動を表示してくれるツールがあります。それが「camelcamelcamel」です。無料で利用できます。

camelcamelcamel
URL http://camelcamelcamel.com/

　このサイトは、次の2つの使い方ができます。Amazon輸入販売を行うならマストなツールなので、必ず利用しましょう。

1. **Amazon.com に出品されている商品の過去の価格推移がチェックできる**
2. **設定した価格よりも安くなったときにメールで教えてくれる**

　今回は、「Coleman 16-Can Soft Cooler」という商品を検索してみます。

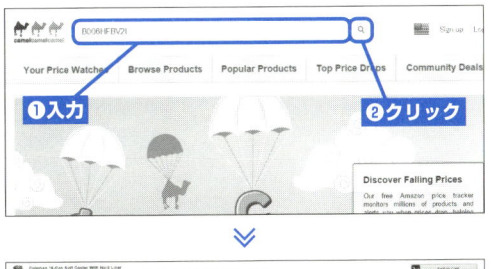

❶ トップページ上部の検索窓にAmazon.comの商品ページURLまたは商品名、ASINコードを貼り付けて、🔍をクリックします。商品名だと類似商品が出てくる可能性もあるので、できればASINコードで検索しましょう。

❷ 商品のページが見つかりました。画面を下にスクロールすると、価格変動を見ることができます。

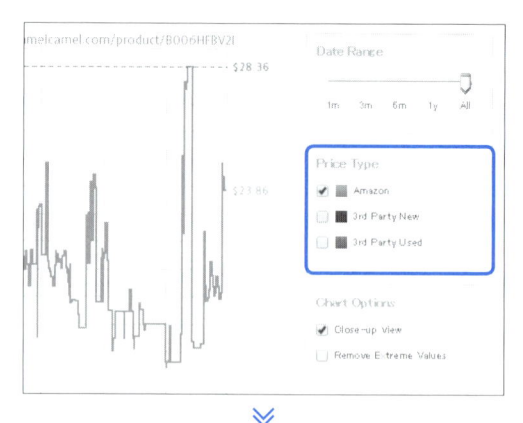

❸ グラフは初期設定でAmazon本体が販売する価格の変動が表示されています。「Price Type」の「3rd Party New」にチェックを入れると、Amazon本体以外のマーケットプレイス出品者の価格変動が表示されます。ちなみに「3rd Party Used」は中古品の価格変動ですので、外しておきましょう。右上の「Date Range」で、期間を絞り込むことができます。

❹ 画面下部には、「Amazon Price History」「Last 5 price changes」が表示されています。これによると、現在（Current）は「$23.86」ですが、最安値（Lowest）では「$16.14」まで下がったことがあり、最高値（Highest）は「$28.36」まで上昇したということがわかります。

● 通知メールを登録する

できれば最安値の「$16.14」で買えれば嬉しいのですが、次にいつ価格が下がるかはわかりません。そこで値下げ通知メールを登録しましょう。メールアドレスを登録しておけば、価格が下がったときにメールで知らせてくれます。

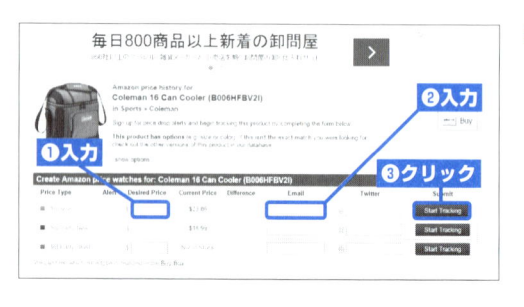

❶ 「Desired Price」に希望価格を入力し、「Email」にメールアドレスを入力して＜Start Tracking＞をクリックします。

通知方法はメールだけではなく、TwitterアカウントでもOKです。一度Twitterアカウントを登録しておけば、メールアドレスを入力しなくてもよくなります。価格が希望価格まで下がると通知が届くので、ほかの出品者に気付かれないうちに注文しましょう。急がないと価格が戻ってしまったり、売り切れてしまう可能性もあります。

● Chrome拡張機能版camelcamelcamelを利用する

　camelcamelcamelは、Chromeの拡張機能にも含まれています。Amazonのページからワンクリックで価格変動を確認することができるので、大変便利です。すでにChromeを利用している場合は、こちらを使いましょう（P.134参照）。

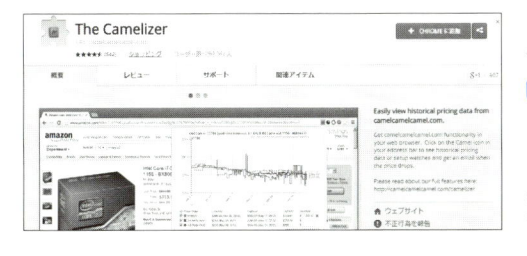

The Camelizer

URL https://chrome.google.com/webstore/detail/the-camelizer-amazon-pric/ghnomdcacenbmilgjigehppbamfndblo

◀ The Camelizerをインストールして、URL欄に表示されるアイコンをクリックすると、価格変動画面が表示されます。

　もう1つ、同じような機能の「Keepa.com」というChrome用ツールがあります。camelcamelcamelとほぼ同じように使えますが、こちらはインストールすると常にAmazonの商品ページの中にグラフが表示されるようになります。好みで選びましょう。

Keepa.com - Price Tracker

URL https://chrome.google.com/webstore/detail/keepacom-price-tracker/neebplgakaahbhdphmkckjjcegoiijjo

◀ Keepaをインストールすると、Amazonの商品ページに価格変動グラフが表示されます。

仕入れる商品の候補が一気に広がる

　このように、**通常のリサーチでは利益が出ない商品でも、価格が安いときに買うことができれば利益を出すことができます**。その結果、仕入れる商品の幅が一気に広がります。通知機能を使えば、あとは自動的にメールが教えてくれるので、「よく売れるけれど利益が出ない」商品は、どんどん登録しておきましょう。

POINT ▶ 仕入れはできるだけAmazon本体から

　第2章でも解説しましたが（P.46参照）、仕入れを目的に商品を購入する場合は、できるだけAmazon本体から購入するようにしましょう。理由は「偽物を掴まされるリスクがない」、「商品の状態がよい」などです。マーケットプレイスのセラーの場合、商品の状態がよくない場合もあるので十分に気を付けましょう。

Section 43
アメリカ以外のAmazonから仕入れよう

第5章 >> 賢い仕入れでライバルに差を付けよう

基礎知識 / 仕入れ&販売 / FBA販売 / リサーチ / **仕入れ** / オリジナル商品 / 自動化 / 輸入ビジネス / トラブル対策

世界 14 ヵ国の Amazon

　これまではアメリカのAmazonで仕入れを行ってきましたが、アメリカ以外のAmazonから仕入れることももちろん可能です。Amazonは世界14ヶ国で展開されており、インターフェイスがほぼ同じなので、直感的に操作を進めていくことができます。14ヵ国の中でも、実際に商品を輸入することを考えると、北米・ヨーロッパ・中国が選択肢として残ります。ただし、中国はタオバオやアリババで仕入れたほうが価格が安いです。

◎ 世界の Amazon

[北米] アメリカ カナダ
[中南米] メキシコ ブラジル
[ヨーロッパ] イギリス ドイツ
[アジア] 中国 インド
オーストラリア

北米	アメリカ・カナダ
ヨーロッパ	イギリス・ドイツ・フランス・イタリア・スペイン・オランダ
中南米・オーストラリア	メキシコ・ブラジル・オーストラリア（※電子書籍とアプリのみ）
アジア	インド・中国

Amazon 世界価格比較ツールを活用する

　アメリカ以外のAmazonで仕入れを行う際に活用するのは、同じ商品の世界9ヶ国のAmazonでの価格差がひと目でわかるツールです。
　「Amadiff」は、世界各地のAmazonの商品価格を比較できるChrome拡張機能です。インストールすると、Amazonの商品画像のすぐ下にAmadiffの枠が表示されます。Amadiffの枠に表示されている価格をクリックすると、そのまま各国Amazonの商品ページへ飛びます。狙っている商品がより安く販売されている国はないか、探していきましょう。

世界価格比較ツール - Amadiff.com
URL https://chrome.google.com/webstore/detail/amazon-international-pric/fgkgjaeeajfkgjmmpdgcocokcfgbfcoc?hl=ja

　また「Takewari」というツールを利用して、世界中のAmazonを横断することもできます。Takewariのトップページで、商品名やASINコードを検索欄に入力して検索します。Takewariでは商品価格や売れ筋ランキングも表示できるので、視覚的にわかりやすいのが利点です。さまざまなオプション機能も搭載しているので、本格的に比較検討する場合はTakewariを活用しましょう。

Takewari - 世界のアマゾン横断検索
URL http://www.takewari.com/

● ツールを利用する際の注意点

　AmadiffやTakewariは大変便利なのですが、商品によっては販売していない国もあります。また国によっては同じ商品でもASINコードや商品名・型番が異なる場合もあるため、抜け落ちてしまうことも多々あります。その点は十分に注意をしましょう。

Section 44

ヨーロッパのAmazonから仕入れるときに注意すること

基礎知識　仕入れ&販売　FBA販売　リサーチ　**仕入れ**　オリジナル商品　自動化　輸入ビジネス　トラブル対策

アメリカの Amazon アカウントはヨーロッパの Amazon でも使える

　日本と中国を除くと、アメリカ・カナダ・イギリス・ドイツ・イタリア・スペイン・フランスは、Amazonアカウントの情報を共有しています。そのため、Amazon.com（アメリカ）のアカウントがあれば、7ヵ国のサイトで注文が可能です。ただし、ヨーロッパから仕入れをするときに気を付けなくてはいけないことがあります。

● VAT（付加価値税）について

　ヨーロッパやカナダにはVATという付加価値税があり、およそ20%前後かかります。ヨーロッパのAmazonで買いものをしても、当然VATを支払わなくてはなりません。VATは日本でいうところの消費税のようなものですが、基本的にはEU圏内の購入者が支払うものですので、日本への輸出となると免除されます。そのため、サイト上での価格と決済画面の価格を比べると、送料を加えてもなお全体の価格が下がっている場合があります。しかし転送会社を介してしまうと、VATを支払わなければなりません。**ヨーロッパから仕入れる場合は、原則日本へ直送してもらう**と考えてください。

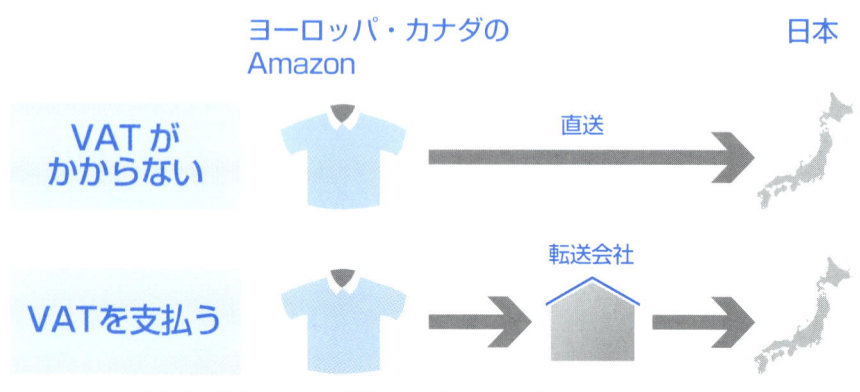

▲ ヨーロッパ・カナダからの輸入品を日本に直送すれば、VATはかかりません。

● ヨーロッパの電圧・プラグについて

　日本で利用されている電圧・プラグは、海外の電圧・プラグとは規格が異なっています。日本の電圧とプラグは、それぞれ「100V：Aタイプ」です。アメリカは「120V：Aタイプ」で、コンセントが日本と同じ形状なので「無理をすれば使えないことはない」という状態です。しかし、ヨーロッパの場合は「220〜240V：BタイプまたはCタイプ」が主流です。電化製品は、PSEマーク（Sec.08）の問題だけではなく、コンセントの形状も電圧も異なるので、**取り扱うのはやめておきましょう。**

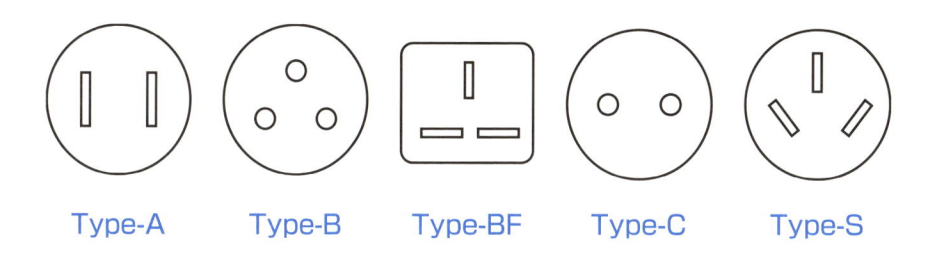

| Type-A | Type-B | Type-BF | Type-C | Type-S |

ヨーロッパ（イギリス）の転送会社

　VAT（付加価値税）を考えると、ヨーロッパからの仕入れは日本直送がベストです。しかし、どうしても日本に送ってくれない商品などは、やはり転送会社を利用しましょう。以下の2社は、筆者もお世話になった業者です。

転送ユーロ
[URL] http://tensoeuro.com/

◀ 日本語で対応可能な転送会社です。業界最安値の転送手数料990円が特徴で、利用者もとても多い有名な業者です。

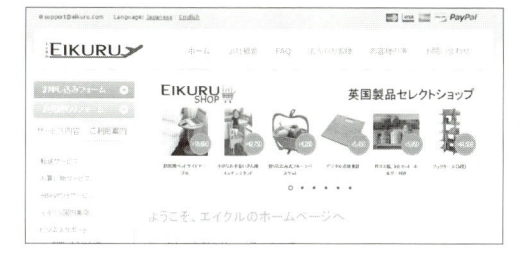

EIKURU（エイクル）
[URL] http://www.eikuru.com/

◀ 日本語で対応可能なイギリスの転送サービスです。卸仕入れや国際展示会サポートなども行っているので、本格的にヨーロッパ仕入れを行う際によいパートナーになってくれるでしょう。

Section 45

オークションサイト「ebay」で安く仕入れよう

基礎知識　仕入れ&販売　FBA販売　リサーチ　**仕入れ**　オリジナル商品　自動化　輸入ビジネス　トラブル対策

世界最大のオークションサイト「ebay」

　安く仕入れるという意味で外せないのは、世界最大のオークションサイト「ebay」です。ebayはアメリカはもちろん、世界約40の国と地域で展開されており、1億点以上の商品が販売されています。まさにヤフオク！のワールドワイド版というイメージです。オークションサイトではありますが、個人で不要品を売買する人だけでなく一般の小売業者も参加しています。そのため、必ずしも安く落札・購入できるわけではありませんが、ツールを使うことで、安く落札できる商品を狙うことも可能です。ebayは、どちらかというと積極的に販売をしたい人や業者が多く集まっている場所でもあるため、このあとで説明する、直接取引可能なセラーとつながりやすいというメリットもあります（Sec.83参照）。

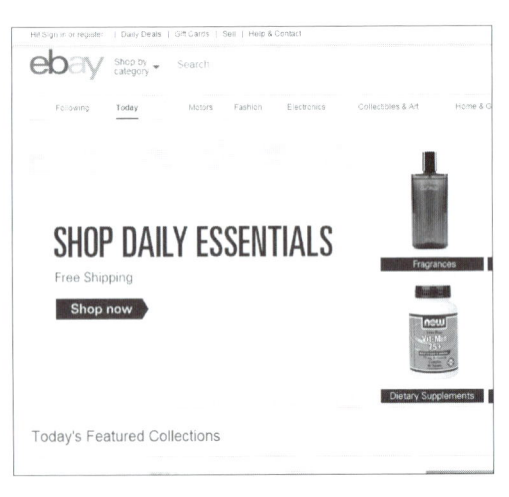

ebay
URL http://www.ebay.com/

　ebayを利用するには、ユーザー登録が必要です。トップページ左上の「register」をクリックし、名前、住所、メールアドレス、ユーザーIDなどを設定します。登録は無料で、月額費用や手数料はかかりません。

● PayPalに登録する

　Amazonではクレジットカードを登録して決済を行ってきましたが、ebayはPayPalという決済システムで取引を行うしくみになっています。PayPalは世界中で利用されている決済サービスで、利用できるオンラインショップは900万店以上、203の国と地域で利用でき、26の通貨に対応しています。**PayPalを使うことで、海外の出品者への支払いにクレジットカード情報などを知らせる必要がなく、簡単かつ安全に取引が行える**ようになります。

PayPal
URL https://www.paypal.jp/jp/home/

◀ トップページ右上の「新規登録」から手続きを進め、「パーソナルアカウント」に申し込みを行います。登録が完了したら、ebayとPayPalを紐付けします。

ebayで購入する際のポイント

　ebayの購入方法は、オークション形式で入札するか、即決価格で購入するかのどちらかになります。いずれにしても日本で販売を目的に入札・購入するわけですから、新品の商品を選びましょう。

◀「Condition」の＜New＞をクリックしてチェックマークをオンにすると、新品のみが表示されます。

　商品ページの「Item condition」（商品の状態）に「New」とあれば新品です。「New other (see details)」は新品と間違えやすいですが、これは「訳あり」商品だと思ってください。商品詳細説明をよく読んで、問題がない内容だったら入札してもよいでしょう。

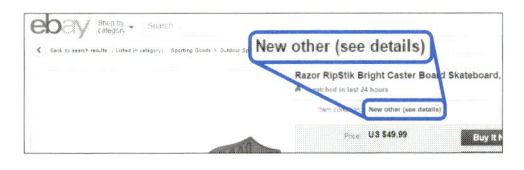

◀「New other (see details)」は「訳あり」商品です。内容を確認しましょう。

信用できるセラーから購入しよう

セラーは、できるだけトップレートセラーから仕入れます。トップレートセラーとは、ebay が定めたセラーパフォーマンス基準を満たした優良セラーのことです。厳しい条件をクリアーして販売しているセラーなので、比較的安心です。

◀ 商品ページ右上の「Seller information」にセラーの情報が書いてあります。

トップレートセラーでない場合は、「Seller information」のセラー名をクリックし、＜See all feedback＞をクリックしてセラーの詳細を表示します。「○○％ positive feedback」（相手の評価パーセンテージ）と「Recent Feedback ratings」（評価数）を確認し、評価パーセンテージ97％、評価数100以上を目安にします。

また「Feedback」でセラーのレビュー内容も確認して、評判がよくないコメントが散見される場合はやめましょう。万が一トラブルがあった場合、基本的には支払い後180日以内に申請をすればPayPalが補償してくれるので、冷静に対応しましょう。

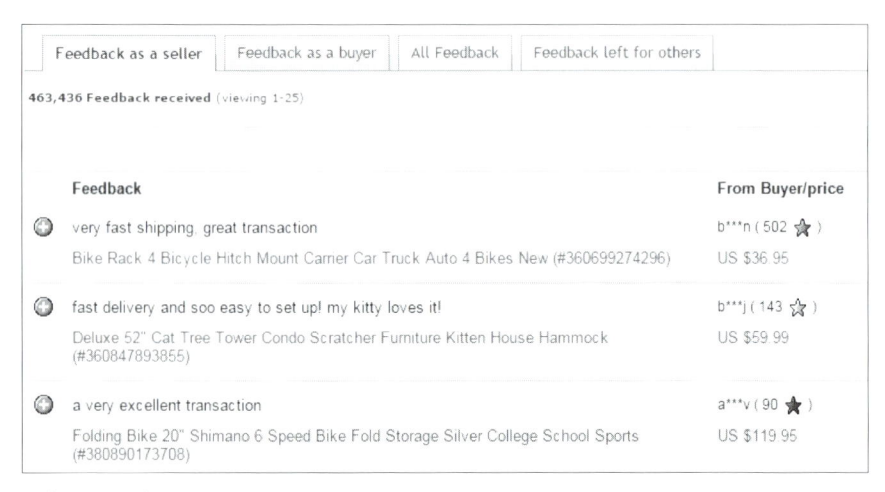

▲「Feedback」に書かれている内容も確認しましょう。

なお、「Recent Feedback ratings」の「Negative」は、ヤフオク！では「非常に悪い」にあたります。もしも「Horrible」や「fake」などと書いてあったら、対応がよくなかったりコピー品を扱っている場合もあるので注意しましょう。

● 商品箱（化粧箱）の考え方

日本では「商品の外箱＝化粧箱」として、商品箱も商品の一部としてとらえますが、海外では中の商品を守るための箱という認識になります。そのため、ebayで落札した商品は、商品箱に伝票などを直接貼って配送されてくる場合があります。私たちは日本で販売をするために仕入れを行いますので、商品箱はできるだけきれいに扱ってもらったほうがよいのです。ということで、落札後はセラーに下記のメッセージを送り、商品箱を丁寧に扱ってもらうように頼みましょう。

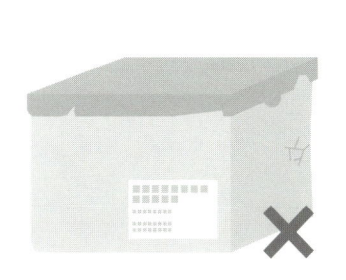

▲ 商品箱も商品の一部です。きれいなまま送ってもらうようにしましょう。

Hello. I have purchased [商品名].

I would be much appreciated if you could pack it in the cardboard or wrap it with the packing material to prevent any damage on the box during the transit.

Please do not directly put the receipt on the box.Thank you!

（日本語訳）

輸送中の破損を防ぐために、緩衝材に包むかダンボールに入れて送ってください。

くれぐれも伝票を箱に直接貼ったりしないようにしてください。

Section 46
ツールを使って
もっと便利にebayを利用しよう

第5章 >> 賢い仕入れでライバルに差を付けよう

基礎知識　仕入れ&販売　FBA販売　リサーチ　**仕入れ**　オリジナル商品　自動化　輸入ビジネス　トラブル対策

ebay 入札ツールを活用して入札を自動化する

　オークションでは、入札がくり返されて最終的な落札価格が決まります。たとえばヤフオク！の場合は「自動延長」という機能があり、オークション終了10分前以降に高値更新されると、たとえば残り時間が4分になっていても、自動的にまた残り10分に戻るようなしくみになっています。しかしebayにはそれがありません。つまり**時間ギリギリで入札をしたほうが安く落札される可能性は高い**ということです。かといって、終了時間に合わせてずっとパソコンの前で待っているというわけにもいきません。そこで**自動入札ツール＝スナイプ**の導入です。「GIXEN」は、スナイプ入札ソフトの中ではもっとも有名な無料ツールです（有料オプションもあります）。

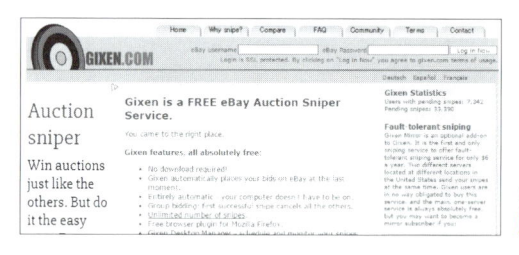

GIXEN - Free eBay Auction Sniper
URL http://www.gixen.com/index.php

　GIXENのトップページを開き、普段ログインしているebayのIDとパスワードを入力します。ログインすると次の画面に移動しますので、ebayの商品ページの中段「Description」に記載されている「eBay Item Number」を確認して、GIXENの「eBay Item Number」に落札希望商品のアイテムナンバー、「Your bit」にはあなたが入札できる最大の価格を入力します。入力が完了したら＜Add＞をクリックします。これで自動入札の登録が完了し、オークション終了数秒前になると設定した金額で自動的に入札されます。

　登録した自動入札は、画面右側の「Edit」（編集）、「Delete」（削除）から修正することができます。**オークションではタイミング次第で意外と安く落札されることがあります**。積極的に活用していきましょう。

キャッシュバックサイトを活用してさらに安く仕入れる

　ebayで購入する際、キャッシュバックサイトを利用するとさらに数％のキャッシュバックが受けられます。ここでは2つのキャッシュバックサイト「eBay Bucks」と「Mr. Rebates」をご紹介します。

　eBay Bucksに登録すると、ebayの商品ページに「You'll earn $○○ in eBay Bucks」とキャッシュバックの金額が表示され、商品を購入したときに購入額の2％のポイントが貯まります。ただしebay Bucksではポイントを使える期間と有効期限があるので、忘れないようにしましょう。またeBay Bucksは、基本的にアメリカ居住者向けの報酬プログラムとなりますので、ebayにアメリカの住所を登録していないと使用できません。アメリカの転送業者の住所を登録しておきましょう。

　Mr. Rebatesに登録すると、購入額の1〜5％のポイントが貯まります。ただし常にebayに対応しているわけではありませんので、購入前にサイトを訪問して、キャッシュバックしているか確認する必要があります。

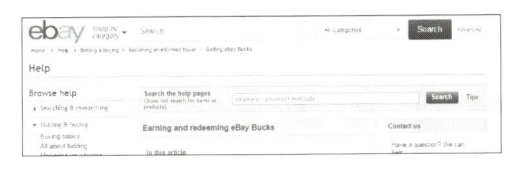

eBay Bucks
URL http://pages.ebay.com/help/buy/ebay-bucks.html

Mr. Rebates - Cash Back Rebate Shopping
URL http://www.mrrebates.com/

● 世界中のebayから購入する

　Sec.43で紹介した「Takewari」の姉妹サイトに「Matsuwari」というものがあります。これは世界9カ国の海外ebayオークションサイトで商品を横断検索することができるツールです。オプションで「日本への配送OK」「Top Rated Seller」「新品」「Buy It Now」での絞り込み検索ができますので、大変便利です。

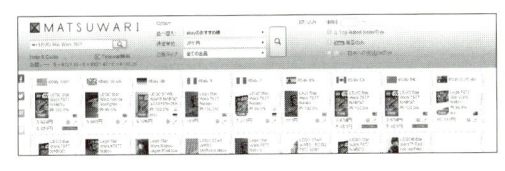

Matsuwari
URL http://www.matsuwari.com/

◀ ebay は ASIN コードを使えないので「商品名」や「型番」で検索を行いましょう。

Section 47

第5章 >> 賢い仕入れでライバルに差を付けよう

海外ネットショップから安く仕入れよう

基礎知識　仕入れ&販売　FBA販売　リサーチ　**仕入れ**　オリジナル商品　自動化　輸入ビジネス　トラブル対策

価格比較サイトを活用してもっとも安いサイトから仕入れる

　ここでは、海外のネットショップから安く仕入れる方法について説明していきます。価格コムの海外版のような価格比較サイトを利用して、最安値のショップから購入するというものです。代表的なサービスに、Googleが提供している「Google Shopping」があります。

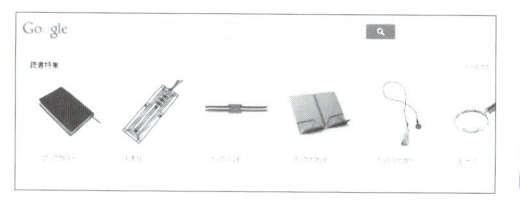

Google Shopping
URL http://www.google.com/shopping

● Google Shoppingでショップを検索する

Google Shoppingを使って、商品を検索してみましょう。

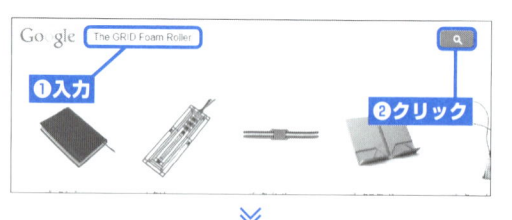

❶入力　❷クリック

❶ Google Shoppingの検索欄に、英語で「商品名」や「メーカー名・型番」などを入力し、🔍をクリックします。

クリック

❷ 商品名をクリックします。

❸ <○○件以上のショップの価格を比較>を
クリックします。

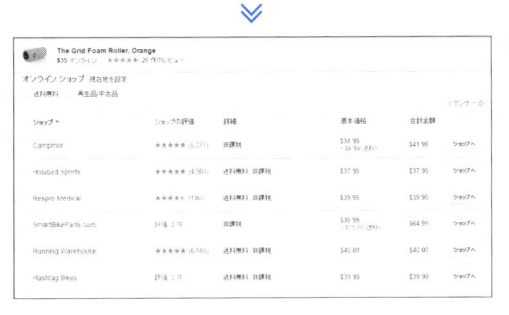

❹ その商品を扱っているショップの一覧が表示されます。

　ショップ一覧が表示されたら、「合計金額」や「ショップの評価」などからショップを絞り込んでいきます。Google Shoppingというサービスは、ショップ側からGoogleに登録をするしくみになっているため、信頼度の高いショップが多い傾向にあります。それでも、安心は禁物です。**「ショップの評価」の★の数が3以下のショップなどは、避けておいたほうが無難**でしょう。価格も安く評価もよい、安心なショップを選ぶようにしましょう。評価が多いショップは、海外発送に対応している可能性も高いです。

● **評価が表示されていないショップのレビューを検索する**

　Google Shoppingで評価が表示されていないショップは、ResellerRatingsでそのショップの評価やレビューを検索して確認することができます。検索窓にショップ名を入力し、<Find>をクリックすると、そのショップの評価やレビューが表示されます。

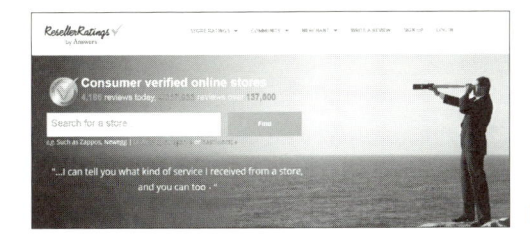

ResellerRatings.com
URL http://www.resellerratings.com/

海外ネットショップの信頼性

　Amazon.comやebayといった信頼性が高いサイトに比べ、ネットショップにはさまざまなショップがありますので、注意が必要です。ここではネットショップでの信頼性を確認するためのポイントをご紹介します。

● セキュリティはしっかりしているか？

　海外のショッピングサイトで買いものをする場合にもっとも注意しなければならないのは、**クレジットカードの情報をスキャニングされて登録情報を盗まれること**です。サイトのセキュリティを保証する「ノートンセキュアドシール」などのSSL認証を使った決済システムになっているかどうかを確認しましょう。決済システムに何も対処を行っていないサイトは情報が漏れる危険性がありますので、絶対に避けましょう。

◎ ノートンセキュアドシール

● 極端に価格が安い

　サイトはきれいに作ってあっても、極端に商品価格が安いサイトは要注意です。最初のうちは価格だけではなく安心を取って、大手の会社が運営しているショップで購入するほうが無難です。

◀ あまりにも安い商品には手を出さないようにしましょう。

● 住所や電話番号は記載されているか、メールアドレスがフリーメールではないか

　サイト上に住所や電話番号が記載されているかどうかを確認しましょう。一度メールで問い合わせをしてみるのも、ショップの対応を見ることができるので有効です。問い合わせは「Contact Us」、住所や電話番号は「About Us」という項目に書いてあることが多いので確認しましょう。Googleストリートビューで住所を確認するのもよい方法です。また、フリーメールアドレスを使って運営しているショップも意外に多いので注意しましょう。

◀ 住所を確認して、信頼できるショップかどうかを確かめましょう。

● PayPalに対応しているか

　すべてのショップが対応しているわけではありませんが、できればPayPalが使えるショップを選ぶほうが賢明です。いざというときはPayPalが補填してくれますので、安心して取引ができます。

● サイトの運営歴はどのくらいか

　最近は、オリジナルのサイトそっくりな偽詐欺サイトを作って詐欺行為を行う事件が増えてきています。悪質なショップは、運営歴が1ヶ月程度だったり短いことが多いので、そのショップの運営歴を見てみるのも1つのポイントです。「Wayback Machine」を使えば、サイトの運営歴を確認することができます。

Wayback Machine
URL https://archive.org/web/

第5章 賢い仕入れでライバルに差を付けよう

仕入れ

155

Section 48
海外ネットショップを もっとお得に利用しよう

第5章 >> 賢い仕入れでライバルに差を付けよう

基礎知識 / 仕入れ&販売 / FBA販売 / リサーチ / **仕入れ** / オリジナル商品 / 自動化 / 輸入ビジネス / トラブル対策

お気に入りのネットショップでメルマガ登録

　アメリカ人はネットで買いものをする際にクーポンを活用するのが当たり前です。そのため海外のネットショップは、定期的にクーポンコードを配布したりクリアランスの案内を出しています。それらを活用すれば、**通常よりもかなりお得に商品を購入することができます**。これらはネットショップが発行するメルマガなどでアナウンスされることが多いので、お気に入りのショップはメルマガ登録しておきましょう。

クーポンサイト&キャッシュバックサイトを利用する

　海外ネットショップを利用する際は、クーポンサイトやキャッシュバックサイトを活用すれば、よりお得に利用することができます。ここでは「Retail Me Not」と「UltimateCoupons」という2つのクーポンサイトをご紹介します。

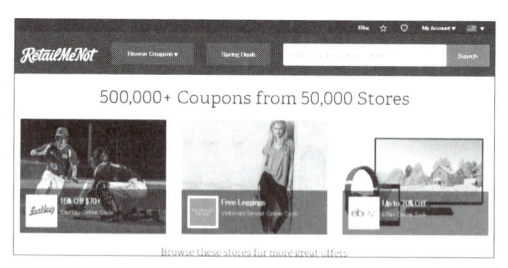

Retail Me Not
URL http://www.retailmenot.com/

UltimateCoupons
URL http://www.ultimatecoupons.com/

また、クーポンを使ってショッピングをしたあと、さらに3%から最大25%のキャッシュバックを受け取れる素晴らしいサイトがあります。それがSec.46でご紹介したMr.Rebatesというサイトです。

Mr. Rebates - Cash Back Rebate Shopping
URL http://www.mrrebates.com/

　Mr.Rebates経由で海外のネットショップから買いものをすると、還元率に応じて現金がキャッシュバックされます。キャッシュの受け取りには、PayPalを利用します。提携サイトは2,000店以上で、有名なショッピングサイトも多数入っています。加盟には厳しい審査があり、優良なショップしか加盟できません。その点でも安心して利用できます。

● Google Shopping以外の価格比較サイト

　Sec.47では価格比較サイトとしてGoogle Shoppingをご紹介しましたが、ほかにも多くの価格比較サイトがあります。これらのサイトを利用して、より価格の安いショップがないか調べていきましょう。

Shopping.com
URL http://www.shopping.com/

Shopzilla
URL http://www.shopzilla.com/

PriceGrabber.com
URL http://www.pricegrabber.com/

mySimon
URL http://www.mysimon.com/

Bizrate
URL http://www.bizrate.com/

Dealtime
URL http://www.dealtime.com/

Nextag
URL http://www.nextag.com/

第5章 賢い仕入れでライバルに差を付けよう

仕入れ

157

Section 49

第5章 >> 賢い仕入れでライバルに差を付けよう

中国輸入を始めよう

基礎知識 | 仕入れ&販売 | FBA販売 | リサーチ | **仕入れ** | オリジナル商品 | 自動化 | 輸入ビジネス | トラブル対策

利益率の高い中国輸入ビジネスを取り入れよう

　これまではアメリカ、そしてヨーロッパから仕入れる方法をご紹介してきましたが、安く仕入れることを考えていくと中国輸入が外せなくなってきます。中国輸入というと、たとえば「粗悪品が多い」、「コピー品や海賊版を掴まされそう」といった、ネガティブなイメージをもっている方も多いと思います。

　しかし「世界の工場」と呼ばれる中国は、これまで行ってきた欧米輸入とはひと味違います。欧米輸入では「型番商品」、つまりメーカーが完成品として世の中に出している商品を扱ってきましたが、**中国輸入の場合、未完成品（素材など）も含めて自由に仕入れができます**。あらゆるジャンルの商材が、中国で生産されています。

中国輸入のメリット

　それでは中国輸入のメリットを見ていきましょう。

・利益率が高い
・仕入単価が安いため小資金でも始められる
・簡単にオリジナル商品を作ることができる
・世界の工場と呼ばれるだけあって、どんな商品でもある

　これらの多彩なメリットがある中で、**ビジネスとして輸入販売を行っていくのであれば利益率が高いということは重要な要素**になります。中国輸入では粗利9割ということもざらにありますし、欧米のブランド商品に比べて日用品が多いことから、継続して販売できるという特徴があります。品質面では欧米輸入には劣りますが、意識の低いメーカーからは仕入れないようにしたり、しっかりと検品を行ったりすることで、問題なく販売できます。欧米輸入とはまた違う意味で可能性を秘めているのが中国輸入です。両方をマスターして、より稼いでいけるようになりましょう。

中国輸入の仕入れ先

中国輸入での仕入れ先は「タオバオ」と「アリババ」になります。

● タオバオ

「タオバオ（taobao）」は、アジア最大のショッピングサイトです。登録商品数は8億点を超え、会員数は5億人以上。まさに世界最大級のモンスター市場です。日本でいうところの楽天市場と考えてください。中国国内向けの個人向けサイト（BtoC）なので、小ロットで買えるというメリットがあります。また、企業や会社法人が出店している「天猫モール」という形態もあります。

タオバオ（taobao）
URL http://www.taobao.com/market/global/index_new.php

● アリババ

「アリババ（Alibaba）」は、海外向けの英語サイト「アリババ・コム」（Alibaba.com）と中国国内向けの卸サイト「アリババ・チャイナ」（1688.com）に分かれます（P.170参照）。アリババは中国の企業が買い付けを行うサイト（BtoB）ですので、価格は安い傾向にありますがロットが大きくなりがちです。初めのうちや資金力がない場合はタオバオ中心で、ある程度売れてきたらアリババでロット仕入れ、というように進めていくとよいでしょう。

アリババ・コム（Alibaba.com）
URL http://www.alibaba.com/

アリババ・チャイナ（1688.com）
URL http://www.1688.com/

第5章 賢い仕入れでライバルに差を付けよう

仕入れ

159

Section 50

第5章 >>賢い仕入れでライバルに差を付けよう

中国輸入の代行業者を利用しよう

基礎知識　仕入れ&販売　FBA販売　リサーチ　**仕入れ**　オリジナル商品　自動化　輸入ビジネス　トラブル対策

代行業者を利用する

　中国での買い付けは、基本的に代行業者を介して行います。慣れてくればメーカーや工場と直接取引を行うこともできますが、最初は代行業者を経由して注文を行ったほうがよいでしょう。これにはいくつかの理由があります。

1. アカウントや決済サービスの準備が大変
2. 日本へ発送できない出品者が多い
3. 個別だと送料が割高になる
4. 品質の問題もあるので検品が必要
5. 価格交渉をやってもらえる（代行業者による）

　自分でタオバオやアリババのアカウントを作って注文をすることも可能ですが、そのためには現地の銀行口座を開設して「アリペイ」という決済サービスに登録する必要があります。しかもアリペイは現地在住でないと作ることができず、また事前に人民元でチャージしておかなければなりません。日本で発行されたクレジットカードも使えるのですが、カード決済手数料が3%かかりますし、小口で日本へ送ってもらうとEMSなどの送料が定価になるので非常に高額です。タオバオやアリババはもともと中国国内向けのショッピングサイトですので、出品者によっては日本へ発送することができない場合もあり、仮に送ってくれたとしても不良品などの問題があります。輸送中のトラブルに対しても、対応するのは困難です。

代行業者の選び方

　最近はたくさんの代行業者がありますので、「手数料」や「サービス内容」などをよく確認して選びましょう。日本人が運営していて、日本語が通じるところが、トラブルがあったときの対応もスムーズで便利です。代行手数料は、商品代金の5～

10%が標準です。為替交換手数料は「現在のレート＋1.5円」などと設定されていることが多く、業者によって計算方法が異なります。

また手数料以外に重要なのが「対応の早さ」です。安いからといって代行業者とのやりとりに時間がかかっては、商機を逃してしまうこともあります。初回利用はお試し期間を設けているところが多いので、まずは一度使ってみて考えるのもよいでしょう。

● **代行業者を通した購入の流れ**

下記は代行業者を通した際の、おおまかな購入の流れです。代行業者によって入金のタイミングや商品の確認作業などが異なりますが、参考にしてください。可能な限り入金の回数や書類のやり取りの回数が少ない会社のほうが、手間が少なく回転率が上がります。最近ではFBA直納サービスを取り入れている代行会社も多いので、活用しましょう。

1. タオバオから購入したい商品のURLを記録しておく
2. 専用のオーダーシートにURLや数量を記載して、代行業者へ送信する
3. 代行業者が中国現地でタオバオなどから商品を購入する
4. 商品が代行業者の中国事務所に到着後、請求された商品代金＋国際送料を払う。またはデポジット（一時預け金）から引かれる
5. 入金～発送後、EMSなどで日本へ到着する

● **筆者おすすめの代行業者**

ファーストトレード
URL http://fast-trade.jp/

タオバオさくら代行
URL http://sakuradk.com/

イーウーパスポート
URL http://yiwupassport.co.jp/

Section 51 中国輸入でリサーチしたい商品

基礎知識　仕入れ&販売　FBA販売　リサーチ　**仕入れ**　オリジナル商品　自動化　輸入ビジネス　トラブル対策

Amazonで中国輸入品を検索する

　欧米輸入では、Amazonで「並行輸入」「日本未発売」「import」などのキーワードからリサーチを行い、関連商品リサーチやライバルリサーチへと掘り下げていきました。中国輸入では「ノーブランド（ノンブランド）」「中国製」「激安」などをキーワードにしてAmazonでの検索を進めていきます。

◀ 中国商品は「ノーブランド」「中国製」「激安」などでAmazonを検索します。

● 中国輸入でよく扱われるジャンル

中国輸入実践者がよく扱っている商品ジャンルには、下記のようなものがあります。

ジャンル	主な商品
アパレル・アクセサリー	メンズ、レディース、子供服
コスプレ	キャラクター、ウィッグ、動物、サンタなど
スマホ関連グッズ	iPhoneケース、セルカ棒、タッチペンなど
LEDライト	LED電球、LEDライト、イルミネーション
サバイバルゲームグッズ	すね当てなどの装備
ペット用品	犬用の洋服など
工具	時計の修理工具など

　これらの商品から見ていくと、中国輸入のライバルセラーをすぐに見つけることができるでしょう。あとは欧米輸入と同じ要領で、Amazonのレコメンド機能を活用した「関連商品リサーチ」や「ライバルリサーチ」などへと展開していきましょう。

中国輸入で気を付けたい商品

　中国輸入で注意したいポイントとして、とくにブランド品とキャラクターグッズには要注意です。中国輸入にブランド品は100％ないと思ってください。万が一コピー品を仕入れてしまった場合、知っていたかどうかに関わらず税関で焼却処分になりますし、逮捕される場合もあります。それ以外の商品でも、輸入品は輸入者が全責任を負うことになっていますので注意しましょう（Sec.07参照）。

◎ 注意が必要な商品

- ブランド品
- 医療品・化粧品（薬機法）
- 電気製品（電気製品安全法）
- Bluetooth 製品（電波法）
- キャラクターグッズ（コピー品の恐れ）
- ベビーグッズ（食品衛生法）
- ヘルメット（PSC）

中国輸入で目指したい価格帯

　中国輸入では、欧米輸入に比べると単価が安い商品が多くなりがちです。たとえば欧米商品Aは販売価格が10,000円：利益率が20％だとすると、1個売ると2,000円の利益です。それに比べて中国商品Bが販売価格800円：利益率50％だとすると、利益は400円にしかなりません。FBAを利用する場合、価格帯の安いものはAmazon販売手数料とFBAの手数料を考えると利益が見込めません。

　そこで、中国輸入の仕入れ基準を下記のように考えるとよいでしょう。とはいえ、FBAによって生まれる効率化を考えると、多少は薄利多売でもよいかと思います。売上が上がってきて1日の出荷数が数十件になってきたら、スタッフを雇って作業を任せることや、自社発送に切り換えることで、より利益を上げることもできます。

◎ 中国輸入の仕入れ基準

- リサーチの段階で粗利が50％以下のものは仕入れない
- 国際送料は 1kg あたり 500 円で計算する（例 0.3kg なら 150 円）
- まずは5個程度テストで仕入れてみる
- 販売価格は 2,000 円以上

Section 52

第5章 >> 賢い仕入れでライバルに差を付けよう

タオバオで商品を検索しよう

基礎知識　仕入れ&販売　FBA販売　リサーチ　**仕入れ**　オリジナル商品　自動化　輸入ビジネス　トラブル対策

タオバオで商品を検索する

　タオバオで商品を検索してみましょう。タオバオはすべて中国語で表示されているので、初めのうちは抵抗があるかもしれません。しかしタオバオ自体は通常のショッピングモールですので、中国語である以外、とくに難しい操作はありません。気楽にチャレンジしてみましょう。

❶ トップページの検索欄に、キーワードや翻訳した中国語を入力して、＜搜索＞（検索）をクリックします。

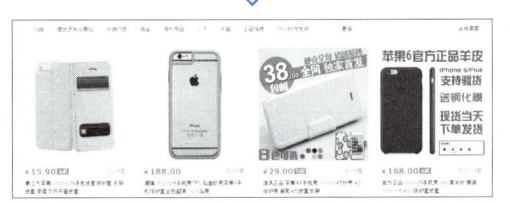

❷ 検索結果が表示されます。商品をクリックすると、商品ページが表示されます。

　検索結果に表示される商品の並び替えをしていきましょう。タブをクリックすることで、いろいろな条件で並び替えができます。

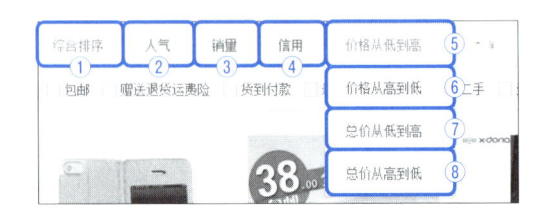

①综合排序：基本
②人气：人気順
③销量：売れている順
④信用：信用度の高い順

⑤价格从低到高：商品価格が安い順
⑥价格从高到低：商品価格が高い順
⑦总价从低到高：送料を含む合計価格が安い順
⑧总价从高到低：送料を含む合計価格が高い順

● 商品ページの見方

　商品ページは、基本的には直感でもわかるような仕様になっています。商品ページの販売価格には「￥」とありますが、これは「日本円」ではなく「人民元」なので注意しましょう。また、バリエーションを選択すると金額が変わる場合があります。

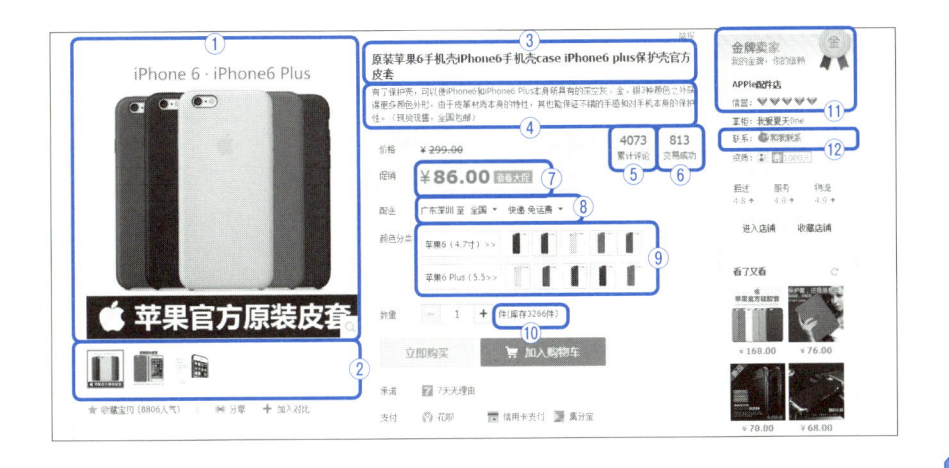

①商品メイン画像　　⑤商品レビュー数　　⑨商品のバリエーション
②商品画像　　　　　⑥取引件数　　　　　⑩在庫数
③商品名　　　　　　⑦販売価格　　　　　⑪ショップ評価
④商品説明　　　　　⑧配送方法　　　　　⑫オンラインチャット

配送方法の読み方は、以下の通りです。

快递：速達
免运费：送料無料
卖家承诺 24 小时内发货：24 時間以内に配達

　商品ページ下部の「累計評論」などを見ると、商品の詳細情報や購入者のレビューを読むことができます。書かれているレビューをいくつかピックアップし、Google翻訳などを使って読んでおきましょう。

① **宝贝详情**：商品詳細
② **累计评论**：商品レビュー
③ **成交记录**：販売履歴
④ **专享服务**：独占サービス

▲「成交记录」をクリックすると、この1ヶ月間の価格変動を見ることができます。

店舗の評価を見るポイント

店舗の評価は、商品ページの右側に表示されています。以下の点を確認するようにしましょう。

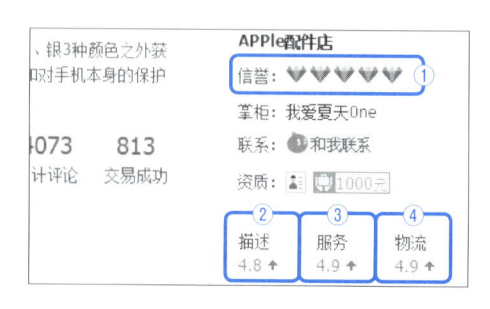

① **信誉**：ショップ評価マーク
② **描述**：商品説明と同じ商品か
③ **服务**：スタッフの対応はよいか
④ **物流**：発送のスピードはよいか

● ショップ評価マーク

　ショップの評価は、「ハート」「ダイヤ」「王冠」「王冠（ゴールド）」と評価が上がっていきます。ショップを選ぶ際には、必ず「ダイヤ」以上を選択しましょう。ほかの評価も、それぞれ4.7以上はほしいところです。最終的には仕入れてみないと品質はわからないのですが、仕入れる前のフィルターとして基準を覚えておきましょう。なお、天猫モール（企業出店）では表示されません。

タオバオではテスト仕入れが必須

　タオバオでは、同じ商品（同じ写真）が異なる価格で販売されていることがよくあります。これは、単純に同じメーカーが製造した同じ商品を異なるショップが販売している場合もあれば、自社で類似の商品を製造して、画像は勝手に利用して出品している場合もあります。購入前には判断できないことが多いので、商品の品質を確認するためにもテスト仕入れは必ず行いましょう。

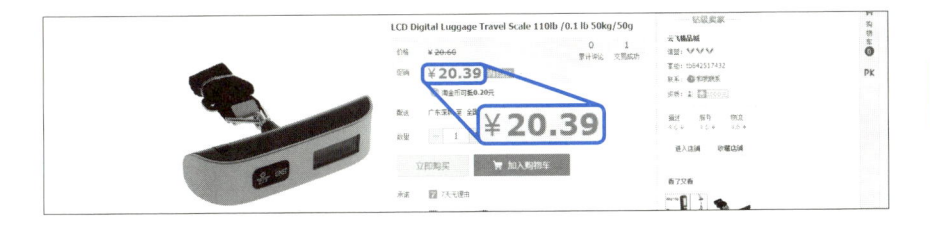

▲ 中国輸入では、同じ画像でも商品が異なる場合があるので注意しましょう。

POINT ▶ 検索時によいショップを見つける方法

一番おすすめなのは、検索結果から「销量」（販売数量順）で並べ替える方法です。これは楽天市場でいう「レビュー順」のようなイメージです。一番売れているショップが大本の販売店であったり、実績のあるショップであることが多いので、信頼性がグッと上がります。

Section 53

第5章 >> 賢い仕入れでライバルに差を付けよう

タオバオ仕入れを実践しよう

基礎知識　仕入れ&販売　FBA販売　リサーチ　**仕入れ**　オリジナル商品　自動化　輸入ビジネス　トラブル対策

実際にAmazonの商品をタオバオで探してみよう

　ここでは実際にAmazonで見つけた売れている中国商品を、どうやってタオバオでリサーチしていくのか実践的に進めていきます。ここでは以下の「腕時計収納ケース」をタオバオで探してみましょう。

◎ 腕時計収納ケース 12本用 WB012CBR クロコ調（3,580円）

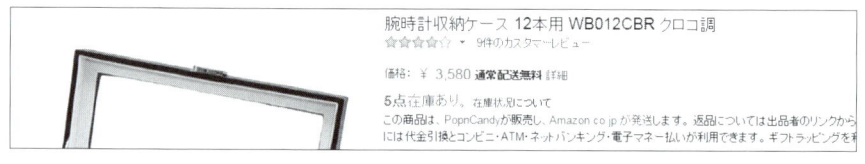

　まずは商品タイトルから、商品の特徴を示すキーワードを抜き出し、3キーワード程度に絞ります。この商品の場合、「腕時計」「箱」「12」というのが、もっとも特徴を表しているキーワードになるかと思います。これを「Google翻訳」（https://translate.google.com/?hl=ja）に入力して、中国語に翻訳します。

▲ 翻訳したキーワードをそのままコピー＆ペーストします。

　P.164を参考にして、翻訳したキーワードでタオバオを検索します。検索結果が表示されたら、価格も手頃なものを探します。最低でもAmazonでの販売価格の50%以下（この商品では1,790円以下）でないと、Amazon販売手数料や送料など考えると厳しいかと思います。また、価格が安いショップは魅力的ですが、同じような商品でも品質が悪い場合が多々ありますので、価格だけで判断をしないようにしましょう。

● **価格から商品を絞り込む**

価格帯を絞り込み、安い順に並び変えて商品を探します。

◀ 左側の欄に最低価格、右側の欄に上限価格を入力したら、＜价格＞→＜价格从低到高＞をクリックします。

条件を指定して商品を並び替えたら、さらに検索結果の画面から、商品に共通している言葉をピックアップしてみます。商品の文字列を見ていると、どうも「クロコ（＝ワニ革）」というのが「鳄鱼」ではないか？ という予測が立ちます。ここでキーワードを「手表箱 鳄鱼」に変えて、検索欄に入力します。すると、サジェスト機能で「黒色鳄鱼纹手表箱」というキーワードが表示されました。おそらくこれが正式な表現なのでしょう。＜黒色鳄鱼纹手表箱＞をクリックして、検索を進めていきます。

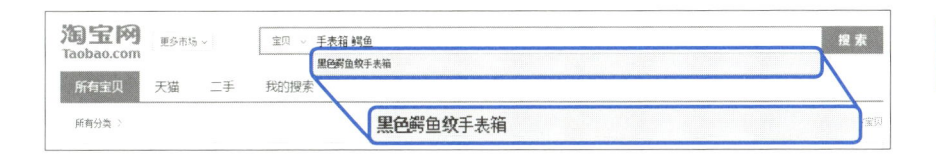

これまでの検索では出てこなかったような商品も表示されました。ここからまた価格で絞ってもよし、またはより魅力的な商品を探すのもよし、どんどん深堀りを進めていきましょう。

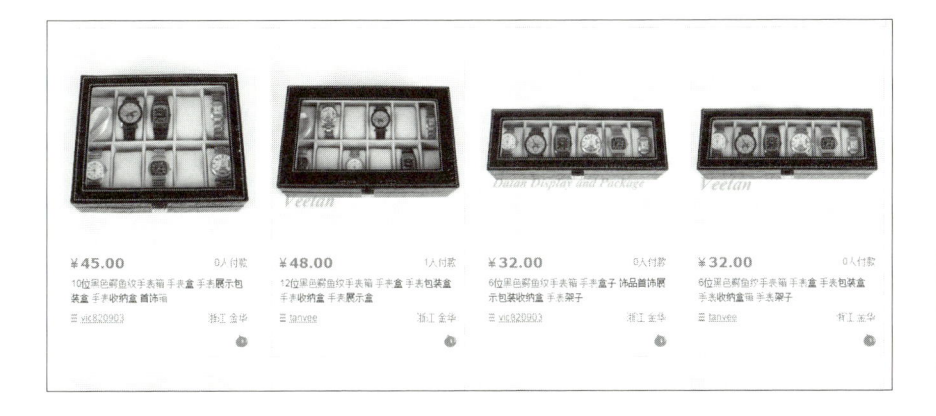

Section 54

第5章 >> 賢い仕入れでライバルに差を付けよう

アリババ仕入れを実践しよう

基礎知識　仕入れ&販売　FBA販売　リサーチ　**仕入れ**　オリジナル商品　自動化　輸入ビジネス　トラブル対策

アリババ・チャイナを利用する

　タオバオで仕入れることができるようになってきたら、次は「アリババ・チャイナ」（1688.com）に移っていきましょう。タオバオと比較すると、「大口だけどより価格が安いのがアリババ・チャイナ」ということになります。タオバオは中国国内向けの小売サイト（BtoC）、アリババ・チャイナは中国国内向けの卸サイト（BtoB）と理解するとわかりやすいでしょう。

アリババ・チャイナ（1688.com）
URL http://www.1688.com/

◀ タオバオもアリババも同じ阿里巴巴グループ傘下のサイトですので、基本的な使い方は同じです。タオバオで作ったアカウントでログインできます。

● アリババ・チャイナで商品を検索する

　アリババ・チャイナで商品を検索し、商品画面を見てみましょう。タオバオと大きく異なる点は、アリババ・チャイナは卸サイトなので、**仕入れる量に比例して価格が安くなる**ということです。この商品の場合だと、ロット数と価格の関係は、1〜19個までなら1個あたり20.80元、20〜79個なら1個あたり18.53元になります。

① 起批量（个）：ロット数（仕入れる数）
② 价格：価格

● 売れてきたらアリババ・チャイナで仕入れる

　すべての商品とはいいませんが、基本的にはタオバオよりもアリババ・チャイナのほうが価格が安い傾向があります。そのかわり、ある程度の個数を注文しなければならないことが多いので、まずはタオバオで注文をしてテスト販売を行い、売れてきたらアリババ・チャイナで探すというのが一番おすすめの流れです。また、アリババ・チャイナには工場が多く出品しています。これは第6章でお話する「オリジナル化」をする際にも対応してくれやすいということです。

アリババ（阿里巴巴）グループのサイト

　アリババには、ほかにもP.159で紹介した国際卸サイトの「アリババ・コム」や、「アリエクスプレス」があります。これらのサイトは国際間取引サイトのため、多くの国と地域のショップによって構成されています。

● アリエクスプレス（Aliexpress）

　アリエクスプレスは、小口仕入れが可能な国際卸サイトです。日本のクレジットカードを使用して購入することが可能なので、代行業者を挟まなくても取引ができます。買い手保護もしっかりしており、商品を受け取ってから決済を行うので、詐欺に遭うことは少ないです。また英語ベースの国際向けのサイトなので、お洒落な商品なども多く、商品発掘にも役立ちます。

AliExpress
URL http://www.aliexpress.com/

◎ アリババ・グループのサイト比較

	メリット	デメリット
タオバオ	商品点数が圧倒的に多い 対応のスピードが速い	小売が中心 購入には代行業者が便利
アリババ・チャイナ	単価が安い（最安） 自社で工場を持っている企業が多い	卸購入となる場合が多い 納期に時間がかかることがある 購入には代行業者が便利
アリババコム	英語で取引ができる 中国以外の国も多い	卸購入となる場合が多い 納期に時間がかかることがある 詐欺に遭いやすい
アリエクスプレス	英語で取引ができる クレジットカードで決済ができる	商品単価が高い 店舗ごとの発送なので送料が割高になる

※あくまでもそれぞれのサイトの傾向となります。

Column ▶ さまざまなリサーチ方法

第5章で紹介したリサーチ方法以外にも、まだまだまだまなリサーチ方法があります。

● 画像検索で商品を探す

　Amazonでよく売れている商品を見つけたので、早速それをタオバオや海外のショッピングサイトで調べたい。しかし、どんなキーワードを入れたらよいのかわからない…これはとくにアパレル系商材の場合に起こりやすい問題です。そんなときは画像検索で商品を探してみましょう。画像検索はGoogleのサービスですが、ここから中国や海外のサイトを探していくということができます。

　アマゾンの画像をクリックして拡大し、画像を右クリックします。表示されるメニューで、＜この画像をGoogleで検索＞をクリックします。

　すると先ほどの画像が画像検索されますので、中国のサイトらしきリンクをクリックしてみましょう。このようにして画像から当たりを付けてリサーチをしていけば、キーワード検索では見つけられなかった商品でも探すことができます。

● 逆引きリサーチをする

　これまではAmazon.co.jpで売れている商品を見つけ、そこから海外や中国サイトで探すという方法で進めてきましたが、反対にタオバオやアリババなどで売れている商品をAmazon.co.jpで調べてみる…というのもよい方法です。これまでは予想もしていなかった商品に出会える可能性も高いです。

　たとえばタオバオのトップページ左側にある「最近流行」に表示されているカテゴリーをクリックすると、そのカテゴリーで今で売れている商品群が表示されます。また別の考え方で、あえてアリエクプレスの日本語ページといった日本語サイトを活用するのも手です。最終的な購入は控えたほうがよいと思いますが、中国語のタオバオやアリババにどうしても抵抗があるという方もいらっしゃるかと思います。その場合は日本語で検索をかけて、どんな商品があるのかを見ていくのです。すると意外な商品が見つかる場合もあります。その場合は必ずAmazonで売れているかどうかを調べてから仕入れてください。ここで見つけた商品をあらためてタオバオやアリババなどのサイトで注文するのがベストです。

第6章
Amazonでオリジナル商品を販売しよう

Section 55	"相乗り出品"とそこから抜け出す方法	174
Section 56	オリジナル・セット商品の作り方	176
Section 57	俺ブランドとは？	178
Section 58	どんな商品をブランド化すればいいか	180
Section 59	俺ブランド商品の販売戦略を考えよう	182
Section 60	JANコードを取得しよう	186
Section 61	Amazonにブランドを登録しよう	188
Section 62	まずはパッケージを変えてみよう	192
Section 63	商品にロゴマークを入れよう	194
Section 64	お客様に選ばれるようになるために	196
Section 65	お客様から商品レビューをいただこう	198
Section 66	Amazonの商品ページを最適化しよう	200
Section 67	写真の見せ方で売上は変わる	202
Section 68	Amazonスポンサープロダクトを利用しよう	204

Section 55 "相乗り出品"とそこから抜け出す方法

第6章 >> Amazonでオリジナル商品を販売しよう

基礎知識 仕入れ&販売 FBA販売 リサーチ 仕入れ **オリジナル商品** 自動化 輸入ビジネス トラブル対策

Amazonのルールでは価格競争が起こりやすい

　Amazonは、原則「1つの商品＝1商品ページ」というルールになっています。そのため、複数の出品者が同じ商品を出品する場合、すべての出品者が同じページに出品することになります。これを俗に「相乗り出品」と呼びます。こうしたAmazonの構造は結果的に価格競争を生む傾向が強く、ライバルセラーが値段を下げていくと、こちらも仕方なく追随して行かざるを得ない…というのが現状です。その結果、利益がほとんど出ない事態に陥ることもあります。

独占的に商品を販売する方法

　こうした価格競争を未然に防ぐ方法が1つあります。あなた以外の出品者が相乗り出品できない状況を作るのです。あなたしか販売できない商品を販売する、つまり「独占販売をする」ということです。一番わかりやすいのは、欧米ブランド商品の日本代理店になって独占販売権を得た商品を販売することです。または、もう1つ方法があります。それは中国でオリジナル商品を企画・製造することです。今や中国側のインフラも整い、インターネットを活用すれば、アイデア1つで小資金かつ簡単にオリジナル商品を作ることができます。商品を独占して販売することができれば、価格競争に巻き込まれることなく、しっかりと利益を取りながらビジネスを続けていくことができるのです。

欧米輸入：並行輸入	→	正規代理店
中国輸入：ノーブランド	→	オリジナル商品製造

独占販売

▲ 中国輸入では、ノーブランド品からオリジナル商品販売につなげていきます。

● OEM生産

とはいえ、ゼロから商品を企画・製造するには、多額な資金が必要になり、現実的ではありません。そこで、「OEM生産」という方法が取られます。OEM（Original Equipment Manufacturer）とは、わかりやすくいえば「商品の一部を変更して、自社のオリジナル商品化を行う方法」です。たとえば既存の商品にロゴマークを入れたり、カラーやデザインに少し手を加えたりします。しかしOEM生産とはいえ、生産というからにはある程度のロット（注文数）が必要になり、中国のメーカーの場合、1ロット「1K」（1000個）が基準になります。そこで、こうした本格的なOEM生産に踏み切る前に、自分でできるところから簡易的なOEMを行っていく方法があります。

まずは「お手軽OEM」とも呼ぶべき簡易的なオリジナル化からスタートして、最終的には完全なるオリジナルにまで発展させていきます。この一連の流れのことを、筆者は「俺ブランド商品」と呼んでいます（P.178参照）。

● オリジナル化は段階的に進める

俺ブランド商品の構築は、段階的に進めていきます。たとえば、中国のタオバオから仕入れてきた商品を透明な袋（OPP袋）に入れて、自社の名前が入ったラベルシールを貼る。これも俺ブランドの第一歩です。次はOPP袋の中に一枚紙を入れてみる。その次はOPP袋にブランドのロゴマークをプリントする…と、このように本格的なオリジナル化へと段階的に近づけていくイメージです。Amazonで新規出品ページを作り、JANコードを付けて独自商品を出品してみるところから進めていきましょう。

▲ 最初はOPP袋に入れてラベルシールを貼る。オリジナル化への第一歩です。

POINT ▶ Amazonと俺ブランド

オリジナル化、つまり俺ブランド商品は、本当にライバル出品者に相乗りされないようになるのでしょうか？ 現行のAmazonルールにおいて、答えは残念ながら「NO」です。2015年5月現在、Amazonは「（ほぼ）同じ商品だったら相乗り出品してOK」と回答しているからです。しかし、独自で商品登録を行い出品することで、ライバル出品者が相乗りをしにくくなるという効果はあります。徐々に俺ブランドのオリジナル要素を強くしていくことで独占度合いが高くなっていき、より効力は強くなります。

Section 56

第6章 >> Amazonでオリジナル商品を販売しよう

オリジナル・セット商品の作り方

基礎知識　仕入れ&販売　FBA販売　リサーチ　仕入れ　**オリジナル商品**　自動化　輸入ビジネス　トラブル対策

セット化してオリジナル商品を作ろう

オリジナル化への1つの考え方として、ここでは「セット化する」という観点を見ていきます。商品Aと商品Bを組み合わせることで、オリジナル化を行います。

● 組み合わせでオリジナル化する

最初は「商品＋おまけ」という感覚から考えてみましょう。最近、Amazonでは相乗りを防止するために「自社の名前入りのおまけ」を付属させる事例が多く見られます。売れているスター商品Aに、おまけ商品Bを加えることで、オリジナル化することができます。わかりやすいのは「メガネ＋メガネケース」や「スマホケース＋クロス」です。

とはいえ、中にはまったく関連性のないものをおまけ（セット）にして販売している出品者もいます。**あまりにも関連性がないとAmazonから販売ページを削除されて、おまけなしの商品と統一されてしまうこともある**ので注意しましょう。

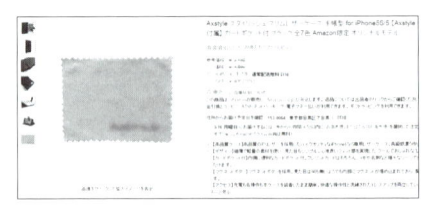

▲ セット商品は組み合わせが大事です。関連性の強い商品どうしをセットにしましょう。

また、「商品＋おまけ」でセットを作る場合は、おまけ的な商品も単品で商品登録するようにしましょう。そうしておかないと、セットで付けたおまけ商品は「価格がないもの＝おまけ」と見なされ、現状のAmazonルールでは、ライバル出品者が商品詳細に「おまけは付属しておりません」とひと言書けば相乗りができてしまうというルールになっています。必ず、おまけ的な商品の販売ページも作るようにしてください。

● 付加価値が生まれる組み合わせでオリジナル化する

次は、「商品＋おまけ」からさらに発展させて、「もともとある商品に何かをプラスすることで価値が生まれる商品にする」という考え方をしてみましょう。わかりやすい例として、「歯ブラシ」と「歯磨き粉」をセットにした「トラベル歯磨き」という商品があります。Aという商品とBという商品を組み合わせることで付加価値が生まれ、Cという新しい商品が成立するというイメージです。これらはもはや「おまけ」という組み合わせではなく、セットで1つの価値がある商品になっているのです。この場合、「商品＋おまけ」よりもさらに関連性が重視されることになります。

▲「入門セット」なども、わかりやすいA＋B＝Cセット商品の1つです。

● まとめてセット販売にする

セットとしては、数量のセットというものも考えられます。いわゆる「まとめ売り」です。これは今すぐにでもできる方法なので、やらない手はありません。販売価格も、たとえば2個セットの場合に、価格を2倍で販売する必要はないので、お客様に対してもお得感のある価格を提示できます。このようなセット販売は、とくに消耗品の場合に非常に有効です。販売数が少なからず増えることになりますので、積極的に試してみましょう。

▲ 消耗品をまとめてセット販売することで、お客様もお得感を感じられます。

Section 57

第6章 >> Amazonでオリジナル商品を販売しよう

俺ブランドとは？

基礎知識　仕入れ&販売　FBA販売　リサーチ　仕入れ　オリジナル商品　自動化　輸入ビジネス　トラブル対策

ノーブランドをプライベートブランドへ

　俺ブランドとは、中国などから輸入したノーブランド商品に付加価値を加え、プライベートブランド商品として育てていき、最終的には価格競争とはかけ離れた差別化を行うことです。これを段階的に進めていく行為を「俺ブランド化」と呼んでいます。付加価値を付けるポイントとしては、次のようなものがあります。

◎ 付加価値を付けるポイント

- 価格：　　　　　　　相場と比較してどうか
- パッケージ：　　　　独自パッケージになっているか
- 日本語説明書・保証書：安心して使ってもらう
- 品質：　　　　　　　できるだけ良品質にこだわる

● ブランド構築の目的

　「俺ブランド」としてブランドを構築する目的は、類似商品よりも高い価格で、かつ売れ続ける商品を作ることです。ブランド構築といっても、それほど難しく考える必要はなく、最終的にはお客様に満足していただける改善を行っていくものとして考えましょう。まずはオリジナルであることを主張できるようにパッケージする。そして、それがお客様の満足につながるように考えていく。もともとのパッケージを「商品を守るただの箱」から「パッケージも商品の一部」としてきれいなパッケージに交換するだけでも、お客様に満足していただくことにつながります。

● コンセプトは最初から決めない

　「俺ブランド」では、最初からコンセプトを決める必要はありません。なぜなら、最初からガチガチにコンセプトを決めてしまうと、こうでなくてはいけないという制約が強くかかってしまうからです。事前に売れる商品をリサーチし、「価格も品質もまったく問題ない。絶対に売れる！」と確信を持って販売を開始しても、思ったよう

に売れるかどうか、実際には誰にもわからないのです。それよりは、とにかく未完成のままでよいので販売をしながら改善を進めていきましょう。その中で売れてきた商品には、より手をかけていく。そのスピード感が、俺ブランドでは必要です。

個人＝俺ブランドが大手メーカーと肩を並べて戦えるのが Amazon

ブランド化した商品が売れ続けるためには、より品質のよい商品を提供するとともに、商品の付加価値を高めていかなければいけませんし、そのための販売戦略も必要となってきます。そして、こうした努力の積み重ねの上に、Amazonでのブランド化が完成します。

たとえば下画像の2商品を見比べてください。ほとんど同じ商品ですが、左はA社が販売して「3,380円：ランキング1位前後」、右はB社が販売して「2,480円：ランキング50位前後」という状態です。実はこのカテゴリーのランキングを見ると、すべてA社が独占している状態になっています。これはA社がAmazonのこのジャンルにおいて「ブランドを作り上げた」といっても過言ではないといえます。また、家電・カメラのベストセラーランキングでは、Appleやキヤノンなどの主要メーカーと肩を並べて、無名のメーカーがランキングに入っています。これはAmazon特有の面白い現象だと筆者は考えています。つまりAmazonには個人＝俺ブランドが入り込む余地がいくらでもあるということなのです。

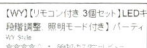

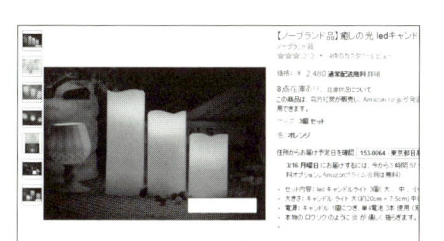

▲ 個人でも大手メーカーと戦えるのが Amazon です。

POINT ▶ 世界へと飛躍する、Amazon発のプライベートブランド

今注目されているキーワードに「アマゾンハック」という言葉があります。cheeroとANKERという2つの有名モバイルバッテリーメーカーがあるのですが、どちらも最初は無名だったにもかかわらず、Amazonを最大限に活用してブランドを作り上げ、今では世界へと大きく飛躍しています。これはまさにAmazonでブランドを育てることが可能であることの証明ですし、大きな可能性を示唆しています。

Section 58

第6章 >> Amazonでオリジナル商品を販売しよう

どんな商品をブランド化すればいいか

基礎知識　仕入れ&販売　FBA販売　リサーチ　仕入れ　**オリジナル商品**　自動化　輸入ビジネス　トラブル対策

売れている商品の類似品を狙え

「自分のブランドを作っていきましょう」というと、どんな商品を狙えばよいのか悩んでしまう方もいらっしゃるかと思います。ここでも、基本となるのは「売れている商品を売る」という原則です。何度もお伝えしているように、直感で決めるのは絶対にやめましょう。これまで学んできたノウハウで「売れている商品」をリサーチして、売れている商品の関連商品に付加価値を加えて俺ブランド化していく…という方法が手堅い戦略となります。

● ポイントは「ジャンルを絞り込むこと」

「売れている商品を売る」という観点で考えると、まずは従来どおりランキングを見ていくという方法が基本となります（Sec.34参照）。ここで大事なのは、「メーカーやブランドの力で売れているのかどうか？」という視点で見ることです。ターゲット商品が売れている理由として、メーカーやブランドの影響が少ないと判断できれば、類似品を販売した場合にも同じように売れる可能性は非常に高いと考えられます。

お客様が商品を選ぶ2つの理由

私たちが商品を買うとき、どのような基準で選んでいるのでしょうか？ マーケティングの世界には「ニーズ」と「ウォンツ」という考え方があります。さまざまな定義がありますが、ここでは「ニーズ＝必要なもの」「ウォンツ＝ほしいもの」という定義で話を進めます。

ニーズ＝必要なもの　　　　　　　ウォンツ＝ほしいもの

欧米のブランド商品を買いたいと思うのは、メーカーやブランドに価値があるからです。「そのメーカーだから」、「その商品持っている自分が好き」という気持ちです。これは「ウォンツ」となります。一方で、とくにこだわりはなく、その商品が必要だから買う。これは「ニーズ」となります。<u>ノーブランド品でも売れるのは、この「ニーズ」商品になります</u>。その場合の判断基準は「価格」「機能・性能」「最低限のデザイン」「評判」などです。つまり、これらの基準をできるだけ高めていくことで、お客様に選んでいただける可能性が高くなるということです。

- 価格（お手頃価格かどうか）
- 機能・性能（購入目的）
- デザイン（最低限のセンス）
- レビュー・ランキング順位（第三者の意見はどうなのか）

アップグレード思考で商品をレベルアップする

　売れている商品をリサーチして、商品選定を行ったら、ここでさらに「現在売れている商品よりも上を狙えないか？」と考えます。これを<u>アップグレード思考</u>といいます。そのためには<u>ターゲット商品の商品レビューを見て、狙いどころを探っていきます</u>。商品レビューを丹念に見ていくと、ターゲット商品への不満や改善点が見えてきます。それを解消した商品はないかというところに狙いを置き、さらにリサーチを進めていきます。この段階で「どうやって売るか」ということを強くイメージしながらリサーチしていくと、具体的な差別化のポイントが見えてきます。

- より品質のよいものはないか？
- より機能・性能が上のものはないか？
- よりデザインがよいものはないか？
- より価格が安いものはないか？

POINT ▶ あえてロングテール商品を狙うのも有効

売れている商品からあえてズラす戦略も有効です。あえて地味でポツポツとしか売れない商品を狙うことで、トップランキングに登場しないためにライバルが少なく、利益率が高いというメリットを得ることができます。

Section 59

第6章 >> Amazonでオリジナル商品を販売しよう

俺ブランド商品の販売戦略を考えよう

基礎知識　仕入れ&販売　FBA販売　リサーチ　仕入れ　**オリジナル商品**　自動化　輸入ビジネス　トラブル対策

最初は誰でも無名である

　俺ブランドという、あなたのプライベートブランドができたとします。とはいえ、ほかの誰もあなたのブランドを知らない最初の段階では、それは「ノーブランド」とほぼ同じ状況です。ブランドというのは「特別な付加価値」です。その特別な付加価値を持たない私たちがブランドを作っていくには、P.181で解説したような**「ニーズ」商品を狙っていくことが重要です**。ここでは、そんな無名のブランド商品を販売していくための戦略について考えていきます。

● Amazonで買うお客様の気持ちを考えてみる

　最初は、Amazonで買いものをするお客様の気持ちになって考えてみるところから始めましょう。筆者はネットで買いものをするとき、ほとんどの場合にAmazonを利用します。それは、以下のような理由からです。

1. ストレスなくワンクリックで買える
2. 翌日届く・送料も無料（FBAの場合）
3. ほかのサイトよりも安いことが多い
4. 品揃えが豊富（だいたい何でもある）
5. 返品しやすい

　ここで注目したいのは、1.の**ストレスなくワンクリックで買える**というところです。たとえば楽天市場を利用するのは、比較的時間があるとき、ほかのお店と価格やサービスなどを比較しながら購入する店や商品を選ぶ場合が多いかと思います。またヤフオク！などは、購入の際に出品者とのやりとりが必要となり、急いで購入したい場合などには不向きかもしれません。それらに比べてAmazonは、忙しい人でもストレスなくサクサク注文ができ、販売ページも1商品1ページで迷わないといった利点があります。読んでいるあなたも、おおむね同意していただけるのではないでしょうか。

何度も検索で掘り下げて見ていくことは、あまりない

　Amazon特有の機能に、レコメンド機能があります（P.121参照）。ターゲット商品の関連商品をどんどん表示していく機能です。ほしい商品の関連商品なので、ユーザーの興味がある商品ばかりが表示されています。それをどんどんクリックして見進めていくことになります。つまり最初の入り口はキーワードの検索で、そのあとはレコメンド機能から関連商品を見ていく…という導線が設計されているわけです。ここまでの話から、以下のことが想定できるでしょう。

1. Amazonで買いものをする人は、サクっと買いたい
2. 最初は検索、そのあとはレコメンド機能で見ていく

　上記2点から、検索結果を何ページも読み進めてくれることは考えにくいということがわかります。そのため、できるだけ早い段階であなたの商品が登場する必要があるのです。

▲ レコメンド機能で数多くの商品が表示されます。

　以上のことから、Amazonで商品が売れない最大の原因は、「**お客様に見られていない**」つまり「**アクセスが少ない**」ということが考えられます。アクセスが少ないから、ランキングにもレコメンドにも表示されず、売れないのです。つまり、アクセスを集める戦略に注力しなければならないということです。そしてアクセスを集めるためには、目立たなくてはなりません。目立たなくては、そのほか大勢の商品の中からあなたの商品を見つけてもらうこともできないのです。

低価格から適利適売を目指す

　このようにAmazonの特性を考えていくと、とにかく「目立たなければならない」ということがわかります。そしてそのためには「売れている」必要があります。**売れていれば、ランキングも上がりますし、ほかの商品のレコメンドにも登場する**のです。そこで最初は売れている状態を作るために、とにかく安くして数を売っていきます。そして、売上と知名度、評判が上がってきたら徐々に適正価格に戻していくのです。私や私のクライアントも含めて、Amazonの俺ブランド販売戦略についてはさまざまなやり方を試してきましたが、この戦略がもっとも成功率が高く、固い戦略といえます。

◎ 俺ブランド販売戦略・5ステップ

①とにかくたくさん売ることに集中する
→ランキングが上がりアクセスが集まりやすくなる

②商品レビューを集める
→転換率（購入率）が上がる

③末端カテゴリーのベスト20位に入るまで辛抱する
　その間にもお客様には「レビュー」を書いていただけるように促していく
→アクセスとレビューが増え、ますます売れるようになる

④ターゲット商品の商品ページのレコメンド欄にあなたの商品が表示される
→そこから大量のアクセスが集まり、ますます売れる

⑤この頃から価格を適正価格に少しずつ戻していく
→ライバルより価格が高くても安定して売れ続けるループへ突入する

　まずは、**とにかく数を売ることを最優先**します。類似商品の最安値からスタートして、まずは利益よりもたくさん売ることに集中しましょう。俺ブランド化には「育てていく」という感覚も必要です。ここは広告費と割り切って、利益を度外視してでも売っていきましょう。ここでしっかりとやりきらないと、失敗する場合が多いです。
　次に、**1日でも早くよい商品レビューが入るように、購入してくれたお客様には商品レビューを入れていただけるように依頼メールを送っていきます**。商品が売れるとアクセスが集まりランキングが上がっていくので、ますますアクセスが集まるようになります。このときによい商品レビューが入っていると、新しいお客様は安心して購入してくれます。するとますます売れてランキングが上がっていき、気が付くと、もともとリサーチをして狙っていたスター商品のページに「この商品を見た後にこんな

商品を買っています」などと、レコメンド表示されるようになっていきます。こうなるとアクセスが一気に増え、ますます売れるようになり、ランキングも上位をキープできるようになっていきます。こうして安定して売れるループができてから、徐々に価格を上げて適正価格へ近づけていきます。

テストと検証をくり返す

　とにかく1商品でもよいので、俺ブランド品を売れる商品にしましょう。そのためにはどんどんテストして検証→改善をくり返していく必要があります。改善ポイントを下記にまとめたので、参考にしてください。また自分のページだけでなく、相乗り出品ができそうなページがあれば、そこにも出品して回転率を上げていくことで、在庫リスクを減らすことができます。

　販売数が増えれば、仕入れの商品単価や送料が安くなります。利益率も上がり関連商品も売れるようになり、何よりもビジネスが楽しくなっていくでしょう。そのようにして、ブランドをより強固なものにしていきます。

◎ 改善チェックポイント

- 販売価格
- 商品タイトル
- 商品画像
- 商品説明文
- 検索キーワード
- ブラウズノード
- レビュー数とレビュー内容 など

POINT ▶ 商品レビュー０と１では、売れ方が８倍変わる

ここで、声を大にしていいますが、商品にとってはレビューが「命」です。レビューがあるかないか、つまり「0」と「1」とでは、売れ方が大きく変わります。いくらよい商品でも、レビューが「0」ではなかなか売れていきません。商品レビューというのはショップサイドの意見ではなく、実際に購入した方々の生の声、いわば口コミ効果です。口コミやレビューは、現在のネット販売では非常に重要な判断要素となります。購入してくださったお客様へのレビュー依頼は、積極的に進めていきましょう。

Section 60

第6章 >> Amazonでオリジナル商品を販売しよう

JANコードを取得しよう

基礎知識　仕入れ&販売　FBA販売　リサーチ　仕入れ　**オリジナル商品**　自動化　輸入ビジネス　トラブル対策

JANコードとはバーコードのこと

俺ブランド商品をAmazonの商品カタログに新規登録する際には、流通コードの取得が必要となります。それがJANコードと呼ばれるものです。ただの物体である商品に、JANコードが付けられることによって、一般に販売できる商品として命が吹き込まれる、と考えてください。

JANコードとは、一般財団法人流通システム開発センターで管理・提供されているバーコードのことで、国際的にはEANコード（European Article Number）と呼ばれています。よく商品箱の裏側に貼ってある13桁のバーコードがJANコードです。

一般財団法人流通システム開発センター
URL http://www.dsri.jp/jan/

4 512345678904
① GS1 事業者コード（JAN 企業コード）
② 商品アイテムコード
③ チェックデジット

● **JANコードを登録する理由**

厳密にいえば、JANコードのない商品でもAmazonに登録することはできます（Sec.22参照）。しかし、一度事業者登録さえすれば自分でJANコードを作ることができるようになります。つまり、どんどん新規カタログを作っていけるということになるのです。私たちはビジネスとして取り組むのですから、事業者登録をしましょう。そのほうが圧倒的にスピーディですし、便利です。

GS1コードを登録する

　JANコードを取得するには、GS1事業者コード（JAN企業コード）への申請が必要です。Amazonで「バーコード利用の手引き」を購入し、登録申請を提出します。登録申請料は10,800円ほどかかりますが、これで3年間有効になります。登録申請料は、郵便局などで支払います。

◀「バーコード利用の手引き」はAmazonで購入できます。

　登録申請書を提出して約2週間で「登録通知書」が届きますので、GS1事業者コードを確認しましょう。これが、左ページの「GS1事業者コード（JAN企業コード）」に該当します。これで事業者として登録されました。さっそくJANコードを作成してみましょう。

● JANコードの作り方

　JANコードは「チェックデジット」という計算を行うことで、13桁目の番号を作り出します。これは流通システム開発センターのサイトで作成します。商品アイテムコードは商品ごとに決め、エクセルなどで管理するとよいでしょう。

❶ チェックデジット計算方法（http://www.dsri.jp/jan/check_digit.htm）にアクセスし、「JANコード（標準タイプ13桁）」に、12桁（GS1事業者コード9桁＋アイテムコード3桁）を入力します。

❷ ＜計算＞をクリックすると、「チェックデジット」が算出されます。これで商品ごとのJANコードが完成です。

Section 61

Amazonにブランドを登録しよう

基礎知識 ／ 仕入れ&販売 ／ FBA販売 ／ リサーチ ／ 仕入れ ／ **オリジナル商品** ／ 自動化 ／ 輸入ビジネス ／ トラブル対策

Amazonにブランドを登録するメリット

　ここでは、Amazonにブランドを登録する手順を進めていきます。Amazonではブランドオーナーの出品者向けに「**Amazonブランド登録**」というプログラムがあります。これは自社ブランド製品を出品していたり、欧米ブランド商品の正規代理店など、ある特定のブランドの使用権限を有している商品を販売している場合に、効力を発揮するプログラムです。以下が主なメリットになります。

- 自社商品の出品情報に対する権限の強化
- JAN、UPCなしでの出品

　Amazonブランド登録を行うことによって、**自分で登録・編集した商品情報がそのままカタログページに反映されます**。どういうことかというと、Amazonには「1つの商品は1つの商品ページ」というルールがあるため、俺ブランド商品にも、ほかの出品者が似たような商品を同じページに相乗り出品してくることが可能です。そしてその出品者が商品情報を書き換えてしまうことさえあり得るのです。これを防いでブランドオーナーの権限を守ってくれるのが、Amazonブランド登録なのです。また、Amazonブランド登録を行うと、**商品登録時に必須となるJANコードの入力も、自社ブランド製品については免除してくれます**。ただし、すでに事業者登録している場合、これは関係ありません。

● Amazonブランド登録は、独占販売を認めるものではない

　少しややこしいのですが、ブランド登録が完了したからといって、その商品カタログが「独占販売」になったわけではありません。ここでもAmazonの「1つの商品は1つの商品ページ」というルールが優先されます。それでもなお、上記の「自社商品の出品情報に対する権限の強化」は、非常に強い効力を発揮してくれます。その意味で「絶対」ではないものの、独占販売にかなり近づいた状態になるといえるでしょう。

Amazonブランド登録を進める

　Amazonでのブランド登録は、セラーセントラルにログイン後、＜ヘルプ＞→＜在庫管理＞→＜はじめに －商品・出品情報＞→＜Amazonブランド登録＞の順にクリックし、「登録申請」の＜オンライン申請フォーム＞をクリックして行います。すべての項目を入力し終えたら、＜保存して次へ＞をクリックして次のページへ移動します。

①担当者氏名
②連絡先 E-mail
③連絡先電話番号
それぞれの内容を入力します。

④会社ウェブサイト
会社の Web サイトです。お持ちでない場合は「Wix.com」や「Jimdo」といったサービスを使えば無料で簡単に Web サイトを作ることができます（P.191 参照）。

⑤会社説明
以下の内容について、書ける範囲で書いておきましょう。

・会社名（または屋号）
・代表者
・所在地
・TEL／FAX
・売上高
・事業内容
・取扱ブランド

⑤登録を希望するブランド
ここにあなたの登録したい俺ブランド名、または代理店契約をしているブランド名を入力します。ブランドというのは「商品名称」や「品番」ではありません。また1つだけではなく、複数のブランド名を登録することができます。

次に「ブランド情報の入力」ページが表示されます。以下のポイントを参考に入力しましょう。

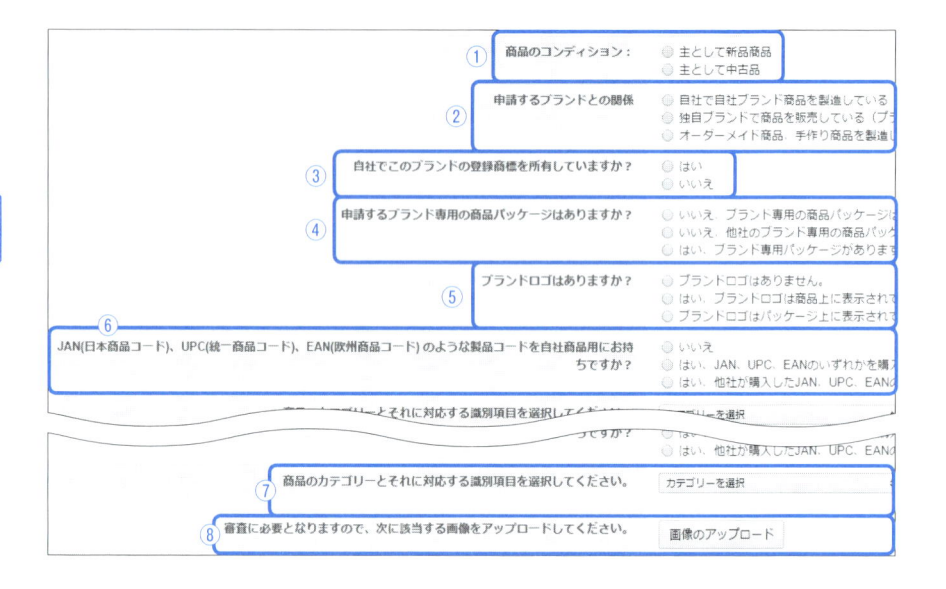

①	商品のコンディション： ○ 主として新品商品 / ○ 主として中古品
②	申請するブランドとの関係：自社で自社ブランド商品を製造している / 独自ブランドで商品を販売している（プ... / オーダーメイド商品、手作り商品を製造...
③	自社でこのブランドの登録商標を所有していますか？ ○ はい / ○ いいえ
④	申請するブランド専用の商品パッケージはありますか？ ○ いいえ、ブランド専用の商品パッケージ... / ○ いいえ、他社のブランド専用の商品パッ... / ○ はい、ブランド専用パッケージがあり...
⑤	ブランドロゴはありますか？ ○ ブランドロゴはありません。 / ○ はい、ブランドロゴは商品上に表示され... / ○ ブランドロゴはパッケージ上に表示され...
⑥	JAN(日本商品コード)、UPC(統一商品コード)、EAN(欧州商品コード)のような製品コードを自社商品用にお持ちですか？ ○ いいえ / ○ はい、JAN、UPC、EANのいずれかを購... / ○ はい、他社が購入したJAN、UPC、EAN...
⑦	商品のカテゴリーとそれに対応する識別項目を選択してください。[カテゴリーを選択]
⑧	審査に必要となりますので、次に該当する画像をアップロードしてください。[画像のアップロード]

①商品のコンディション
「主として新品商品」をクリックしてチェックを入れます。

②申請するブランドとの関係
該当する項目にチェックを入れます。俺ブランドの場合は「独自ブランドで商品を販売している（プライベートブランド）」になります。

③自社でこのブランドの登録商標を所有していますか？
該当する項目にチェックを入れます。

④申請するブランド専用の商品パッケージはありますか？
該当する項目にチェックを入れます。俺ブランドの場合は、「はい、ブランド専用パッケージがあります。」を選択します。

⑤ブランドロゴはありますか？
該当する項目にチェックを入れます。

⑥ JAN(日本商品コード)、UPC(統一商品コード)、EAN(欧州商品コード)のような製品コードを自社商品用にお持ちですか？
それぞれ該当する項目にチェックを入れます。

⑦商品のカテゴリーとそれに対応する識別項目を選択してください。
商品のカテゴリーを指定し、識別項目に「JAN」を選択します。

⑧審査に必要となりますので、次に該当する画像をアップロードしてください。
＜画像のアップロード＞をクリックして、以下に該当する画像を1つ以上アップロードします。
・ブランドやロゴマークが掲載されている商品画像
・ブランド専用のパッケージ画像
・ブランド名・出品者名（会社名）が併記されている保証書・説明書

入力が完了したら、最後に＜送信＞をクリックして終了です。数日以内にAmazonテクニカルサポートよりブランド登録についてのメールが届きます。下記のようなメールが届けば、登録は完了です。最後に登録完了メールが届くのを待ちましょう。不足の情報や資料がある場合は、その旨を伝えられますので、もう一度やり直します。Amazonブラント登録は何度でもやり直せるので、諦めずにチャレンジしましょう。

「店舗名」
出品者様

Amazon ブランド登録担当でございます。
この度は、Amazon ブランド登録にご申請いただき誠にありがとうございます。

ブランド：「ブランド名」

この度、Amazon ブランド登録権限付与をさせていただくことになりました。権限の付与がされましたら、お知らせするメールが届きますのでご確認くださいませ。

大変恐れ入りますが、もう少々お時間をいただきます様お願いいたします。

よろしくお願いいたします。
Amazon.co.jp

Amazon テクニカルサポート
「担当者名」

POINT ▶ 簡単に Web ページを作成できるサービス

Webページを持っていない場合は、「Jimdo」や「BASE」などを利用すれば、簡単にサイトが作れます。商品情報をアップして、「特定商取引法に関する表記」に「事業者の名称および連絡先」を書いておきましょう。

Jimdo
URL http://jp.jimdo.com/

BASE
URL http://thebase.in/

Section **62**

第6章 >> Amazonでオリジナル商品を販売しよう

まずはパッケージを変えてみよう

基礎知識　仕入れ&販売　FBA販売　リサーチ　仕入れ　**オリジナル商品**　自動化　輸入ビジネス　トラブル対策

パッケージを変えることがオリジナル化への第一歩

　ノーブランド商品を俺ブランド化していくにあたり、パッケージは大事な要素となります。ロゴを商品自体に入れるのか、それともパッケージに入れるのか、そこに大きな違いはありません。パッケージを着せ替えるということは、商品全体に自社ブランドロゴを付加するようなものなのです。

　そして、俺ブランドでは最初から本格的なパッケージを作る必要はありません。簡易的なものから本格的なものへと、段階的に進めて行けばよいのです。最初のテスト販売時には簡易パッケージでオリジナル化を行いつつ、数が売れてくれば、商材に応じてパッケージをアップグレードし、商品価値を高めていきます。この「段階的」という考え方ができずに最初から構えすぎて、そこで思考が止まってしまう方がいます。ビジネスはスピードが重要です。走りながら考えていく、このことは非常に重要なことなので覚えておいてください。

● 汎用袋、汎用箱の使用

　OPP袋などの汎用袋、ダンボールなどの汎用箱を使って、簡易パッケージを作成することができます。すべてAmazonで購入できます。

◀ Amazonが使用している「Amazonフラストレーション・フリー・パッケージ（FFP）」は、まさに汎用ダンボールです。

● 商品別汎用パッケージの使用

　商品別汎用パッケージとは、商品サイズにぴったりマッチした汎用パッケージのことをいいます。汎用品なので、小ロット低価格で購入可能です。たとえばネットで「iPhoneケースのパッケージ」などと検索すると、作ってくれる業者を探すことができます。ある程度の数を作るのなら、中国で作った方が圧倒的に安いです。タオバオで「商品名＋包装盒（ボックス）」という語句を組み合わせて検索し、「iPhoneケースのパッケージ」を探すと、下記画像のような汎用パッケージが見つかります。

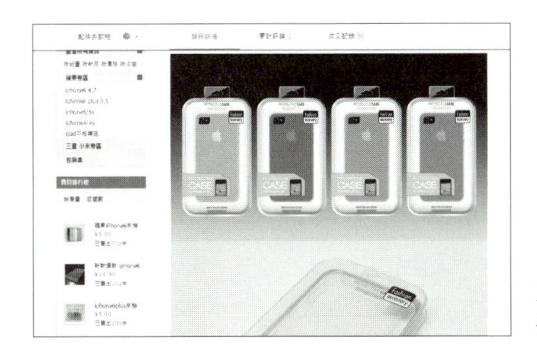

◀ タオバオでは1個1.75元（約35円）です。オリジナル性を主張でき、商品としての価値も上がります。

● ラベルシール

　ロゴの入ったラベルシールは、オリジナル性を出すにはもっとも安価で手軽に取り組める方法です。もともとのパッケージにシールを貼るだけでも印象が変わりますし、OPP袋などの汎用袋にシールを貼ることでもオリジナル感を演出することができます。

◀ 簡易パッケージの段階ではラベルシールがとても重宝します。

　ラベルシールやOPP袋は、100円ショップなどでも購入できます。しかし上記のようにタオバオで探してみると、多くの種類が販売されており、価格も日本の10分の1程度です。国際送料がかかるので、ある程度の量を買う必要がありますが、中国輸入に慣れてきたらパッケージも中国で購入するとよいでしょう。

Section 63

第6章 >> Amazonでオリジナル商品を販売しよう

商品にロゴマークを入れよう

基礎知識　仕入れ&販売　FBA販売　リサーチ　仕入れ　**オリジナル商品**　自動化　輸入ビジネス　トラブル対策

ロゴマークで俺ブランドをアピール

　パッケージによるオリジナル化を実現したら、次は商品自体にロゴマークを入れて、より本格的な俺ブランド化を進めていきましょう。ここではカッコいいロゴを無料で作る方法と、プロのデザイナーに低予算で発注する方法を紹介します。

● 無料でロゴを作る

　インターネット上で、簡単にロゴデザインを作れる自動作成サイトがあります。どちらも無料で簡単にロゴマークが作れます。

LOGASTER
URL http://www.777logos.com/

Squarespace Logo
URL http://www.squarespace.com/logo

● 低予算でプロのデザイナーに作ってもらう

　利益が出てきたら、デザイナーに本格的なロゴをデザインしてもらいましょう。SOHOを活用すれば、低コストでオシャレなロゴデザインができてしまいます。おすすめは1万円で平均12案を出してくれる「ココロゴ」や、ロゴデザインを選んで買うというコンセプトの「LOGO市」などです。

ココロゴ
URL http://www.cocologo.net/

LOGO市
URL http://logoichi-store.com/

商品別ロゴマークの入れ方

　ロゴが完成したら、いよいよ商品にロゴマークを入れていきます。ロゴマークの入れ方は、商品によって異なります。下記に、代表的な方法を挙げました。中国から商品を輸入する場合、中国の工場はOEMが前提になっていますので、ロゴマーク入れにも対応してくれる場合がほとんどです。商品にもよりますが、30～100個程度のロットで受け付けてくれます。代行会社の担当者に問い合わせてみましょう。ロットが多くなってしまう場合は、ロゴ入れ加工業者に依頼することもできます。ただし版代は別となり、ロットによって単価も異なります。こうしたロゴ入れ業者は、OEMに対応している中国輸入の代行業者であれば紹介してくれますので、担当者に相談してみましょう。もちろん日本国内でも対応してくれる業者はいます。

- アパレル（衣料品や手袋など）　→　洋服タグなどを縫い付ける
- バック・アクセサリー　　　　　→　刻印を入れる
- 紙製品　　　　　　　　　　　　→　押印を入れる
- プラスチック・金属　　　　　　→　印刷、押印、またはテープなどで貼り付ける

● 小ロットで簡単にできるロゴマーク入れ

　ロゴマークを入れるにあたり、もっとも簡単な方法はハンコを押すことです。これなら1個からでも対応可能です。TAT（タート：不滅インキ）なら、金属、プラスチック、布などにも捺印することが可能です。

● アパレルの品質表示タグについて

　アパレル商品を日本国内で販売する際には、家庭用品品質表示法にもとづき、①繊維の組成、②家庭洗濯などの取り扱い方法（絵表示）、③表示者名および連絡先、などが表示された品質表示タグを縫い付けて販売しなければなりません。注文する際に対応してもらえるように、ショップや工場に確認しましょう。

POINT ▶ メーカー商品にロゴマークを入れてはいけない

すでにブランド名やロゴマークが入っている商品に、ロゴマークを入れて俺ブランド商品にするのは、もちろん権利侵害・違法です。あくまでもオリジナル化できるのは「ノーブランド商品」だけなので注意しましょう。

Section 64

お客様に選ばれるようになるために

基礎知識　仕入れ&販売　FBA販売　リサーチ　仕入れ　**オリジナル商品**　自動化　輸入ビジネス　トラブル対策

俺ブランド化の目的は独自性と顧客満足の追求

　ここでは、多くのライバル出品者の中からあなたのオリジナル商品を選んでもらうために、商品の付加価値を高める方法を学んでいきましょう。

1. 日本語説明書を付ける

　海外では、説明書の付属していない商品が意外に多いです。付属していても英語、または中国語であることが多いので、**説明書の日本語訳、またはオリジナルの日本語説明書を作って同封しましょう**。それだけでも、ほかの商品との差を生む付加価値となり、ライバル出品者の中からあなたの商品を選んで買ってもらえる可能性が高くなります。また、日本語説明書を付けることで「お客様の勘違い」によるクレームや返品を予防することもできます。**日本語説明書は、私たち販売者からお客様へ向けた手紙のような存在**です。うまく活用していきましょう。

◎ 日本語説明書の作り方

1. 自分で商品を使ってみて、オリジナルで作成する
2. 日本の正規流通品または類似品の説明書を参考にする
3. ライバルセラーが独自で付けている説明書を参考にする
4. オリジナル（英語）の説明書を Google 翻訳などで翻訳し、整える
5. SOHO などに翻訳＆説明書作成を依頼する

▲ 左が英語説明書、右は筆者が作成した日本語説明書です。

2. 保証を付ける（保証書を付ける）

　保証を付けるというのは「お客様のリスクを、お店側が負担する」ということです。ネット通販の場合、お客様は購入前に商品を手に取って見ることができません。その意味で、俺ブランド商品というのは信頼度がゼロに等しい状態です。購入前にお客様の不安を解消することは「買わない理由」を潰すこととなり、非常に重要です。

　保証を付けましょうという話をすると、多くの方は「保証なんか付けたら平気で返品されませんか？」といいます。しかし品質がしっかりしていれば想像するよりも返品は少ないですし、むしろ**返品が続くような商品を売ってはいけません**。あくまでも商売というのは、お客様に満足していただくことが大事です。

　保証書を作成するときの注意点は、**保証内容・保証規定を必ず決めて記載しておくこと**です。ここをあやふやにしておくと、あとあとトラブルになります。とくに保証期間（いつから、いつまで）と送料について、返送料はお客様負担なのか？ ショップ負担なのか？ などについて、しっかりとルールを決めておきましょう。

3. お礼状を付ける

　ショップのお礼状を作って同封することも、好感度アップにつながります。できればさわやかな笑顔の顔写真も載せておくと効果倍増です。印象に残りやすく親近感を持ってもらえるので、レビューにも気持ちよくご協力いただけるようになります。

　お客様は商品を注文した瞬間、そして商品を受け取った瞬間、つまり商品と初めて対面する瞬間がもっともテンションが上がっている状態です。ここでお礼状が入っていれば、より気持ちよく商品を受け取っていただけることでしょう。まずはお礼をお伝えする、次に「お求めいただいた商品は、ほかの多くのお客様にご満足いただいている商品です」と、購入判断が間違っていなかった旨を伝えましょう。

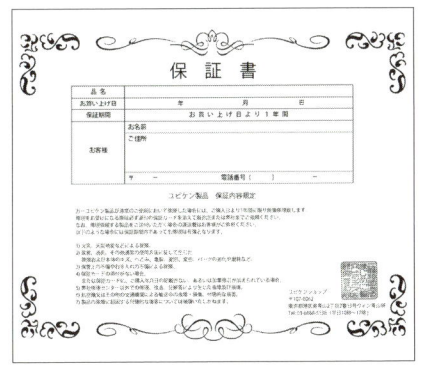

▲ 日本語説明書や保証書、お礼状はすべて「ワード＋自宅のプリンター」で作れます。販売数が増えてきたら、「プリントパック」などの印刷屋にお願いします。

Section 65　お客様から商品レビューをいただこう

第6章 >> Amazonでオリジナル商品を販売しよう

基礎知識　仕入れ&販売　FBA販売　リサーチ　仕入れ　**オリジナル商品**　自動化　輸入ビジネス　トラブル対策

商品レビューをいただくためには準備が必要

　新規ページを作って出品したり、俺ブランド商品を育てていく過程で、お客様に商品レビューをいただくことは大変重要です。よい商品レビューはお客様に安心感を与え、購入率も上がります（P.184参照）。Sec.20ではお店のレビューをいただく際の文章を紹介しましたが、商品レビューを依頼する場合は若干内容が変わります。Amazonでは「レビューを書いたら無料プレゼント」というような行為は原則禁止となっているので、できるだけお客様の手間がかからないように依頼をする工夫が必要です。

（中略）

さて、よろしければ商品のレビューをお願いできませんでしょうか？
レビューは、次にお買い物をしようとしている方への参考になります。
ぜひご協力をお願いいたします。

●商品レビューの書き方は簡単２ステップです！（１分程度）
1. 下記リンクより、Amazon レビューページに飛びます。
https://www.amazon.co.jp/review/create-review?ie=UTF8&asin=「あなたの商品のASIN」
（ログインしていない場合は、ログイン画面になります）
2. ○○（商品名）のレビューをお願いします。

【商品レビューの目安】
　　★★★★★　　特に問題なし
　　★★★★　　　少し不満がある　　減点−１
　　★★★　　　　商品に不備がある　減点−２

素敵なレビューをお待ちしております♪

※万が一商品に不備があった場合
早急に対応させて頂きますので、直接当店までご連絡下さいませ。

（中略）

　そこで上記の文章を活用してください。あなたの商品のASINを入れたURLをクリックすると、一気に商品レビューを記入するページへ飛びます。お客様もワンクリックで移動できますので、商品レビューを書いていただける率が大幅に上がるでしょう。

商品のレビューを一括で依頼する

　商品レビューをお客様にお送りする際、1人1人に商品レビュー依頼のメッセージを送るのは大変です。しかし以下に紹介するような同報メールソフトを使えば、一度に複数のお客様にメールを送ることができます。

同報＠メール5（有料）
URL http://www.netdeoshigoto.com/mail/

Mail Distributor（無料／Windowsのみ対応）
URL http://www.woodensoldier.info/soft/md.htm

　お客様のメールアドレスを一括して入手するには、セラーセントラルの「注文」タブから＜注文レポート＞をクリックして、出荷ずみのデータをダウンロードします。ダウンロードしたファイルから名前や商品名などを、同報メールソフトのフォーマット（CSV）にまとめ、メールソフトにインポートします。これでお客様に一括で商品レビューの依頼を行うことができます。

▲ ダウンロードしたエクセルファイルのE列に、お客様のメールアドレスが記載されています。

　または、AmaPost（アマポスト：http://acceltools.com/amapost/）という有料（月額2,100円）の評価依頼自動送信ソフトもありますので、状況に合わせて活用しましょう。

POINT ▶ 代替メールアドレスを登録する

メールソフトで使う「差出人のメールアドレス」は、Amazonに登録してあるメールアドレスを使います。もしもほかのメールアドレスを使う場合は、事前にセラーセントラルの「代替アドレスの管理」でメールアドレスの登録をすませておくとスムーズです。セラーセントラルの「メッセージ」タブをクリックして「マーケットプレイス・メッセージ管理」画面の左「代替アドレスの管理」をクリックします。「承認された差出人アドレス」の下の空欄に、新たに登録するメールアドレスを入力して＜一覧に追加＞をクリックします。これで新しいメールアドレスが登録されるので、＜完了＞をクリックして終了します。

Section 66 Amazonの商品ページを最適化しよう

第6章 >> Amazonでオリジナル商品を販売しよう

基礎知識　仕入れ&販売　FBA販売　リサーチ　仕入れ　**オリジナル商品**　自動化　輸入ビジネス　トラブル対策

販売ページの最適化を行う

　俺ブランドを展開していくにあたり、ここでは5つのポイントから、Amazonのルールに従った販売ページの最適化を進めていきます。

1. タイトル

　タイトル最適化のポイントは「単語」「具体的」「半角スペースで区切る」です。各単語を半角スペースで区切り、対応メーカー・機種名などを入力します。文字数は、スペースも含めて全角50文字以内です。半角カナ、特殊文字、機種依存文字は使用できません。さらに「こんな商品がほしかった！」「★」など、本来の商品名と関係のない文章や記号を入れてはいけません。また楽天市場のように「セール、OFF率、激安、送料無料、限定予約、入荷日、シーズン」などを入れることも不可となっています。

◎ Amazonの検索に適したタイトル

○：Softbank ソフトバンク iPhone 5s／5 保護ケース ネコ カバー ケース（赤）
　→「単語」「具体的」「半角スペースで区切る」で書かれている。

×：【iPhone5s／5用】iPhone5s ケース・かわいいネコのフルカバーケース（赤 Type12）
　→「単語」というよりは文章で書かれていて、半角スペースもない状態。

2. 商品画像

　商品画像についても、売れるための見せ方があります。またトップ画像についての規約もあります。詳しくは次のSec.67で解説します。

3. 商品説明文

　商品説明文は、箇条書きで商品情報を充実させ、できるだけ具体的な情報を書くようにします。これだけでも、来客数や購買率が上がります。俺ブランドの場合は、と

くに**類似品との差別化ポイントをわかりやすく比較しましょう**。仮に相場よりも商品の価格が高いなら、「高い理由」が納得できる説明を行わなくてはいけません。また相場より「安い」場合も、商品説明文に「なぜ安いのか」をしっかり書いておかないと、不信感を持たれてしまい、売上が伸びないというデータがあります。その場合も、納得できる理由を説明しておくことで、転換率が上がります。

4. ブラウズノード

　Amazonでは、商品を細かく分類しています。たとえば「本」のカテゴリーには、「文学・評論」や「ノンフィクション」という細かいカテゴリーがあります。この各カテゴリーを「ブラウズノード」と呼んでいます。**商品を適切なブラウズノードに紐付けることは、効果的な商品表示にとても重要です**。ブラウズツリーガイド（http://www.amazon.co.jp/gp/help/customer/display.html?nodeId=200727080）を参照して、正しいカテゴリーへ商品を紐付けしましょう。

5. 検索キーワード

　できる限り多くの検索キーワードを設定することで、アクセスを集めていくことができます。検索キーワードのポイントは「**抽象的な言葉を避け具体的な単語にする**」ということです。特に次の点に注意しましょう。

a. 商品名は含まなくてよい

商品名などは自動的に検索対象となりますので、そこに表示されている以外の単語を登録していきましょう。たとえば商品名が「PULSE wireless stereo headset Elite Edition（輸入版）」であれば、これらの単語は検索キーワードに追加する必要がありません。

b. 単語単位で記入する&半角スペースで区切る

検索キーワードは、単語単位で記入し、間を半角スペースで区切ります。

c. Amazonで検索されているキーワードを入れる

絶対に外してはいけないのが、Amazonでよく検索されるキーワードです。Amazonサジェスト機能を活用して、よく検索されるキーワードを追加しておくとよいでしょう。

d. 類似商品の商品名やブランド名を外さない

類似商品の商品名、ブランド名、メーカー名、型番名なども入れておきましょう。とくに、売れているスター商品の情報は必ず記入しましょう。大きなアクセスアップにつながります。

Section 67

第6章 >> Amazonでオリジナル商品を販売しよう

写真の見せ方で売上は変わる

基礎知識　仕入れ&販売　FBA販売　リサーチ　仕入れ　**オリジナル商品**　自動化　輸入ビジネス　トラブル対策

Amazon ルールに則した最適な写真画像を載せよう

　ネットで買いものをする際、お客様が購入の意思決定を行う要素にはさまざまなものがあります。その中でも**大きな比重を占めているのが、商品画像**です。そして、Amazonでは登録する商品画像についての規約があります。規約を厳守した上で、売上につながるような写真画像にしていきましょう。

◎ メイン画像の規約

- 背景は白でなければならない
- グラフィックやイラストを使用してはいけない
- 同梱されないものは載せてはならない
- 商品の一部ではない文字、ロゴ、透かし、挿入画像は使用できない
- 画像全体の 85% 以上を商品が占める必要がある
- サイズは、最大で縦または横のどちらか長い側面が 2,100 ピクセルまで

◀ 画像の最長辺が 1,000 ピクセル以上あると、ズーム機能が使えます。Amazon が提供しているデータによると、ズーム機能は売上向上につながるそうです。

● 写真は2枚目以降が重要

　Amazonでは、実は2枚目以降の写真画像が非常に重要です。というのも、**上記の禁止事項は2枚目以降には適用されていない**のです。つまり、同梱されていないものできれいに見せたり、写真に文字やロゴを入れてもよいということです。参考になるのは、楽天市場でトップを取っている店舗の商品画像です。よいところはどんどんマネをしていきましょう。

● 写真画像は自分で用意する

　商品の価値を高めるためにも、また相乗り出品者を抑制する意味でも、**写真画像は自分で用意しましょう**。簡単な商品撮影キットを購入してもよいでしょう。また、今は格安でモデルさんを使った綺麗な写真を撮影してくれるサービスも数多くあります。商品画像の作り込みにも対応してくれるので、積極的に活用しましょう。また、簡単な画像編集なら下記に挙げたソフトで十分です。どちらも無料ながら、本格的な画像編集が行えます。

◎ 自分で撮影するポイント

- カメラはデジカメでもスマホでもOK
- 簡単な商品撮影キットを購入する
- 照明や白画用紙で商品に光を当てて影が出ないようにする
- 三脚と2秒タイマーは必ず使う
- 大きい商品は床に寝かせて撮影する

株式会社バーチャルイン
URL http://www.photo-o.com/

◀ 写真撮影が1枚200円からと格安です。美しい女性モデルさんを使った写真を撮影してくれるプランもあります（7カットプラン）。

◎ 無料の画像編集ソフト

	URL
Photoshop Express Editor	http://www.photoshop.com/tools/expresseditor?wf=editor
Pixlr Editor	http://apps.pixlr.com/editor/

POINT ▶「イメージ写真」と「ディテール写真」

ネット通販で売れる商品写真というのは、「イメージ写真」と「ディテール写真」の2種類といわれています。「イメージ写真」とは「商品を実際に使った使用者がメリット（ベネフィット）を享受しているシーン、またはそれを想像できるシーンを見せる写真」です。このイメージ写真でお客様の夢を膨らませます。「ディテール写真」とは「商品の細部がわかる写真」です。とくにアパレル関係では着丈や縫製などを見せたり、こだわりのポイントが手に取って見ているかのようにわかりやすく伝わるように撮影します。参考になるのは、楽天市場でトップを取っている店舗の商品画像です。よいところはどんどんマネをしていきましょう。

Section **68**

第6章 >> Amazonでオリジナル商品を販売しよう

Amazonスポンサープロダクトを利用しよう

基礎知識　仕入れ&販売　FBA販売　リサーチ　仕入れ　**オリジナル商品**　自動化　輸入ビジネス　トラブル対策

Amazon スポンサープロダクトとは？

　Amazonスポンサープロダクトとは、**出品中の商品を検索結果のページに広告として表示させる、クリック課金型の広告サービス**です。広告を出すことで露出が高まり、出品した商品へのアクセスが上昇するため、売上が増加しやすくなります。スポンサープロダクトを活用すれば、俺ブランド商品を販売していく際にも、いわば攻めの販売が可能になります。小額からでもよいので、積極的にやっていきましょう。

● Amazonスポンサープロダクトを開始する

　Amazonスポンサープロダクトの使い方は簡単です。広告を出したい商品の検索キーワードを入力して、広告単価を設定するだけです。自由に予算を設定できますので、効果を測定しながら運用していくことで、少ない資金でも効率のよい使い方ができます。クレジットカードの登録が必要なので、あらかじめ用意しておきましょう。

❶ セラーセントラルの＜広告＞タブをクリックし、＜スポンサープロダクト＞をクリックします。

❷ クレジットカードを選択、または＜新規カードの情報＞をクリックして情報を入力します。利用規約のチェックを入れて＜登録する＞をクリックすると、Amazon スポンサープロダクトが利用できるようになります。

Amazon スポンサープロダクトの効果的な利用法

　Amazonスポンサープロダクトの効果的な使い方としては、まず最初に関連のある商品に対してAmazonが自動的に広告を掲載してくれる「オートターゲティング」で広告を始めます。低い金額で入札してデータを取っていき、パフォーマンスの高い検索キーワードをレポートで分析します。効果的なキーワードがわかったら、今度は設定したキーワードが検索されたときに広告が掲載される「マニュアルターゲティング」も併用して、高い額で入札します。こうした流れによって、幅広いターゲットに対してアプローチすることができ、狙うべきキーワードで確実に表示させていくことができます。

● オートターゲティングを設定する

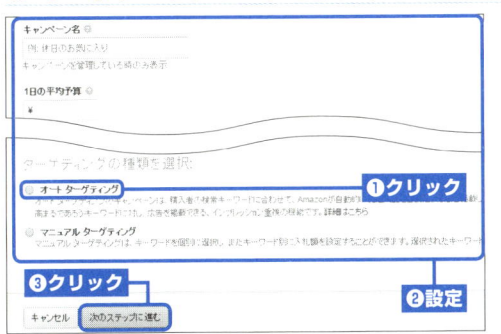

❶ P.204 手順❷の続きです。＜オートターゲティング＞をクリックし、キャンペーンの予算と期間を設定します。設定が完了したら、＜次のステップに進む＞をクリックします。

　「キャンペーン名」は、管理しやすい名前にしておきます。「1日の平均予算」はいつでも変更可能ですので、とりあえず1,000円にしておきましょう。「開始日」と「終了日」もいつでも変更できるので、デフォルトのままでよいでしょう。

❷ 広告グループを作成します。＜保存し終了＞をクリックすれば、オートターゲティングキャンペーンの作成が完了です。1時間以内に広告が有効になります。

　広告グループは、1つのキャンペーン内に複数作成できます。たとえば「クリスマス」キャンペーン内に、「時計ギフト」「おもちゃギフト」「パーティー食材」といった広告グループを作成できます。「入札額」は、クリックごとに支払ってもよい額の最大入札額です。オートターゲティングの場合、広告グループ内のすべての広告に、ここで入力した金額が適用されます。広告単価はオークション制になっており、高い方が

1ページ目に表示されやすくなります。表示する商品は、商品名かSKU・ASINを入力して表示させます。

● マニュアルターゲティングを設定する

次に、マニュアルターゲティングで広告を出していきます。オートターゲティングとはキャンペーンが別になりますので、キャンペーンをもう1つ作りましょう。

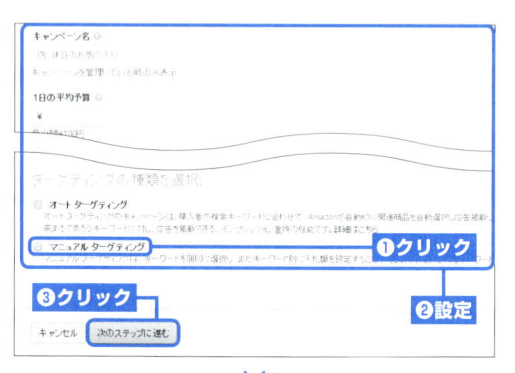

❶ P.204 手順❷の続きです。＜マニュアルターゲティング＞をクリックし、キャンペーンの予算と期間を設定します。設定が完了したら、＜次のステップに進む＞をクリックします。

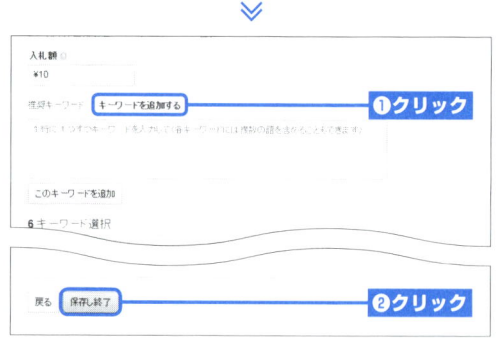

❷ 広告グループを設定し、＜保存し終了＞をクリックすれば、マニュアルターゲティングキャンペーンの作成が完了です。

マニュアルターゲティングも、オートターゲティングと同様の方法で広告グループを作成します。異なるのは、「入札額を設定してキーワードを入力」という項目です。最低入札額は2円以上ですが、とりあえず最初は10円程度にして様子を見ます。

スポンサープロダクトキャンペーンマネージャーを確認する

広告掲載から1週間ほどするとデータが溜まってくるので、状況を確認してみましょう。セラーセントラル画面で＜広告＞→＜スポンサープロダクト＞をクリックすると、「スポンサープロダクトキャンペーンマネージャー」が表示されます。

◎ キャンペーン全体のデータ

①	**広告費用**：	このキャンペーンへのクリック数に対する費用の総額
②	**売上**：	広告がクリックされてから1週間以内に購入された売上
③	**ACoS（売上高広告費比率）**：	広告からの売上に対する広告費の割合

　ここで確認できるのは、「キャンペーン全体のデータ」です。さらに＜キャンペーン＞→＜広告グループリスト＞をクリックし、広告グループをクリックすると、「広告グループ全体でのデータ」が確認できます。さらに広告グループ名をクリックすると、広告グループごとのデータが見られます。

◎ 広告グループ全体でのデータ

①	**インプレッション**：	この広告グループの広告が表示された回数
②	**クリック数**：	この広告グループの広告がクリックされた回数
③	**平均クリック単価**：	この広告グループの広告へのクリック数に対する費用の平均

　たとえば、広告費用が2,347円で売上が28,050円、ACoSが8.4％だったとします。**このACoSが、商品の利益率よりも低ければ、利益が出たということになります。**仮にこの商品の利益率が30％だったとすると、

28,050円（売上）× 30％（利益率）＝ 8,415円（利益額）

8,415円（利益額）－ 2,347円（広告費）＝ 6,068円（純利益）

　つまり広告を出したおかげで6,068円の利益増ということです。このケースは、非常に優秀な結果といえます。

オートターゲティングレポートの活用法

次に、オートターゲティングのレポートを見てみましょう。セラーセントラル画面で＜レポート＞タブをクリックし、「スポンサープロダクトレポート」画面を表示します。＜レポートをリクエスト＞をクリックして数分するとデータが集まっているので＜再表示＞をクリックして確認します。

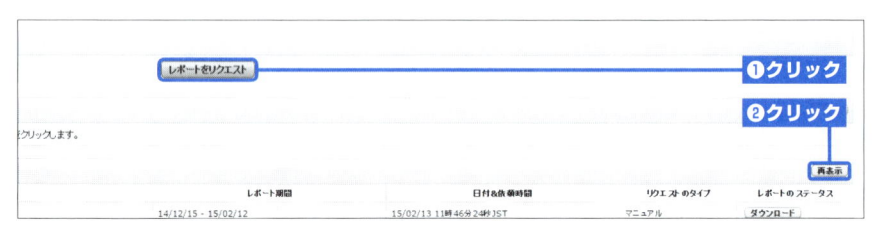

▲ 期間別パフォーマンスレポート、SKU別パフォーマンス、1ページ目掲載の推定入札額などのレポートを見ることができます。

レポートを見ていくことで、パフォーマンスの高い購入者の検索キーワードを確認し、マニュアルターゲティングキャンペーンに追加することで、クリック、売上、広告効果の向上のために活用できます。

レポートで最低限見ておきたいのは、「インプレッション」「クリック率」「1週間コンバージョン率」です。「インプレッション」は広告の表示回数です。そして「クリック率」が高いということは、その「検索キーワード」と「SKU（＝商品）」の結び付きが強い、ということになります。また「1週間コンバージョン率」は、広告のクリックから1週間以内に発生した注文のコンバージョン率（注文数／クリック数）です。こうしてデータから読み取れるパフォーマンスの高い検索キーワードを、マニュアルターゲティングキャンペーンに追加していくことで、広告の効果が上がっていきます。

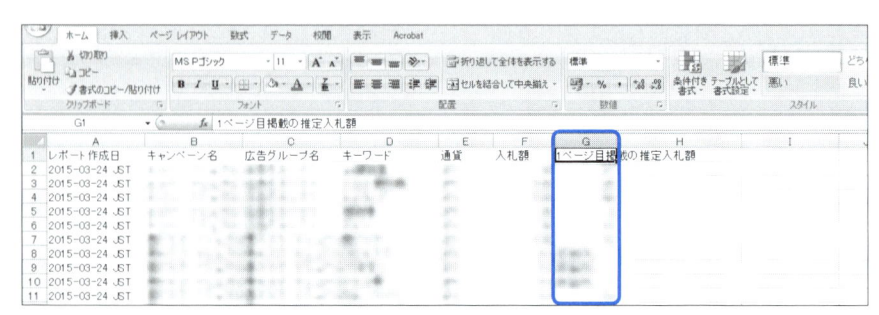

▲ 別のレポート「1ページ目掲載の推定入札額レポート」で、G列を見ると、1ページ目に表示させるための入札額がわかるので、マニュアルターゲティングの広告単価の参考にしましょう。

第 7 章

自動化のしくみを作ってさらに稼ごう

Section 69	売上が上がってきたらしくみ化を考えよう	210
Section 70	SOHOを活用することでビジネスを加速させよう	212
Section 71	クラウドソーシングで仕事を依頼しよう	216
Section 72	外注ユーザーのAmazon権限を設定しよう	220
Section 73	代行会社をパートナーとして本格的に活用しよう	222
Section 74	中国に専任スタッフ・パートナーを雇おう	226
Section 75	CSVファイルで一気に新規出品しよう	230
Section 76	商品の価格を自動調整しよう	234
Section 77	外部倉庫を活用しよう	236

Section 69
売上が上がってきたら しくみ化を考えよう

しくみ化のススメ

　ビジネスが回り出してくると、必ずある悩みにぶつかります。それは「時間がない！」という悩みです。ネットを使ったビジネスというのは1人で始めることが多いので、稼げるようになるまでは、すべてを1人でこなさなければなりません。しかし時間は限られています。とくに副業でやられている方は「とにかく時間がない…」というのが正直なところでしょう。忙しさにともなって売上が上がっていればまだよいのですが、必然的に売上も頭打ちになってきます。

　ビジネスを効率よく進めていくためには、優先順位を付けていく必要があります。自分でやる必要がないものは、どんどん外に振っていき、自分にしかできない仕事に集中する。これができないと、ビジネスは停滞してしまいます。**ある程度売上が上がってきたら、仕事を外注するということを進めていかなければなりません。**

● どの仕事を外注できるのか？

　実は、Amazon輸入ビジネスのほとんどの仕事は「ほかの人でもできること」です。外注化を進めていけば、自宅のパソコン1台で、まるで会社組織のようにビジネスを回していくことができます。いきなりすべてをしくみ化するのは難しいと思いますが、優先順位を付けて段階的に進めていきましょう。**最終的には、あなたがすることは「仕入れ判断」と「お金の管理」だけになります。**中には仕入れの判断もルールを作ってSOHOに任せている方もいますが、お金に関わることはトラブルになりやすいので、できるだけ自分で管理をしたほうがよいでしょう。

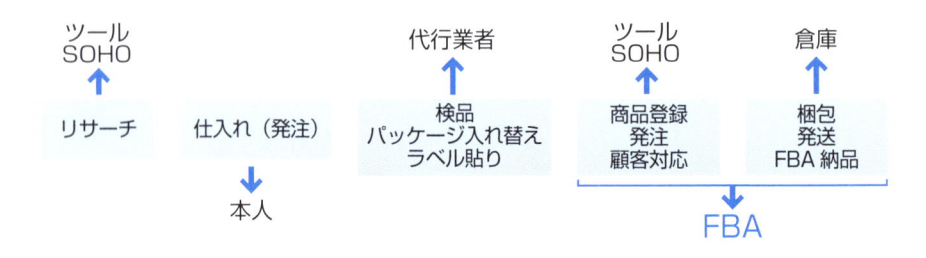

| ツール SOHO ↑ リサーチ | 仕入れ（発注） ↓ 本人 | 代行業者 ↑ 検品 パッケージ入れ替え ラベル貼り | ツール SOHO ↑ 商品登録 発注 顧客対応 | 倉庫 ↑ 梱包 発送 FBA納品 |

FBA

● **まずは自分でやってみる**

　外注先やSOHOに仕事を教えるためにも、**まずは自分でやってみて理解をする**ということは非常に重要です。そうしないと、仕事を依頼する際に「価格が適切なのか」「クオリティは高いのか低いのか」「どのくらいの時間がかかり、何人で何時間の作業が必要なのか」をイメージすることができないからです。また、不当に高いギャラを取られてしまったとしても、気が付きません。まずは自分でやってみる→外注するをくり返していきましょう。

● **よい外注先やSOHOに出会えたら…**

　仕事を外注したりSOHOに依頼をしていると、仕事もできて相性もよい方に出会うようになります。そういう方が見つかったら、できれば**報酬を上げたり専属で仕事をしてもらえるようにお願いをしましょう**。せっかくよいSOHOさんに出会えても、基本的にはほかの仕事もこなしている場合が多いです。人気があれば、なおさら順番待ちになってしまい、すぐに仕事をやってもらえない場合があります。お気に入りの方とは定期的に顔を合わせるようにして、食事会なども行って交流を深めておきましょう。

しくみ化の優先順位「作業系」と「思考系」

　仕事の種類を大きく分けると、「作業系」と「思考系」に分けることができます。「作業系」は、単純作業ですので、外注も比較的簡単です。作業系の仕事から優先的に外注化するようにしていきましょう。一方「思考系」の仕事は外注に不向きですが、ツールを活用することで効率化できるものもあります。たとえば**Amazon一括出品**なども、**一度覚えてしまえば出品作業が楽になり、時間も短縮されます**（Sec.75参照）。お客様への評価リクエストも、メール配信ソフト（P.199参照）を使えば、たった1回で多くのお客様に送信することができます。もともと効率化のために作られたツールなのですから、一見難しそうに見えても積極的にチャレンジして取り入れていきましょう。

　以下の表は、「作業系」と「思考系」の作業を大まかに分けたものです。ただし、解釈が異なる場合もあります。たとえば「リサーチ」は「思考系」ですが、ツールを活用することで効率化することができ、またマニュアルに落とし込むことで「作業系」として外注することもできます。

作業系	思考系
商品登録　納品（写真撮影）　検品　FBA納品　パッケージの入れ替え　ラベル貼り　梱包　発送	リサーチ　発注　受注　顧客対応　商品開発　販売戦略

Section 70

第7章 >> 自動化のしくみを作ってさらに稼ごう

SOHOを活用することで
ビジネスを加速させよう

基礎知識　仕入れ&販売　FBA販売　リサーチ　仕入れ　オリジナル商品　**自動化**　輸入ビジネス　トラブル対策

SOHOとは?

　SOHOとは、「Small Office／Home Office」を略したものです。私たちにとっては、遠隔で仕事をしてくれる「アルバイト」または「デザイナー」と認識しましょう。ポイントは「このデータ収集は合計100件で報酬は1件に付きいくら」「このデザインは○円」「このプロジェクトは1ヶ月の契約で▲▲円」などと、仕事単位でお願いができるということです。**仕事を依頼するときしか人件費がかからないので、固定費が不要です。**最初は必要なときにだけお願いをするのがよいでしょう。

どこでSOHOと出会えるのか

　それでは、どこでSOHOを探していけばよいのでしょうか。またSOHOとはどのように連絡を取り合っていけばよいのでしょうか。いくつかのサイトやサービスをご紹介しながら進めていきましょう。

● 仕事全般

　まずはいわずと知れた日本最大級のクラウドソーシング「ランサーズ」と「クラウドワークス」です。仕事をしたい人（ランサー）と、仕事を依頼したい人（クライアント）をマッチングして、インターネット上で直接仕事の取引ができるしくみを提供してくれます。基本的にサイトが仲介する形式なので、匿名で安全に仕事の依頼ができます。

ランサーズ
URL http://www.lancers.jp/

クラウドワークス
URL http://crowdworks.jp/

第7章 自動化のしくみを作ってさらに稼ごう

212

次は、クラウドソーシングの老舗サイトである「@SOHO」です。仕事をしたい人（応募者）と依頼したい人（依頼主）をマッチングする掲示板です。ランサーズなどと異なり、@SOHOがお互いの仕事を仲介することはありません。仕事内容の打ち合わせから納品・支払いまで、直接コンタクトを取って仕事を進めて行く必要があります。また、SOHOではありませんが、500円で誰かの知識やスキル・経験を売り買いできる「ココナラ」というサイトがあります。データ整理や簡単な仕事であれば、こちらを活用するのもよいでしょう。

@SOHO
URL http://www.atsoho.com/

ココナラ
URL http://coconala.com/

● 撮影代行

　続いて写真撮影の外注です。今は超低価格で代行してくれるサービスがあります。商品の物撮りだけでなく、モデルを使った写真も、「バーチャルイン」なら1商品7カット1,000円から引き受けてくれます。商品画像の作成も、一緒にお願いできます。1カット190円からお願いできる「おまかせWEB商品撮影サービス」も、安くて対応も早いと評判です。

バーチャルイン
URL http://www.photo-o.com/

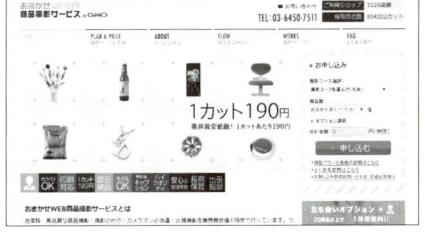

おまかせ WEB 商品撮影サービス
URL http://ec.omakaseweb.com/

● 内職さん

　こちらは昔ながらの「内職さん」のマッチングサイトです。たとえば商品の小分けや検品など、ランサーズなどのクラウドソーシングでは紹介されないような内職さんとつながることができます。筆者も内職さんを活用しており、商品の小分けを1袋5円でお願いしています。また、シルバー人材センターを活用している方もいます。

内職市場公式ウェブサイト
URL https://www.naisyoku-ichiba.co.jp/

全国シルバー人材センター事業協会
URL http://www.zsjc.or.jp/

● 海外マッチングサイト

　日本国内だけではなく、海外のマッチングサイトを使うのも手です。賃金の低い外国人に仕事をお願いすることで、外注費をさらに抑えることができます。

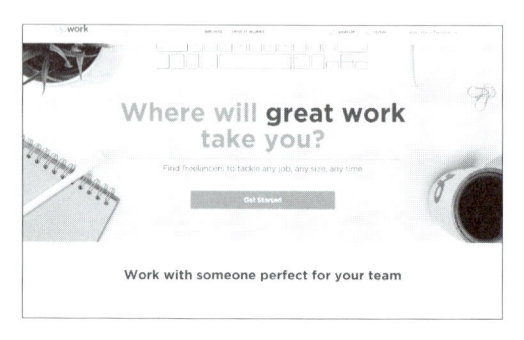

upwork
URL https://www.upwork.com/

● 外注やSOHOとのやり取り

　外注先やSOHOとのやり取りには、基本的にはSkypeやLINE、Facebookなど、ふだん使いなれているチャットを使えば問題ありません。しかし、もし複数の外注さんやSOHOとの間で連絡を取り合っていくことを考えると、クラウド会議室「チャットワーク」（ChatWork）が大変おすすめです。

　チャットワークは、「LINE」のビジネス版と考えるとわかりやすいでしょう。複数のチャットルームを一括で管理することができ、文章だけでなくファイルの送受信も可能です。「Skype」のように音声・ビデオ通話、画面共有機能もあります。シンプルで使いやすいクラウド会議室です。

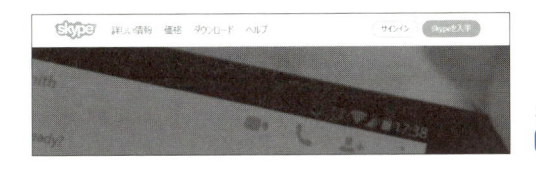

Skype
URL http://www.skype.com/ja/

チャットワーク（ChatWork）
URL http://www.chatwork.com/ja/

● 外注やSOHOとデータを共有する

　データの共有には、「Googleドライブ」や「Dropbox」などのオンラインストレージサービスを活用しましょう。メールで共有している方もいますが、最終的には「Googleドライブ」などにひとまとめにしておいたほうが、データもすぐに取り出せて管理が楽になります。「Google+」に参加することで、**2048×2048ピクセル以内であれば、画像をGoogle+のアルバム内に無制限で保存**できるようになります。

Google ドライブ
URL https://www.google.com/intl/ja_jp/drive/

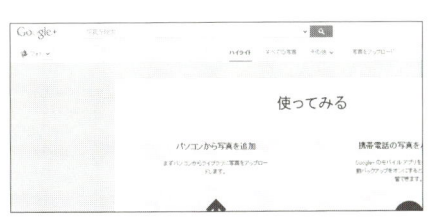

Google+
URL https://plus.google.com/

Section 71

第7章 >> 自動化のしくみを作ってさらに稼ごう

クラウドソーシングで仕事を依頼しよう

基礎知識 仕入れ&販売 FBA販売 リサーチ 仕入れ オリジナル商品 **自動化** 輸入ビジネス トラブル対策

クラウドソーシングサイトを利用する

　ここではクラウドソーシングサイト「クラウドワークス」について、どのような仕事を依頼できるのか、どうやって依頼をするのかを解説したいと思います。「クラウドワークス」とよく比較されるクラウドソーシングサイトに「ランサーズ」がありますが、両方を使ってきた筆者としては「クラウドワークス」をおすすめします。歴史や規模で見ると「ランサーズ」に軍配が上がりますが、個人的な感想では「クラウドワークス」のほうが使いやすく、またよいランサーさんに出会えたことが多かったからです。

● どんな仕事をお願いできるの？

　クラウドワークスの「仕事の種類から探す」ページを見ると、「システム開発」や「ホームページ制作・Webデザイン」など、豊富な項目が掲載されています。Amazon輸入ビジネスという観点でみると、以下のようなカテゴリになるでしょうか。

- ・サイト運営・ビジネス：「リサーチ」「検品・梱包・発送」「一般雑務」「カスタマーサポート」
- ・ECサイト・ネットショップ構築：「商品登録・商品撮影」
- ・デザイン：「ロゴ・バナー・イラスト」「フライヤーデザイン」
- ・写真・画像・動画：「写真加工・写真編集」「画像加工／写真撮影」

　とくに、販路の拡大でネットショップを作ったり、ツールの開発などを行う際には重宝するでしょう。また商品リサーチなどは、手順をマニュアル化して「1件いくら」という形で依頼します。たとえばこの本をランサー（SOHO）さんに渡して仕事の概要を理解してもらい、「〇〇ページの手順で、商品を100件ピックアップしてください」などと具体的に伝えるのもよいでしょう。わかりにくいところは動画を撮ってYouTubeにアップし、URLを送って見てもらうのも、方法の1つです。

クラウドワークスで仕事を依頼する

それではクラウドワークスの登録手順と、ロゴマークの依頼を例として使い方を見ていきましょう。

❶ クラウドワークス (http://crowdworks.jp/) にアクセスします。「新規登録はこちら」にメールアドレスを入力し、＜まずは会員登録（無料）＞をクリックします。Facebook や Yahoo!、Google+ のアカウントでログインすることもできます。画面の指示に従って、会員登録を行います。

❷ 登録が完了したら、手順❶の画面右上の＜ログイン＞をクリックし、登録した「メールアドレス」と「パスワード」を入力して、＜ログインする＞をクリックします。

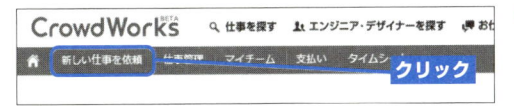

❸ 画面上部の＜新しい仕事を依頼＞をクリックします。

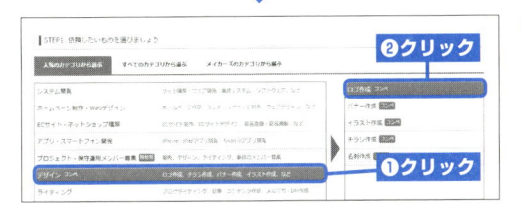

❹ 「STEP1. 依頼したいものを選びましょう」で、カテゴリーをクリックして選択します。ここでは「デザイン」カテゴリーの「ロゴ作成」を選びました。

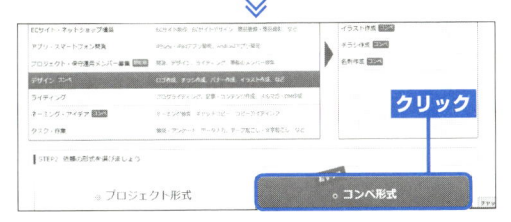

❺ 次に「STEP2. 依頼の形式を選びましょう」で、依頼したい形式（ここでは＜コンペ形式＞）をクリックして選択します。

STEP2の依頼の形式では、特定のメンバーと相談しながら進める仕事に最適な「プロジェクト形式」か、たくさんの案を比較して一番ぴったりな作品を選べる「コンペ形式」のどちらかを選びます。STEP1で選んだカテゴリーによって、おすすめマークが表示されていますので、そのままそちらを選べばよいでしょう。クラウドソーシングでとくに便利なのは、「コンペ形式」です。募集期間に多くのランサー（応募者）から提案してもらいますが、最終的に選ぶのは1つでよいのです。もちろん支払いも最初に設定した金額だけでOKです。

❻「STEP3. 仕事の内容を入力しましょう」で、それぞれの項目を入力します。

　「タイトル（仕事名）」には特徴と制作物（仕事内容）を並べて入れ、依頼する内容がわかりやすくなるようにします。ロゴデザインの場合、「ロゴ文字列」にデザインする文字列を入力したら「ロゴイメージ」を選び、希望イメージや希望する色も選びましょう。また商標登録を行う予定の場合は、「商標登録予定」で「登録予定あり」を選択します。必要な画像や書類、データを添付し、応募期限を決めます。一般的には期限が長いほうが、応募者は集まりやすいです。「詳細」も以下の例を参考にして、入力していきましょう。

「ユビケン 〜まじめに輸入ビジネスを研究する会〜」
というウェブサイトを立ち上げて情報発信やセミナーなどの活動を行なう予定です。
その象徴となるようなロゴを作成したいと考えており、
デザイナー・クリエイターの方向けにコンペを開催いたします。

【イメージワード】
輸入・輸出・貿易・世界・ビジネス・研究会

また「ユビケン」という響きから「この指止まれ」というようなイメージもよいかと思っております。

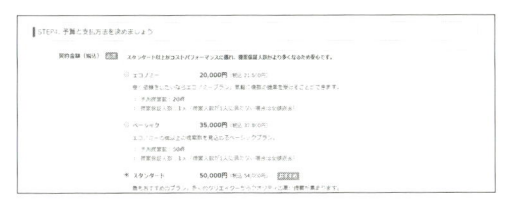

❼「STEP4. 予算と支払方法を決めましょう」で、それぞれの項目を入力します。

プランは「エコノミー」「ベーシック」「スタンダード」「プレミアム」「カスタム」など段階的に分かれており、それぞれ予測提案数というものが設定されています。ここが一番のポイントです。当然ですが、**契約金額を上げたほうが応募は集まりやすい傾向にあります**。予測提案数と予算との兼ね合いで、金額を決定しましょう。ただし、エコノミーでも、応募がまったくこないということは少ないです。オプションは、付けたほうがやはり応募は集まりやすいです。オプションのおすすめは「100人一斉告知オプション」です。依頼したカテゴリでの仕事経験があるおすすめメンバー100人に、メールで告知・宣伝をしてくれます。

❽「STEP5. 補足事項を決めましょう」を確認し、<確認画面に進む>をクリックします。

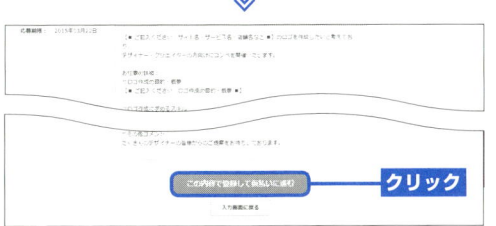

❾ プレビュー内容に問題がなければ、<この内容で登録して仮払いに進む>をクリックします。仮払いの手続きが完了すると、応募が開始されます。

これで、たくさんの応募が集まってきます。好みのデザインに「★★★」を付けていくと、そのあとの応募が、そのデザインを踏襲したものになっていきます。またデザインは変更・修正できますので、ランサー（応募者）にメッセージで改良希望点を伝えましょう。募集期間が終わったら、応募のデザインの中から1つを選び、手続きを進めます。今回はロゴマークのデザインでしたが、ランサーのこれまでの事例や過去の実績・作品などを確認し、センスがよい方にはこちらから積極的に依頼をしていきましょう。

Section 72

第7章 >> 自動化のしくみを作ってさらに稼ごう

外注ユーザーのAmazon権限を設定しよう

基礎知識 / 仕入れ&販売 / FBA販売 / リサーチ / 仕入れ / オリジナル商品 / **自動化** / 輸入ビジネス / トラブル対策

権限を設定してトラブルを防ぐ

　Amazonセラーセントラルには、ユーザー権限の設定が可能です。権限設定を行うことで、関係のない箇所が操作されることを防ぎ、お客様の個人情報が漏洩しないようにコントロールすることができます。**Amazonの運営業務に外注ユーザーを入れる場合は、必須となります**。必ず権限設定を行いましょう。

● 外注用の新規アカウントを作成する

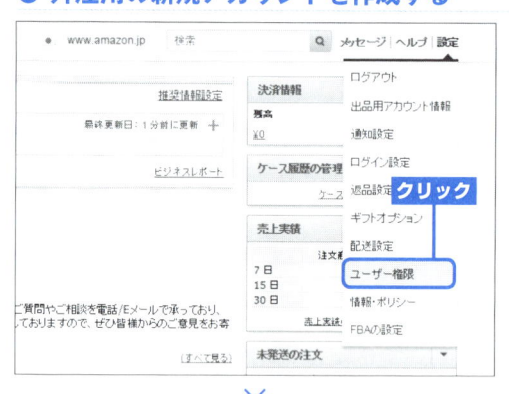

❶ セラーセントラルを表示し、＜設定＞→＜ユーザー権限＞をクリックします。

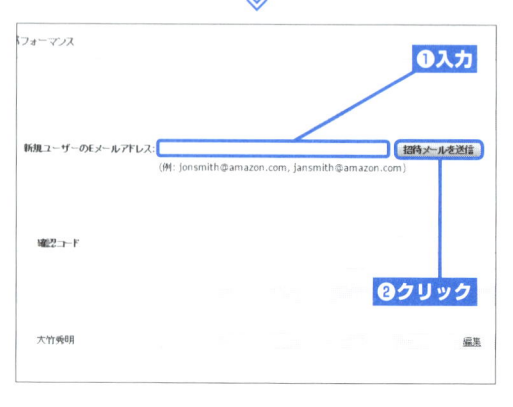

❷ 「新規ユーザーのEメールアドレス」に外注ユーザーのメールアドレスを入力して、＜招待メールを送信＞をクリックします。

220

● 外注ユーザーの権限を編集する

　左ページの手順❷まで行うと、外注ユーザーにメールが届くので、メールの内容に従ってアカウント作成手続きを行ってもらいます。手続きを行うと確認コードが表示されるので、外注ユーザーに確認コードを送ってもらってください。

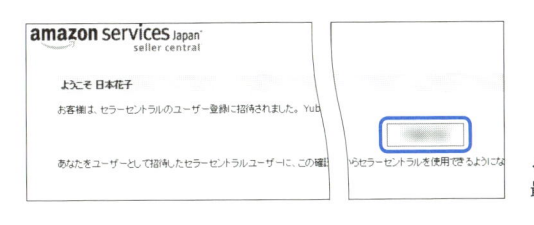

◀ 外注ユーザーがアカウントを作成すると、最後に確認コードが表示されます。

　左ページの手順❶を参考に「ユーザー権限」画面を表示します。「ユーザー権限」画面に表示されている確認コードと、外注ユーザーから送られてきた確認コードが合致していたら＜確認＞をクリックし、次の画面で＜ユーザーの権限を追加する＞をクリックします。ここで権限の編集を行います。権限を与える項目は、どの仕事をやっていただくかで変わります。編集が終わったら、＜次に進む＞をクリックすると確定となります。これでユーザー権限設定は完了ですので、外注ユーザーにログインしてもらって問題はありません。

◎ 外注ユーザーの仕事と権限設定の例

- **商品の出品や登録、画像アップロードなどをお願いする場合**
  → 「在庫」と「メディアをアップロード」の権限を与える
- **注文や在庫の状況を確認してもらう**
  → 「在庫」と「注文」と「レポート」の該当箇所の権限を与える

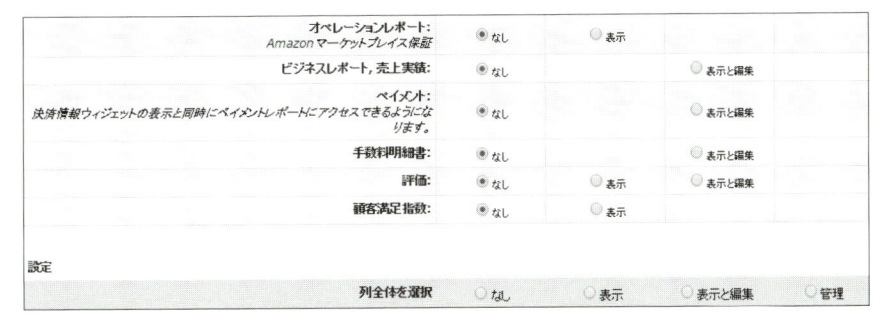

▲ 基本的にはペイメントや手数料明細書など、お金に直結している箇所は権限を与えないようにしましょう。

Section 73
代行会社をパートナーとして本格的に活用しよう

基礎知識　仕入れ&販売　FBA販売　リサーチ　仕入れ　オリジナル商品　**自動化**　輸入ビジネス　トラブル対策

代行会社は転送サービスだけではない

　Sec.14、Sec.50で登場した海外の転送・代行サービスですが、単にAmazon.comやタオバオなどで注文した商品を転送してもらうだけでなく、会員登録を行うことで便利なサービスを利用することができます。代行会社を本格的に活用して、ライバル出品者に対して差を付けていきましょう。

AshMartの会員サービス

　AshMartは、Sec.14で紹介したアメリカ・サンディエゴを拠点とする代行会社です。現地の日本人女性スタッフによるきめの細かい豊富なサービスが特徴で、筆者が個人でビジネスを始めた頃から現在まで大変お世話になっています。エグゼクティブ会員（月額10,800円または年間108,000円）になると、すべてのサービスをもっともお得に利用できます。

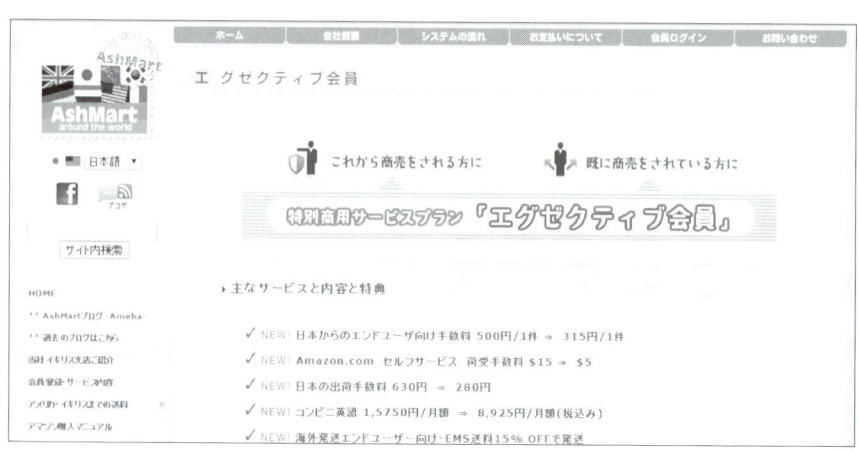

AshMart – エグゼクティブ会員
URL http://www.ashmart.com/ex_member/index.php

◎ AshMart エグゼクティブ会員サービス

・オーダー代行サービス

注文したい商品を担当者に伝えて、代わりに注文をしてもらうサービスです。Amazon.com や ebay などは PayPal やクレジットカードで決済ができるので問題ありませんが、海外のネットショップなどは日本のクレジットカードでは支払いができない場合があります。そういうときに利用するサービスです。

・現地買い付けサービス

たとえば、あるおもちゃ商品がオンライン上では品切れになっているとき、担当者に現地のトイザラスなどのショップに出向いてもらい、商品を買ってきてもらうというサービスです。

・エンドユーザー向け納品代行

販売している商品に注文が入ったら、海外から直接日本のお客様（エンドユーザー）に発送をしてくれるサービスです。たとえば無在庫販売などを行う場合に重宝するサービスです。もちろん発送主はこちらの名義で発送でき、オプションで「ラッピング」や「納品書」などの同封も可能です。

・卸購入代行サービス

最初は Amazon.com から仕入れを始めていきますが、売れるようになってくると仕入れの量が増えていきます。すると、次のステップとしてセラーやメーカーに対して「卸価格で購入ができないか」と交渉していくことになります。その場合、セラーやメーカーの卸取引の交渉を代わりに行ってくれます。うまくいけば卸取引を代行してもらうことができるでしょう。

・ヨーロッパ転送・代行サービス

アメリカだけではなく、イギリスにも支店がありますので、ドイツやイタリア、フランスなどからもワールドワイドに仕入れが行えるようになります。

・Amazon.com や Amazon.co.uk への納品代行

日本の商品をアメリカまたはヨーロッパの Amazon で販売する場合、つまり輸出ビジネスを行う際に、FBA 納品代行や米国法人設立・銀行口座開設などに対応してくれます。

イーウーパスポートの会員サービス

　イーウーパスポートは、中国・浙江省義烏市を拠点とする貿易サポート会社です（Sec.50参照）。同社はコンサルティング＆サポート会社という立ち位置のため、基本的なタオバオ・アリババからの買い付けサービスだけではなく、さまざまなサービスを受けることができます。ゴールド会員（会費：28,000円／月・税別）とオフィス会員（会費：3,000円／月・税別）とがありますが、オフィス会員の会費は、あくまでも管理費です。オフィス代や現地社員給与を含むと、右ページに記載しているように月7万円程度かかります。まずはゴールド会員で中国に担当者を持ち、取引量が増えてきたらオフィス会員（中国事務所管理サービス）を利用すると、同社の会計管理のもと、現地にオフィス・専任社員を置くことができます（P.225参照）。

◎ イーウーパスポートのゴールド会員サービス

・中国商品調査
商品のリサーチを担当スタッフに任せることができます。Amazon.co.jp の商品ページを担当者に送ると、ベストな仕入れ先を探してくれます。もちろん価格やロットの交渉も行ってくれます。

・FBA 納品代行
商品調査→買い付け代行→検品、そして FBA 納品のためのラベル貼りに加え、中国から日本の FBA 倉庫まで直接納品をしてもらうことが可能です。指1本触れることなく商品を販売できるようになります。

・写真撮影・OEM 製作支援
現地でプロのカメラマンが綺麗な商品写真を撮影してくれます。各種モデルの手配も可能です。パッケージ制作やロゴマーク・アパレルのタグ縫い付け、OEM の交渉まで、担当スタッフが行ってくれます。

・義烏福田市場・専門問屋街アテンドサービス
世界最大の卸売マーケット、義烏福田市場でのアテンドサービスです。問屋街や工場訪問に日本語の話せる同社スタッフが同行してくれ、ホテルや新幹線などの手配も行ってくれます。現地に行く際には大変重宝します。

● イーウーパスポートのオフィス会員

　イーウーパスポートのオフィス会員のサービスを使えば、月7万円台（オフィス家賃、現地社員給与、管理費込み）という破格の金額で現地社員を雇うことができます。専任スタッフはフルタイムで仕事をしてくれるので助かります。お金の管理は同社が行ってくれるので非常に安心です。現地スタッフの募集から面接のセッティングなどもサポートしてもらえます。なお、現地スタッフの面接はSkypeで行います。

イーウーパスポート - 中国オフィス設立サポート
URL http://yiwupassport.co.jp/office/

パートナーを使いこなす者が輸入ビジネスを制する

　輸入ビジネスは、現地に動けるスタッフ・パートナーを置くことで一気に加速します。もちろん現地法人を作り社員を置くのがベストですが、資金面の問題もありますし、お金の管理面などでもリスクが非常に大きいです。しかし、代行会社の提供しているサービスの会員になれば、文字どおり現地のパートナーとして対応してもらえるようになります。最初はこのようなパートナー会社を利用して、段階的にビジネスを拡大していきましょう。

あなた1人（スタート） → 現地パートナー会社（段階的に拡大） → 現地法人 現地社員

◀ 初めから現地法人の設立や現地スタッフを雇うのではなく、パートナー会社を利用することから徐々にステップアップしていきましょう。

Section 74
中国に専任スタッフ・パートナーを雇おう

第7章 >> 自動化のしくみを作ってさらに稼ごう

基礎知識　仕入れ&販売　FBA販売　リサーチ　仕入れ　オリジナル商品　**自動化**　輸入ビジネス　トラブル対策

あなた専用の現地スタッフで中国輸入を加速させる

　代行サービス会社を活用することで、現地とのやりとりがスムーズになり、結果的にビジネスが加速していきます。しかし代行サービス会社というのは、あくまでもパートナー会社であり、専任スタッフではありません。ある程度ビジネスの規模が大きくなってくると不満も出てきます。そうなってきたら、専任スタッフやパートナーを雇うことを検討していきましょう。

● 専任スタッフやパートナーを雇う

　専任スタッフやパートナーには、基本的に代行業者にお願いしていた仕事を任せることができます。中国に専任スタッフを雇うためには、P.225で解説した、**イーウーパスポートのオフィス会員になるのがもっとも安心・安全な方法**です。お金の管理をイーウーパスポートが行ってくれるので、安心して雇うことができます。筆者もこの形で中国現地スタッフを複数人雇っています。

　また、よりリスクはありますが、**直接パートナーを探す**というのも1つの方法です。マッチングサイトや掲示板などに書き込んで探していき、Skypeなどで面接を行います。

◎ 専任スタッフ・パートナーに任せられる業務

・商品リサーチ
Amazonで売れている商品のリサーチ、商品の中国での仕入れ先を探す

・仕入れ
タオバオ・アリババでの買い付け、仕入先とのコミュニケーションや値引き交渉、工場や問屋の調査、アテンド

・検品と国際発送
不良品の対応、梱包、トラブル時の商品追跡・管理　など

● **現地スタッフを募集するサイト**

　現地スタッフを直接探す場合は、主に中国人が見ているサイトや掲示板に書き込みを行うのがベストな方法です。ただし悪意のある人がいる可能性もありますので、十分に注意をしながら探していきましょう。

トレードチャイナ
URL http://trade-china.jp/

ALA! 中国
URL http://china.alaworld.com/

　また、Sec.70で紹介した「ランサーズ」「クラウドワークス」でも募集を行うことができます。実際にほかの方がどのように募集をかけているか、また相場がどれくらいか、クラウドワークスで見てみましょう。クラウドワークス画面上部の＜仕事を探す＞をクリックし、検索欄に「リサーチ　パートナー」と入れて検索を行ってみましょう。「パートナー募集」の依頼が表示されます。

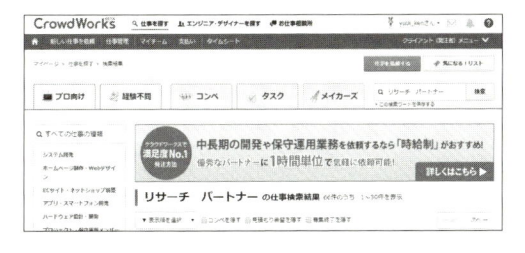

◀ 依頼する仕事の相場を確認しておきましょう。

　すると、応募が入っている依頼とまったく入っていない依頼に分かれています。これは報酬の設定などの給与面もありますが、スタッフ・パートナーへのサポート体制や将来性なども大きく影響しているようです。

● 募集内容

　募集内容は依頼する仕事内容や条件により異なりますが、基本的には下記のような事項を中心に書いておきます。また仕事を実行してもらうときには、**誰が見ても再現できるように、できる限り具体的に仕事内容を落とし込んだマニュアルや動画を用意して教育します。**

- 仕事内容の概要、要求するスキル
- 日本語や英語のレベル
- 報酬と支払方法
- 連絡手段、サポート体制
- 応募条件：技術・知識、経験の有無、資質・資格など
- ビジネスの展望や将来性

● 送金方法

　直接探し出した専任スタッフ・パートナーへの支払いは、国際送金サービスや銀行送金で送金します。また、手数料がかかりますがPayPalや国内銀行でも送金が可能です。なお、国内銀行の場合は、手数料がかかる上に着金まで数日かかります。

SBIレミット
[URL] https://www.remit.co.jp/MainVisitors Home.jsf

◀ 手数料が安くスピードが速いのが特徴です。月間送金額が150万円までと上限がありますが、インターネット、ゆうちょ銀行ATMやコンビニATMで海外送金できるのは便利です。中国への送金方法としてはもっともおすすめです。

ウエスタンユニオン・ジャパン
[URL] http://www.westernunion.co.jp/jp/

◀ 海外送金の老舗的な存在です。セブン銀行とも連携しており、中国へは一律2,000円で送金ができます。

● **中国への連絡**

　中国のスタッフ（外注やSOHO）を動かす場合も、チャットやクラウド会議室を使います。中国では「QQ」や「WeChat」が日常的に使われています。

QQ
URL http://www.imqq.jp/

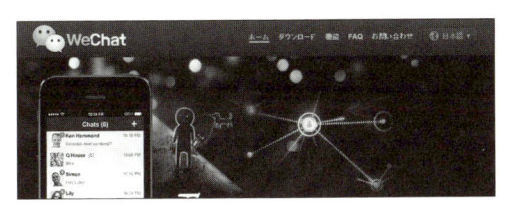

WeChat
URL http://www.wechat.com/ja/

　なお、**中国とのやりとりにはVPNが必要**です。中国政府はネット利用を規制しているため、代表的なネットサービスがつながらないようになっています。VPNサーバを経由することで、規制を回避して連絡やデータのやりとりができるようになります。

スイカVPN
URL http://suika-vpn.com/

◀ 最大1ヶ月760円でVPNを利用することができます。

よいスタッフに出会うために

　仕事をお願いする以上はパートナーとなるわけですので、できれば長く気持ちよく続けてもらいたいものです。そのためにはお互いにWin-Winの関係になれるように強く意識しましょう。とくに報酬面は仕事のモチベーションに大きく影響しますので、「**最低報酬＋出来高制**」のような形がもっともよいでしょう。コミュニケーションもできるだけマメに取るようにして、ミスはきちんと指摘をし、褒めるときはしっかりと褒めてあげましょう。面接後、実際に仕事をしてもらう際には、条件などを記載した覚書を用意してお互いにサインを残しておくと、のちのちトラブルを避ける意味でもベストです。

Section 75

第7章 >> 自動化のしくみを作ってさらに稼ごう

CSVファイルで一気に新規出品しよう

基礎知識　仕入れ&販売　FBA販売　リサーチ　仕入れ　オリジナル商品　**自動化**　輸入ビジネス　トラブル対策

商品登録を一括して時間を短縮する

　エクセルを使って、Amazonセラーセントラルから一括商品登録を行ってみましょう。一見難しそうに見えますが、慣れてしまえば大丈夫です。商品登録の時間が一気に短縮できますので、ぜひマスターしてください。

● テンプレートをダウンロードする

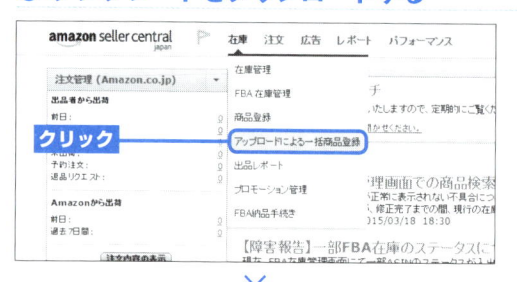

① セラーセントラルにログインして、＜在庫＞→＜アップロードによる一括商品登録＞をクリックします。

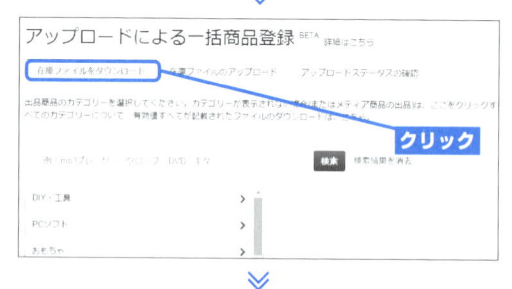

② ＜在庫ファイルをダウンロード＞タブを選び、＜カテゴリー別在庫ファイル＞をクリックします。

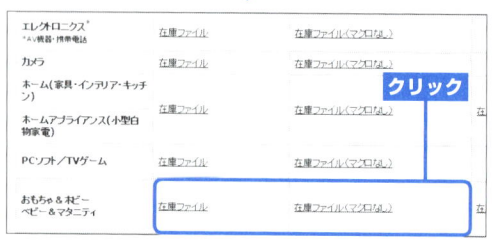

③ 「ファイルのテンプレート」画面が別ウィンドウで開きます。「在庫ファイルテンプレート」から、登録する商品のカテゴリー（ここでは「おもちゃ&ホビー　ベビー&マタニティ」）に合ったものをクリックしてダウンロードします。「在庫ファイル」と「在庫ファイル（マクロなし）」の2つがあり、エクセルが苦手な方は「マクロなし」でもよいですが、マクロが使えると便利なので「マクロあり」で解説をしていきます。

● テンプレートに商品情報を登録する

ダウンロードしたエクセルファイルを開きます。カテゴリーごとにテンプレートの内容は若干違いますが、おおまかな構成は同じです。基本的には「データ定義」シートと「サンプル」シートなどを見ながら進めていけば完成します。必要な情報だけ入力して、あとから追加や修正もできますので、難しく考えずに手を動かしてみましょう。最初に「サンプル」シートを見ておくことをおすすめします。

◎ テンプレートに含まれるシート

- はじめに：テンプレートの使い方
- 商品画像：商品画像のルールについて
- データ定義：テンプレートの各項目の入力方法や注意点
- テンプレート：実際に使用するテンプレート
- サンプル：テンプレートの記入例
- 推奨値：各項目の選択肢

テンプレートでは、「データ定義」シートのG列に「必須」と書かれている項目を入力していきます。商品画像はURLを記入することになっているので、あらかじめWeb上に画像をアップロードしておく必要があります。「Google+」や「Yahoo!ボックス」などを活用しましょう。すでにAmazon上に登録されている画像をURL指定することもできます。 なお、画像は商品登録後でも編集可能です。FBAを利用する場合は、「出荷関連情報」の記入も必須です。

テンプレートをひととおり入力したら、「マクロ」タブの＜検証＞をクリックします。問題がなければ「問題は見つかりませんでした」と表示されます。

● **認証情報を作成する**

　一括ファイルをアップロードする前に、「認証情報」というものを作成する必要があります。これは一回行うだけです。

❶ テンプレートのエクセル左上の＜認証情報＞をクリックすると、「MWS認証情報を入力」画面が表示されます。＜MWS認証情報を忘れました。再取得します。＞をクリックします。

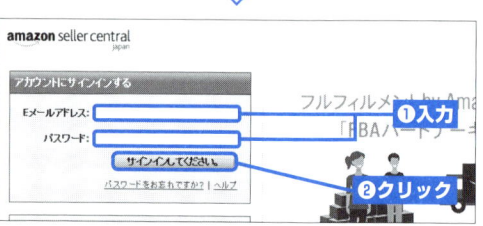

❷ 「Eメールアドレス」と「パスワード」を入力し、＜サインインしてください。＞をクリックします。

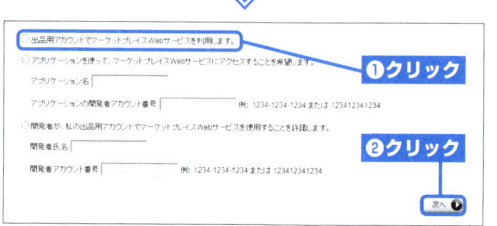

❸ ＜出品用アカウントでマーケットプレイスWebサービスを利用します。＞にチェックを入れて、＜次へ＞をクリックします。

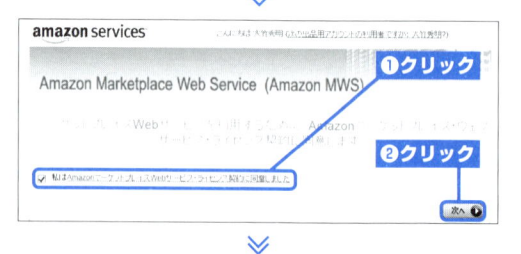

❹ ＜私はAmazonマーケットプレイスWebサービス・ライセンス契約に同意しました＞にチェックを入れて、＜次へ＞をクリックします。

❺ 「登録完了」画面が表示されたら、＜OK＞をクリックします。これで登録完了です。画面に表示されている認証情報を記録しておきましょう。

● **CSVファイルをアップロードして登録する**

認証情報を作成すると、「MWS認証情報を入力」画面が表示されます。作成したCSVファイルをアップロードしましょう。

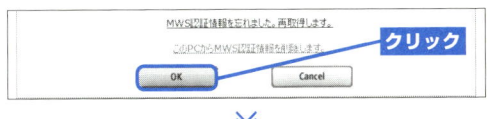

❶ ＜OK＞をクリックします。

❷ セキュリティパスワードを2回入力し、＜OK＞をクリックします。

❸ 「保管されました」画面が表示されたら＜OK＞をクリックします。これで、アップロードの準備が完了します。

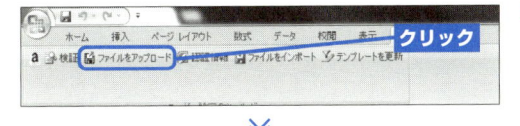

❹ エクセル左上の＜ファイルをアップロード＞をクリックします。

❺ 「セキュリティパスワードを入力」画面が表示されるので、手順❷で設定したパスワードを入力して、＜OK＞をクリックすると、アップロードが完了します。

POINT ▶ マクロが使えない場合のアップロード方法

マクロが使えない場合は、テンプレートを「テキスト（タブ区切り）」形式で保存し、P.230手順❷の画面から＜アップロードするファイルの種類を選択＞→＜カテゴリー別在庫ファイル/出品ファイル（L）／価格と数量変更ファイル（汎用版）＞をクリックします。＜ファイルを選択＞をクリックしたら、保存したテキストファイルを選択して＜今すぐアップロード＞をクリックすれば、アップロードできます。

Section 76

第7章 >> 自動化のしくみを作ってさらに稼ごう

商品の価格を自動調整しよう

基礎知識　仕入れ&販売　FBA販売　リサーチ　仕入れ　オリジナル商品　**自動化**　輸入ビジネス　トラブル対策

ツールを活用して効率的に販売していく

　しくみ化の一環として、ツールを活用してしくみ化をしてみましょう。その中でもここでご紹介するのは、価格調整を自動で行うツールについてです。

　複数の出品者が同じ商品ページで販売するのがAmazonです、という話はこれまでに何度もしてきました。そして、複数の出品者がいる中で有利に販売するためにはショッピングカート獲得が必須で、そのためには価格という要素が大きな影響力があります。ライバルが多く出品している中でカート獲得を狙うとなると、最安値にする必要はありませんが、FBAセラーの中では最安値をキープした方がカート獲得率は上がり、早く売れていくということになります。反対にライバルが少ない場合、また自分しかいない場合は、価格競争をする必要もありません。そういう意味でもAmazonでの販売では、価格を常に調整することで、利益や回転率を上げていくことができるのです。

価格自動調整ツールに任せる

　取扱商品数が増えてくると、商品を管理することですら困難になってきます。さらにすべての商品の価格調整を行うなど、時間もかかりますので現実的には難しいです。そこで価格自動調整ツールの登場です。価格自動調整というのは、事前に設定をしておけば条件にもとづいてツールが自動的に価格を調整してくれるという大変便利なものです。ここでは「プライスター」というツールをご紹介します。

プライスター日本版（30日間無料・5,800円／月）
URL http://pricetar.com/

● プライスターの価格自動変更機能

　プライスターには「かんたん出品機能」「売上や手数料の自動集計機能」などのさまざまな機能がありますが、ここでは「価格自動調整」の機能について解説します。

　プライスターにログインして、出品中の商品を見ると、右のような画面になります。「価格の自動変更」の欄に6つのボタンがあり、これをクリックすることで、自動的に価格を調整してくれる自動変更モードになります。なお、1度に1つのモードのみ設定できます。

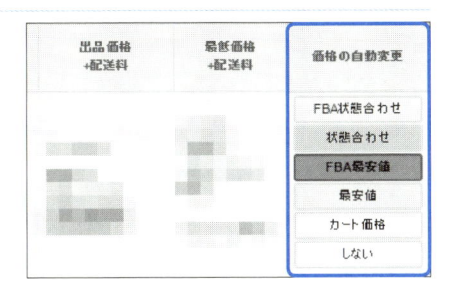

・FBA状態合わせ：高く売りたいとき
出品されている商品のうち、FBA商品で自分と同じ状態か、よりよい状態の商品の最安値に合わせて出品価格を自動変更します。自己発送で出品している場合も同様です。

・状態合わせ：なるべく高く＆回転を優先したいとき
自分と同じ状態か、よりよい状態の商品の最安値に合わせて出品価格を自動変更します。

・FBA最安値：FBA商品を早く売りたいとき
出品されている商品のうち、新品なら新品のFBA商品の最安値に、中古なら中古のFBA商品の最安値に合わせて出品価格を自動変更します。

・最安値：安くてもとにかく早く売りたいとき
出品されている商品（自己発送・FBA含む）のうち、最安値の商品に合わせて価格を自動変更します。

・カート価格：新品をなるべく高い価格で早く売りたいとき
FBAで出品している場合も自己発送で出品している場合も、Amazonのカート価格に合わせるように自分の出品価格を変更します。

● 赤字ストッパー機能

　ここで1つ気になるのは、ほかの出品者もプライスターなどの自動価格調整ツールを使っている場合です。「最安値」モードにしていた場合、ライバルが価格を下げ始めると、つられてどんどん価格が下がっていってしまうことになります。そこで赤字ストッパー機能があります。「赤字ストッパー」に金額を入れておくと、その価格以下にはならないというものです。ここには必ず最低価格を入力しておきましょう。

外部倉庫を活用しよう

FBAには欠点がある?

　利用料も安く大変便利なAmazonのFBAですが、実は「融通が利かない」「マルチチャネル発送が遅い」「大型商品には不向き」といった欠点もあります（P.110参照）。また、マルチチャネルサービスも便利ではありますが、あくまでもAmazonで販売するために納品することが主要な目的なので、FBAを物流倉庫として活用することはできません。そこで、これらを一手に対応してくれるのが**物流代行会社**です。

物流代行会社（サード・パーティー・ロジスティクス）を活用する

　ある程度ビジネスが加速してきたら、FBAも活用しつつ、物流代行会社に倉庫作業を依頼することを検討していきます。企業の物流機能を外部の物流代行会社に委託することを、**3PL（サードパーティー・ロジスティクス）**と呼びます。たとえば「イー・ロジット」（http://www.e-logit.com/outsourcing/index.php）は、「戦略物流」を掲げる物流代行会社です。

　物流代行外注化の基本機能は、下記のとおりです。商品検品やリパッケージなどのサービスも、オプションで対応可能です。もちろん固定費や保管料、梱包費用はかかりますが、FBA同様に配送料は個人で契約するよりも安くなりますので、大きなメリットがあります。さらに会社によっては受注作業やコールセンター業務まで委託できるところもあり、ここまでできるとFBAを越えた完全なるフルフィルメントとなります。

◎ 物流代行会社でできること

- 在庫商品の保管
- 梱包・発送作業
- 在庫管理（棚卸）作業
- 出荷量急増時の対応
- 運送料金（送料）の大口割引

● **費用の内訳**

物流代行業者の費用について、一概にはいえないのですが、ここでは一般的な物流倉庫の費用内訳を見てみましょう。

・**倉庫保管料**
使用する「坪」や「m^2」に応じてかかることが多いです。物流倉庫や出荷量によって変わりますが、2,000～5,000円／坪が相場のようです。単純に商品を保管するスペースだけではなく、作業スペースまで含まれる場合があります。

・**システム管理費**
物流会社が用意している、専用の管理システムを利用する費用です。小規模の物流倉庫の中にはエクセルなどでやりとりする場合もあり、その場合費用はかかりません。相場は0～20,000円程度です。

・**出荷ごとの変動費**
「入荷検品」「ピッキング」「バーコードシール貼り」など、1個あたり150～350円程度かかります。さらにオプションがあればプラスで加算されていきます。

一見すると、倉庫保管費が安く、システム管理費が不要な物流倉庫のほうがよい気もします。しかし、システムの導入がない場合、結果的に管理体制が甘いことが多く、数が合わないなどのトラブルが起こりやすい環境であるといえます。将来的に商品の種類が増えたり、販売チャネルを拡大して発送量が増えていくことを考えると、きちんとしたシステムを持っている大きな会社のほうが安心・安全です。

今は、小規模なネットショップなどにも対応できる物流倉庫が増えています。価格設定やサービス内容などを確認して、見積もりを出してもらい、比較検討するのがよいでしょう。そして倉庫には一度見学に行きましょう。物流倉庫の見学は、結果的に外注を行わなかった場合にも大変勉強になります。

POINT ▶ 電話秘書サービスを利用する

電話応対にも、代行サービスがあります。電話応対というのは思った以上に時間を奪われますし、営業時間内は常に電話が取れるようにしておかなければなりません。「ビジネスアシスト」(http://www.biz-assist.co.jp/) は、月10,000円程度から完璧な電話応対をしてくれる、大変便利なサービスです。

Column ▶ リサーチから販売まで完全自動化する

Amazonだけで販売しているうちは、セラーセントラルだけで管理ができますが、ヤフオク！や楽天市場・独自ネットショップなど販売サイトが増えるのに比例して、在庫や受注管理が煩雑になっていきます。ここで便利なのが、複数の販売サイトを一括で操作・管理できる「一元管理ツール」です。

SAATS Commerce
URL http://saats.jp/join/saatscommerce/index.html

◀ 出品・受注管理だけではなくリサーチにも使える一元管理ツールです。国内販売に加えてAmazon.comやebayまで含めたトータルの管理が可能です。

ネクストエンジン
URL http://next-engine.net/

◀ 一元管理ツールとしては国内導入社数NO.1という信頼性の高いツールです。受注、在庫管理だけでなくFBAの在庫データもあわせて管理できます。

ここからさらに完全自動化していくために、すべてを管理する「マネージャー」を置きます。基本的に代行業者やパートナーとのやりとりは、あなたではなくマネージャーが行うことになり、いよいよ完全自動化が完成へと向かいます。マネージャーは1人とは限りません。筆者の友人で2～3人のマネージャーに50人以上の外注（パートナー・スタッフ・SOHO含む）という構成でビジネスを回している方もいます。自分の理想とするスタイルへと進化させていきましょう。

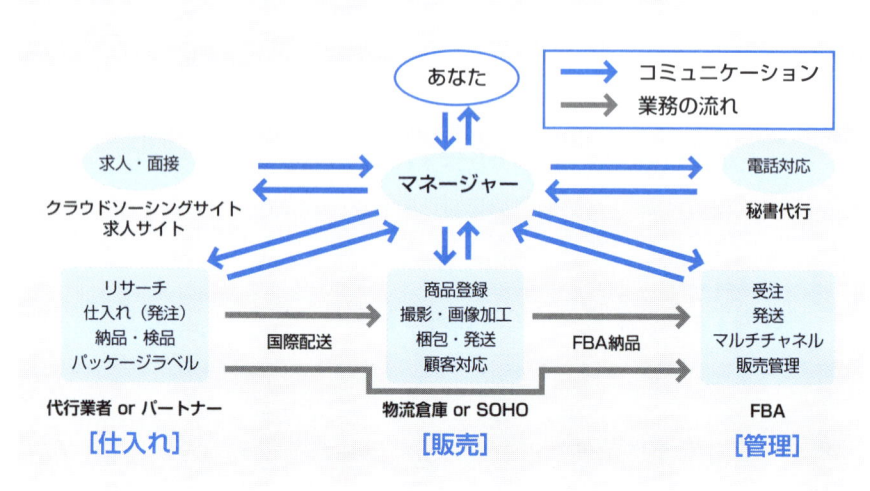

第 8 章

輸入ビジネスでもっと本格的に稼いでいこう

Section 78	売上を上げていくための考え方	240
Section 79	ビジネスレポートを分析して売上をアップさせよう	242
Section 80	Amazonのプロモーション機能を活用しよう	246
Section 81	Amazon以外のサイトでも販売してみよう	250
Section 82	Amazon以外の販売チャネルを攻略せよ!	252
Section 83	直接取引をして安く仕入れよう	254
Section 84	海外メーカーの輸入代理店になろう	258
Section 85	海外現地仕入れに行ってみよう	262
Section 86	海外見本市で新しい商品を発掘しよう	264
Section 87	本格的なOEM生産でメーカーになろう	268
Section 88	輸入ビジネスを本業にしよう	272

Section 78

第8章 >> 輸入ビジネスでもっと本格的に稼いでいこう

売上を上げていくための考え方

基礎知識　仕入れ&販売　FBA販売　リサーチ　仕入れ　オリジナル商品　自動化　**輸入ビジネス**　トラブル対策

売上を上げるにはどうすればよい?

　この章では、Amazon輸入ビジネスで積極的に売上を上げていくために、やるべきことを解説していきます。漠然と「売上を上げよう!」と考え、ただ値段を下げてみたり、商品説明文を書きなおしてみたりなど、「点」レベルの改善を行っただけでは効果は半減します。複合的に考えていくことで一気に改善されます。

● 売上を向上させる公式

　ここでマーケティングの世界では定説とされている「売上を上げる公式」を紹介します。この公式では、売上というのは次の3つの要素で成り立っていると考えます。

$$\text{集客数} \times \text{購買率} \times \text{顧客単価} = \text{売上}$$

　この3つの要素を改善していくことで、売上は上がっていきます。この公式のポイントは、**足し算ではなく「掛け算」になっている**という点です。たとえば、以下のような数字の売上があると仮定して、それぞれの要素を向上させてみます。

	集客数		購買率		顧客単価		売上
基本	2,000名	×	0.5%	×	3,000円	=	30,000円
購買率を 0.5%上げる	2,000名	×	1%	×	3,000円	=	60,000円
顧客単価を 1.5倍に上げる	2,000名	×	1%	×	4,500円	=	90,000円

　このように、各要素が掛け算で増加していきます。このことから、複合的に考えて対策を実行していくことには大きな価値があると考えられます。

どのような施策を行えばよいのか?

そこで、左ページの公式の各要素をどのように改善していけばよいのかを考えていきましょう。

1. 集客数を上げる

まず、一番わかりやすいのが集客数の改善です。たとえばDMを配布するなど、集客数の増加を促進して売上増へとつなげる施策というのは、必ず実施することだと思います。広告については、Amazon外からお客様を連れてくることも効果的です（Sec.81参照）。「あなたの商品をほしい人はどこにいるのか?」をじっくりと考え、そこから導線を引いてみましょう。

- 商品タイトルやキーワードを見直す
- 販売価格を下げる
- 広告を出す
- 画像を改善する
- ブラウズノードを適切にする
- 検索キーワードを増やす
- 商品販売点数を増やす

2. 購買率（ユニットセッション率）を上げる

次は購買率（ユニットセッション率）を上げる施策を考えてみましょう。ユニットセッション率が低い場合は、以下のような原因が考えられます。原因と思われる要素を改善していきましょう。

- 販売価格が高い（適正ではない）
- 商品レビューが悪い（無い・少ない）
- 商品画像や説明文がわかりにくい、情報が十分でない
- ショッピングカートを獲得できていない
- FBAではない
- 納期が遅い
- 支払い方法が充実していない（代金引換・コンビニなど）
- ギフトオプションに対応していない

3. 顧客単価を上げる

マーケティングの世界では、顧客単価を上げる考え方として、「クロスセル」「アップセル」「リピート」という、3つの言葉がよく使われます。それぞれ次のような意味を持っています。

① クロスセル：メイン商品の関連品をおすすめして購入数を増やす
② アップセル：メイン商品のハイグレード商品の購入をおすすめして購入価格を増やす
③ リピート：再訪を促し一定期間内での一人当たりの購入価格を上げる

Section 79

第8章 >> 輸入ビジネスでもっと本格的に稼いでいこう

ビジネスレポートを分析して売上をアップさせよう

基礎知識　仕入れ&販売　FBA販売　リサーチ　仕入れ　オリジナル商品　自動化　**輸入ビジネス**　トラブル対策

販売データを分析して改善する

　Amazonの販売データは、ビジネスレポートという形で、私たち販売者に公開されています。ここではビジネスレポートを活用した売上向上の施策を練っていきましょう。ビジネスレポートには、「売上ダッシュボード」「日付別ビジネスレポート・ASIN別ビジネスレポート」「Amazon出品コーチ」の3種類があります。また、レポートデータは2年間分見ることができます。

❶ セラーセントラル画面を表示し、＜レポート＞→＜ビジネスレポート＞をクリックします。

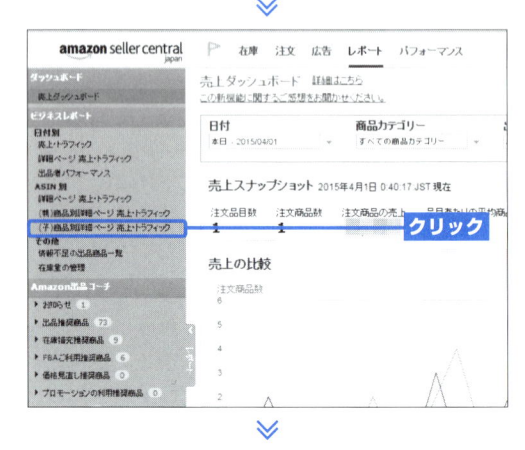

❷ ビジネスレポートでは、さまざまな角度から販売データを分析できます。ここでは各商品の売上やアクセス状況などを見ていきましょう。左メニューの＜(子)商品詳細ページ・売上・トラフィック＞をクリックします。

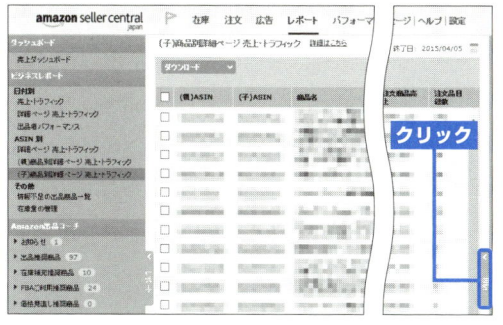

❸「(子)商品詳細ページ・売上・トラフィック」画面が表示されます。この画面では、商品ごとのパフォーマンスが分析可能です。画面右端に表示される<項目>をクリックすると、表示させたい項目やグラフを表示することができます。

◎ レポートに表示される項目

①セッション	②セッションのパーセンテージ	③ページビュー	④ページビュー率	⑤カートボックス獲得率	⑥注文された商品点数	⑦ユニットセッション率	⑧注文商品売上	⑨注文品目総数
4,211	22.59%	6,075	23.15%	100%	148	3.51%	¥1,255,040	130
5,011	26.88%	6,805	25.93%	100%	349	6.96%	¥547,120	343

①**セッション**：訪問数（24時間以内にカスタマーが訪問した数）

②**セッションのパーセンテージ**：その商品ページが全体の訪問数の何%を占めているか

③**ページビュー**：ページの閲覧数

④**ページビュー率**：その商品ページが全体の閲覧数の何%を占めているか

⑤**カートボックス獲得率**：出品者がカートボックスを獲得していた比率

⑥**注文された商品点数**：注文数

⑦**ユニットセッション率**：購買率（全訪問数から、実際に注文した人数の比率）

⑧**注文商品売上**：その商品が注文された合計金額

⑨**注文品目総数**：その商品が注文された商品品目の総数

　この中から、「⑥注文された商品点数」の数が多い売れ筋商品や、「③ページビュー」の数が多いよく見られている商品から重点的に見ていきます。レポートの表示項目の中でも「①セッション」「⑤カートボックス獲得率」「⑥注文された商品点数」「⑦ユニットセッション率」がとくに重要です。ちなみに「ユニットセッション率」は、一般的には購買率や成約率、コンバージョン率などとも呼ばれます。この数値が高ければ高いほど、少ない訪問数で商品が売れていることを意味しています。一般的には平均1～3%といわれていますが、5%程度を目指したいところです。

● **データから読み取れるモデルケース**

データから読み取れることはいろいろとありますが、ここでは2つの例を挙げて対策を考えてみます。

例1

セッション数（訪問数）は多いが、ユニットセッション率（購買率）が低い場合
→ 価格が適正でない、商品説明・画像が十分でない、
　カートを獲得できていない、など

対策

価格を見直し、説明文を追加し、画像も追加。FBA納品も検討しましょう。

例2

セッション数（訪問数）は少ないが、ユニットセッション率（購買率）が高い場合
→ 商品名やキーワードがよくない、そもそもニッチ商品、画像がよくない、
　ブラウズノードが適切でない、など

対策

P.241の「集客数を上げる」を参考に考えてみましょう！

● **Amazon出品コーチ**

ビジネスレポートの「Amazon出品コーチ」では、販売方法の改善や販売推奨商品などを教えてくれます。多くの項目がありますが、下記の2項目は大変重要です。また、Amazon出品コーチの主要な項目は、セラーセントラルの上部にも表示されています。

◎ お客様の関心が高い商品

▲ 今扱っている商品に関連のありそうな、過去30日間にAmazonカスタマーが関心を持っている商品リストです。これはAmazonが「この商品は売れますよ」と教えてくれているようなものですので、ぜひリサーチしてみましょう。

◎ 在庫補充が必要な出品中商品

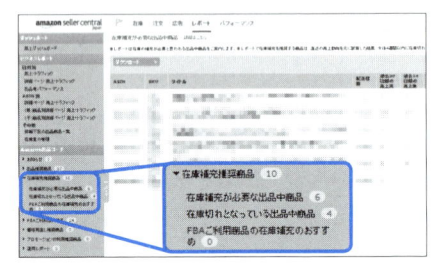

▲ 過去30日間の売上高と現在の在庫数を比較して、「現在の商品が在庫切れになるまでの日数」を教えてくれます。在庫切れ（＝チャンスロス）を起こさないように定期的にチェックしましょう。

● その他の出品者向けデータツールについて

　Amazonにはビジネスレポートだけでなく、販売を強化するためのデータツールがたくさんあります。たとえば、Sec.37でも紹介した「Amazon 出品サービス掲示板」では、「出品推奨レポート」「各種ランキングデータ」「特集ストアへの出品方法のご案内」などの生きた情報にアクセスできます。Amazon主催の無料Webセミナー（ウェビナー）も定期的に開催され、過去のものは動画にもなっています。積極的に受講して、知識を深めましょう。

◎ Amazon 出品サービス掲示板

　また、セラーセントラル左下段の「セラーフォーラム」では、Amazonでの出品やサービスについて出品者同士で意見交換をすることができます。先輩出品者のディスカッションは参考になるものが多く、販売力向上にもつながります。Q&Aとしても利用できますので、困ったことがあれば活用しましょう。

◎ セラーフォーラム

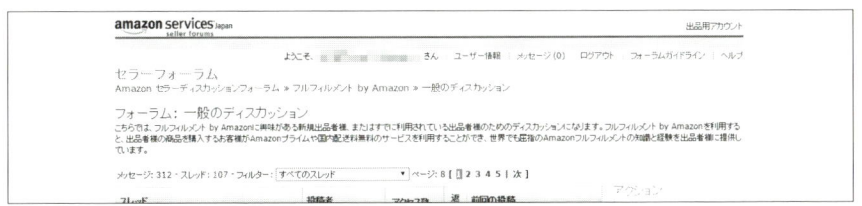

POINT ▶ ビジネスレポートの重要性

Amazon で販売を行っている人の中でも「ビジネスレポートは難しそうだから使っていない」という方はかなり多いのですが、これはとてももったいないことです。ビジネスでは、データにもとづいたアクションが必要です。すなわち、P.21で解説した「PDCAサイクル」です。データをもとに常に改善→検証をくり返していけば、売上は必ず上がっていきます。これまで説明をしてきたように、レポートをフルに活用して売上アップにつなげてください。

Section 80
Amazonのプロモーション機能を活用しよう

第8章 >> 輸入ビジネスでもっと本格的に稼いでいこう

基礎知識　仕入れ&販売　FBA販売　リサーチ　仕入れ　オリジナル商品　自動化　**輸入ビジネス**　トラブル対策

顧客単価を上げるための施策

　Amazonには、Sec.78で説明した「顧客単価を上げる」ために非常に便利な機能があります。それが「プロモーション機能」です。プロモーション機能を活用すると、販売時にあなただけの「特典」を付けることができ、「まとめ買い」や「セット買い」を促進できます。具体的には、以下のようなプロモーションを設定できます。ここでは「顧客単価を上げる」という意味で、もっとも活用しやすい「購入割引」の設定を行ってみましょう。

- 配送料無料：（一定の金額や個数を注文すると）送料が無料になる
- 購入割引：（一定の金額や個数を注文すると）価格が割引になる
- 1点購入でもう1点プレゼント：（一定の金額や個数を注文すると）同じ商品が無料になる
- 告知のみ：キャンペーンの事前告知ができる

● プロモーション機能を設定する

　プロモーション機能の設定には、大きく分けて「対象の商品を決める（商品セレクションを作成する）」、「プロモーションの条件などを設定する」という2つの手順があります。つまり、最初に商品グループを決めて、次にどのような特典にするかを決める、という流れになります。

❶ セラーセントラルを表示し、＜在庫＞→＜プロモーション管理＞をクリックします。

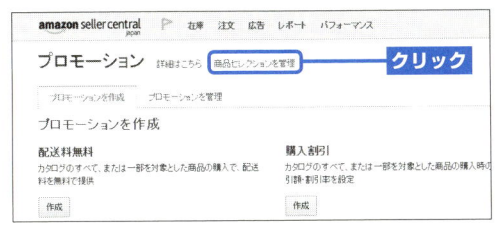

❷「プロモーション」画面が表示されます。＜商品セレクションを管理＞をクリックします。

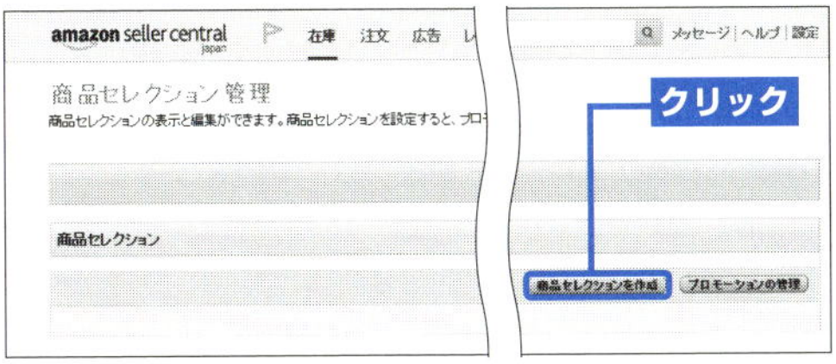

❸「商品セレクション管理」画面が表示されます。＜商品セレクションを作成＞をクリックします。

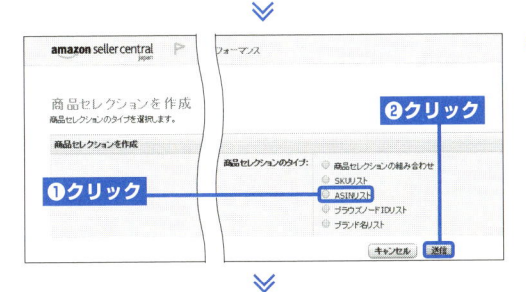

❹「商品セレクションのタイプ」では、対象商品を、どのような方法で検索するのかを決めます。ここでは＜ASINリスト＞にチェックを入れ、＜送信＞をクリックします。

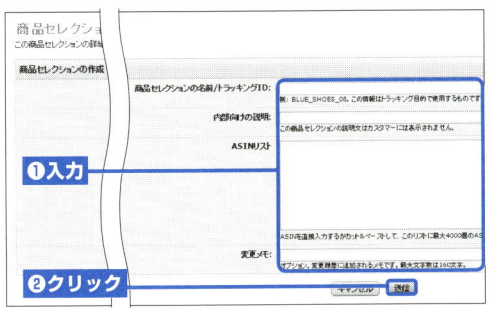

❺ 以下の4つの項目を入力していきます。すべて入力したら、＜送信＞をクリックします。

① 商品セレクションの名前
② 内部向けの説明
③ ASIN リスト
④ 変更メモ

　「商品セレクションの名前」「内部向けの説明」は、のちのち商品セレクションが増えてきても区別できるよう、また検索しやすいように、対象商品群とその説明を書いておきます。たとえば、サバゲー関連の商品でプロモーションを行うなら、「サバゲー割引キャンペーン」「10％割引」などと書いておきます。「ASINリスト」には、グループに入れる商品のASINをすべて記載します。送信が完了すると、「商品セレクション管理」画面に戻ります。

247

次に、プロモーションの条件などを設定します。P.246手順❶の方法で「プロモーション」画面を表示します。

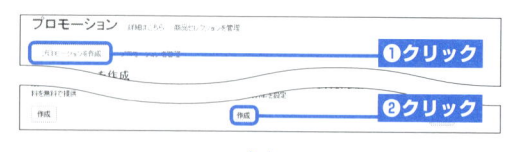

❶ ＜プロモーションを作成＞をクリックし、「購入割引」の＜作成＞をクリックします。

❷ 「プロモーションを作成：購入割引」画面では、下記を参考にして条件を設定していきます。

◎ ステップ１：条件

① **適用条件**：「購入最低数量」または「購入最低額」を選択します
② **購入商品**：対象となる商品を選択します。P.247で登録した「商品セレクションの名前」を選びます。もしも今出品している全商品を対象にする場合は「カタログ全体」を選択すればOKです
③ **プロモーション内容**：「割引額」または「割引率」を選択します
④ **次に適用**：「購入商品」または「適用商品（追加で購入した商品）」を選択します
⑤ **詳細オプション**：「適用条件」や「除外商品」を設定できます

◎ ステップ２：実施時期

⑥ **開始日・終了日**：実施する期間を設定します。最短で4時間後から開始となります
⑦ **出品者内部向けの説明**：お客様には見えない管理用メモです
⑧ **プロモーショントラッキングID**：検証用のIDで、注文レポートに表示されます。そのままでよいでしょう

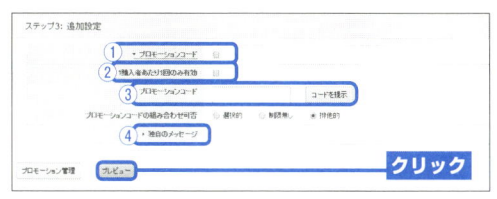

❸ 引き続き、下記を参考にして条件を設定していきます。すべて入力したら、＜プレビュー＞をクリックして完了します。

◎ ステップ３：追加設定

① **プロモーションコード**：お客様に専用のコードを入力していただくと、割引が適用になるように設定できます。チェックを入れると適用されます

② **購入者あたり１回のみ有効**：必要ならチェックを入れます

③ **プロモーションコード**：自分で作るか、右横の＜コードを提示＞をクリックしてランダムに作成しましょう

④ **独自のメッセージ**：Amazon の商品詳細ページに表示されるテキストを自分で作ることができます。基本的にはデフォルトのままでも OK です

やはり関連商品が大事

　購入割引を誘引させるには、「まとめ買い」をしてもらえるような消耗品を用意します。また「セット買い」をしてもらうためには、できるだけ関連がある商品同士で設定しないと、効果は激減します。これまで何度も「関連商品」の重要さについて解説してきましたが、それはこの「顧客単価を上げる」という意味でも非常に大切なのです。以下のような最適な組み合わせをイメージして、プロモーションするとよいでしょう。

・本体と電池を一緒に買ったら、電池が 200 円割引になります！
・歯ブラシと歯磨き粉を一緒に買ったら、総額から 50 円割引になります。

POINT ▶ プロモーション設定時の注意点

プロモーションを設定するときには、以下の３点に注意しましょう。

・FBA 商品には配送料無料のプロモーションを設定できない
・ショッピングカートを獲得できていなければ、利用できない
・景品表示法を遵守する

Section 81
Amazon以外のサイトでも販売してみよう

基礎知識　仕入れ&販売　FBA販売　リサーチ　仕入れ　オリジナル商品　自動化　**輸入ビジネス**　トラブル対策

マルチチャネル販売を行う

　これまでは主にAmazon.co.jpで販売することを中心に解説を進めてきましたが、ほかのサイトでも販売することを考えていきましょう。複数の販路で販売することを「マルチチャネル販売」といいます。まずは、マルチチャネル販売を行うメリットを見てみましょう。

1. 販売数が増える

　販路を増やすと、単純に販売数は増加します。別の販売サイトを持てば訪問するお客様の数が増えるので、その結果、販売数が伸びていくのです。

2. より安定してビジネスを行える

　マルチチャネル販売は、「アカウントの停止」のリスク対策にもなります。Amazonで販売をしていたら突然アカウント停止になり、90日間も売上金が保留された…という事例も多々あります。Amazon個人輸入ビジネスに限らず、何かに依存したビジネスというのは非常に脆いものです。それを避ける意味でも、マルチチャネル販売には大きな意義があります。

3. 仕入れコストが下がる

　仕入れの際の価格というのは、基本的に注文数が増えれば、交渉次第で単価は下がります。また配送に船輸送などを活用すれば、物流コストも大幅に下がります。仕入れコストが下がれば、利益率も上がりますし、ライバルに負けにくくなります。

4. どこで売れるかわからない

　商品によっては、販売するサイトによって売れ方が大きく異なる場合があります。たとえばAmazon、BUYMA、ヤフオク！で販売した際、なぜかヤフオク！がもっとも売れる、という場合があります。これは、Amazonではまったく売れなかった場合に「需要がない」と勘違いしてしまう場合もあり得るということです。これは商品と

チャネルの相性というものが影響しており、**そのチャネルにいるお客様が微妙に違う**ということを意味しています。

Amazon 以外の販売サイト

インターネット輸入ビジネスを行うに当たり、Amazon以外に利用できる販路はおおよそ下記になります。各チャネルとお客様の特徴を見ていきましょう。

販路	主なサイト	メリット	デメリット	お客様の特徴
オークション	ヤフオク！・モバオク・楽オクなど	何でも売ることができる。稀少価値の高い商品に強い。	最安値になる傾向がある。出品や顧客対応に手間がかかる。	オークションが好きな人、安く買いたい人
ソーシャルショッピング	BUYMA	無在庫で販売ができる。	差別化が難しい。キャンセルが多い。	ファッション好きな人、海外ブランド品を安く買いたい人
ショッピングモール	楽天市場・Yahoo!ショッピング・DeNAショッピング・Qoo10・ポンパレモールなど	圧倒的な集客力。イベントがある。ポイントで買いものができる。	初期費用や毎月の維持費がかかる（Yahoo!ショッピングは無料）。	ポイントでお買いものを楽しみたい人、安心感を求める人
ネットショップ	自社ネットショップサイト	独自性を打ち出しやすい。リピーターを作りやすい。	集客にコストがかかる。お店の信頼度を高める必要がある。	そこでしか買えないものを探している人、マニア
ネット卸	DeNA B to B Market、スーパーデリバリー、楽天B2Bなど	取引額が一気に増える。安定しやすい。	品質管理がより厳しくなる。利益率は下がる。大手とつながるのは難しい。	―
フリマアプリ	メルカリ・Fril・LINEモールなど	スマホですぐに購入できる。新しい販売チャネルとして期待できる。	個人間の売買が基本。業者の出店は一部のみのところもある（2015年5月現在）。	若い世代が中心

Section 82

第8章 >> 輸入ビジネスでもっと本格的に稼いでいこう

Amazon以外の販売チャネルを攻略せよ!

| 基礎知識 | 仕入れ&販売 | FBA販売 | リサーチ | 仕入れ | オリジナル商品 | 自動化 | **輸入ビジネス** | トラブル対策 |

ヤフオク!の攻略ポイント

　ヤフオク！のポイントは、「即決価格」と「オークション」を同時に出品することです。即決の場合は希望販売価格で、短期（2日間ほど）出品します。オークションの場合は、できれば1円などの低価格からスタートして、長期（7〜10日間）出品します。オークションのほうは、いわば呼び水として出品しておくイメージです。そして両方のページをリンクでつなげておきます。早く商品がほしい人は「即決価格」、安く買いたい人は「オークション」に入札してもらうのです。オークションの場合は、カテゴリーの商品一覧ページに商品を掲載できる「注目のオークション」に終了2日前までには入れておきましょう。ただし、オークションサイトはもともと「稀少価値が高い商品」向けのチャネルです。あまりにも利益が出ないようであれば、ヤフオク！での販売はやめましょう。

楽天市場の攻略ポイント

　楽天市場のポイントは、ズバリ「レビュー」です。お店のレビューはもちろん、商品レビューの獲得には、とくにこだわりましょう。「SEO」や「最安値」もポイントであることは間違いありませんが、レビューやサービスを付加することで、最安値ではなくてもライバルよりも売っていくことができます。レビューとは、お客様の声、つまり口コミです。お店側がいくらメリットを強調したとしても、口コミのほうが影響力を持ちます。

　また、楽天市場は広告などを出すことで、プッシュ型（攻め）の展開が可能になります。楽天市場広告、バナー広告、楽天スーパーDEALなどを活用して、一気に売上を上げることも可能です。初期費用や出店審査など、ハードルは高いかもしれませんが、Amazonである程度売上が伸びてきたら、楽天市場への出店をおすすめします。

▲ 10のメリットよりも1のレビュー。とにかくよいレビューを集めることを意識しましょう。

ネットショップの攻略ポイント

　ネットショップの場合、まずはどのサービスを利用してショップを構築するのかを決め、次に何を販売するのか、どのようなコンセプトのショップにするのかを決めます。簡単に出店をしたいのなら「BASE」「STORES.jp」、本格的にショップ運営を行うつもりなら「カラーミーショップ」がおすすめです。

1. ネットショップのコンセプト

　とくに個人や小企業の場合は、**扱う商品を特化させ、専門店化しなければなりません**。そうしないと、大手のサイトには資金面でも価格面でも集客面でも、まったく敵いません。また、ネットショップは楽天市場やAmazonに比べて信用度がかなり低いため、買っていただくためには「**あなたのお店で買う理由**」が必要になります。お客様が、あなたのネットショップで買わなければならない理由が説明できますか？　それを説明できるようになれば、ネットショップのコンセプト作りはクリアです。

2. ネットショップの運営

　ネットショップでは、自分でお客様を集めてこなければなりません。ネットショップを成功させるためには「**いかにして集客するか？**」ということが、非常に大切なのです。

◎ 代表的なネットショップの集客の方法

1. SEO 対策（コンテンツ、ページ数、被リンク数、YouTube など）
2. PPC 広告（Google AdWords、Yahoo! プロモーション広告など）
3. ブログや SNS を使った集客（Facebook や Twitter など）
4. アフィリエイト（A8、バリューコマースなど）
5. その他（既存客、FAXDM など）

卸販売の攻略ポイント

　ネット卸販売サイトは、国内ネットショップ事業者などから注文が入ります。**俺ブランドでも並行輸入品でも登録出品できますので、チャレンジしてみましょう。**また、本格的にB to Bへの卸販売を狙っていくなら、一番よいのは国内展示会（見本市）です。とくに「ギフトショー」「国際雑貨EXPO」などは輸入品との相性もよく、おすすめです。出展費用は決して安くありませんが、出展すれば多くのバイヤーからたくさんの引き合いがくるでしょう。

Section 83

第8章 >> 輸入ビジネスでもっと本格的に稼いでいこう

直接取引をして安く仕入れよう

基礎知識　仕入れ&販売　FBA販売　リサーチ　仕入れ　オリジナル商品　自動化　**輸入ビジネス**　トラブル対策

　直接取引というのは、Amazon.comやebayといった販売サイトを経由せず、セラーとの間で直接メールなどのやりとりを行い、取引をしていくことです。直接取引では、セラー側も少なくとも手数料分は値引きする余地があります。ただし、ビジネスで行っている以上、相手にとっても旨みがなければ話に乗ってもらえません。「相手にも儲けてもらう」、「Win-Winの関係を目指す」という気持ちがとても重要です。長期的に考えると、仕入れ先とはよいパートナーとして長くお付き合いできるような関係性を作ったほうが賢明だと思います。

　なお、Amazon.comでの交渉は、なかなかうまくいきません。これは後述するebayとまったく同じで、セラーはアカウントの停止を恐れているのでしょう。とくにAmazonは厳しいのではないかと予想されます。しかし、実はアメリカのセラーもAmazon.com以外のネットショップやebayで販売している可能性が非常に高いのです。Googleなどでショップ名を入れて検索をしてみると同じ名前のネットショップが見つかることが多いので、そちらから問い合わせをしましょう。

直接交渉までの基本的な流れ（ebay編）

　ebayの場合、まずはテスト仕入れとして、商品を数点購入するところから始め、徐々に取引量を増やしていきます。ただしebayでは本来、直接取引（ebay外で取引を行うこと）はポリシー違反です。無理に頼むのは、相手に迷惑がかかってしまうので絶対にやめましょう。以下に、ebayでの直接取引のポイントについて解説を行います。

1. 狙っている商品をたくさん販売していて評価の高いセラーを探す

　「たくさん販売している」というのがポイントです。たとえば実店舗を持っていて、ebayでも販売をしているようなセラーを探しましょう。安定した仕入れルートがあるからこそ、新品を何度も売ることができるのです。そして当然ですが、Top rated sellerまたは評価の高いセラーを選びましょう。Positive feedback 98%以上のセラーであれば、直接取引の場合でもトラブルが少ないと考えられます。

2. まずは1つ買ってみる

　テストで仕入れてみるという意味でも、またそのセラーの対応を見る上でも、まずは1個買ってみましょう。また一度取引をすることで、相手セラーのPayPal登録のメールアドレスを獲得することができます。

3.「まとめて買ったら割引してくれませんか？」とメッセージしてみる

　ebay上でやりとりを行い、セラーの返事の内容が良好ならば話を進めていきましょう。相手がOKしてくれる場合、多少のやりとりを経たあとに、PayPal登録のメールアドレスにインボイス（請求書）を送ってきてくれます。そこから直接交渉を進めていきます。安く買う原則は「ボリュームディスカウント」です。注文数を多く提案すれば、値引きをしてくれる可能性は高くなります。

▲ セラーに PayPal 経由でインボイス（請求書）を送ってもらいましょう。

4. メッセージを送ってもセラーから反応がない場合

　3.を行っても相手から返事がこない場合は、こちらからPayPalに載っているメールアドレスに「直接購入するので安くしてくれませんか？」とメールを送ります。筆者の経験上、いきなり直接取引のメールを送っても無視されてしまうことが多いですが、3.を経ることで返信率がかなり上がります。なお直接取引の場合も、必ずPayPalを利用しましょう。万が一トラブルがあった場合もPayPalが補償をしてくれますので、安全です。最終的には安く仕入れることのできる銀行送金になるのですが、しばらくはPayPalを利用して、できるだけリスクの少ない取引を行いましょう。

直接交渉までの基本的な流れ（ネットショップ編）

　ネットショップの場合、基本的にはテスト仕入れとして商品を1個以上購入したあと、ショップの「Contact Us」などから交渉メッセージを送ります。ただし厄介なのは、このメールを誰が見るかわからないということです。場合によってはそのまま無視されてしまうことも考えられます。「To Whom It May Concern（ご担当者様へ）」というように書いて、「営業担当者」宛に届くようにしましょう。

交渉で強調したいポイント

　交渉にあたっては、**相手には「ちょっと大きく」伝えることがコツ**です。なぜかというと、交渉というのは相手にその気になってノッてもらわないといけないからです。もちろんだますようなことをしてはいけませんが、ある程度は今後の希望を含めて大きく伝え、「一緒に稼ぎましょう」というスタンスで進めていくのがよいと思います。

- 私たちは日本で【ジャンル】の商品を販売している。(※意外と重要)
- あなたの販売している【商品A】に大変興味がある。
- まずは日本でテスト販売を行いたいので○○個注文したい。
- 販売が順調だったら今後も継続して購入するつもりだ。
- 卸価格で販売をしてくれませんか？

　(より具体的にする場合)
- 販売が順調だったら毎月100個ほど購入することも検討したい。

　(さらに付け加えるなら…)
- 大手量販店やテレビ通販、雑誌にも紹介していくつもりだ。
- 広告を出して大々的に販売するつもりだ。
- 展示会に出展するつもりだ。

交渉のアプローチ

　どのように交渉を進めていくべきか、ここでは3つのアプローチ方法を紹介します。

1. 時間をかけて徐々に希望価格まで下げてもらう

　小ロットから取引を進めていく場合に有効な方法です。すぐに理想的な単価まで下げるような交渉はせず、焦らず、仕入れ量が増えるにつれて価格を下げてもらうように話を進めていきます。相手の提案も受け入れながら、一歩ずつ希望価格へ近づいていくイメージです。

2. 少し無茶な提案から妥協点を探していく

　テスト仕入れ後の本仕入れで、ある程度大きなロット数で注文する際に有効です。断られるのを前提で少し無茶な要求を行い、相手の反応を見て、間を提案するという流れです。たとえば100ドルの商品があったとして、まずは70ドルで提案します。相手が断ってきたら「では80ドルではどうですか？」と次の提案をします。最終的に相手から「90ドルでどうですか？」と提案されたら「では間を取って80ドルにしましょう」と妥協案を提案することも有効です。

3. ○○ドルでないと商売として厳しいと正直に伝える

　日本のライバルセラーの販売価格を引き合いに出し、「日本では○○円で販売しないと勝負ができない。そのためには○○ドルで仕入れる必要がある。どうにかしてくれたら今後も大量にオーダーできる」というような形で参考価格を提示する、というやり方です。応用的なテクニックですが、ある程度取引が進んでいる間柄だと非常に有効です。

安く仕入れる以外にも直接取引するメリットはある

　取引が続いていくと、セラーとの信頼関係もできていきます。すると、価格が安くなるだけではなく、ほかにもメリットが出てきます。

- ・セラーが扱っているほかの商品も安く仕入れることができるようになる
  その商品だけではなく、セラーが扱っているほかの商品も安くしてくれる可能性が高いです。また、同じメーカーやブランドの商品なら、セラーが仕入れて販売してくれることもあります。

- ・販売情報や入荷状況などのお買い得情報を教えてくれるようになる
  さまざまな最新情報を教えてもらえるようになります。いち早く最新の情報を得ることで Amazon でも独占的に販売が行えるようになり、先行者利益を享受することができます。ネットショップなどの場合は、必ずそのお店のメールマガジンに登録します。定期的に VIP 向けのセール情報などの案内が入ってきます。

● セラーへの連絡は「メール → FAX → 電話」

　交渉が進まない理由は、単に相手がメールを読んでいないだけ、ということが結構あります。また、日本だと当日か翌日には返信をするのが一般的ですが、海外では数日経ってから返信が来ることも多々あります。返信がなければ何度も確認のメールを送ってみましょう。メールを送って10日以上連絡がなければFAXを送り、それでも返事がない場合は電話をかけてみます。英語が喋れなくても、あらかじめ用意した文章を読み上げて「返事はメールでお願いします」と伝えて切ればOKです。

● 交渉が苦手なのは日本人だから？

　直接交渉、ましてや海外セラーとの交渉となると、苦手意識が強い方が多いのではないでしょうか。しかし、だからこそ交渉してみるのです。たった一度だけ勇気を出して交渉をして、仮に10％でも値引きをしてくれたとしたら…そのあとのビジネスにどれだけ影響が出るでしょうか？ 周りがやっていないからこそ一歩踏み込むことで、優位に立てるようになります。

Section **84**

第8章 >> 輸入ビジネスでもっと本格的に稼いでいこう

海外メーカーの輸入代理店になろう

基礎知識　仕入れ&販売　FBA販売　リサーチ　仕入れ　オリジナル商品　自動化　**輸入ビジネス**　トラブル対策

輸入転売から正規の輸入代理店へ

　欧米輸入における「並行輸入」というやり方は、海外との価格差を利用して利益を得る「アービトラージ」（裁定取引）という転売のビジネスモデルです。そこからスタートして、輸入ビジネスのスキルが上がってきたら、今度は正式に海外メーカーに許可を得て販売していきましょう。つまり、日本国内においての正規代理店を目指しましょう、ということです。

● 正規販売店と正規代理店の違い

　混同しやすいのが「正規販売店」と「正規代理店」の違いです。「正規販売店」というのは、正規のルートでメーカーより仕入れた商品を販売しているお店、という意味です。一方の「正規代理店」となると、メーカーより「代理権」を与えられて商品を販売しているお店という意味です。代理権には、販売だけではなく営業活動なども含まれているので、こうなると、販売しているのは一部のお店のみになりますし、まさにパートナーとして日本市場を任されて販売を行っていく形になります。さらに「独占販売権」を得ると、文字通りその国で独占的に販売する権利を与えられて販売できます。ただし、最近では独占販売権を2社以上に与えるというケースも増えているようです。

● 輸入総代理店

　輸入総代理店というのは、正規代理店＋独占販売権というイメージです。正式に販売を行う権利があるだけでなく、代理権も与えられるので、日本においてはメーカーとして営業・販売活動を行っていくことになります。具体的には年間の販売計画や個数を決め、しっかりと契約を結んだ上で成り立つものです。
　輸入総代理店のメリットは、日本国内においてはメーカーとして販売ができることからAmazonでも相乗りのようなことは起きず、卸販売なども積極的に行っていけるという点になります。デメリットは、メーカー側のノルマや要求に応えていかなければなりませんし、販売戦略などもしっかりと計画を立てて行っていかなければなりません。好き勝手には決められないという側面があります。

どのようにして輸入代理店になるか

大前提として、**とにかく正規代理店になれればよい、というわけではありません**。どれだけよい条件で代理権を獲得しても、商品に知名度がなければまったく売れません。むしろ日本の代理店として知名度を上げるために営業活動を行っていかなければなりません。そこにはコストも労力もかかります。本気でその商品やメーカーに惚れ込んだ場合はよいのですが、基本的にはテスト販売も経て「売れる商品」でなければ意味がありません。これは原則として覚えておいてください。その上で、輸入代理店になるための方法を考えていきます。

1. 日本に代理店がないメーカー

Amazon.co.jpとAmazon.comを見比べながら探していると、ある程度売れているのに実は日本に代理店がない、という商品が見つかることがあります。下記のような点が散見された場合には、一度問い合わせをしてみるとよいでしょう。

- 並行輸入品しか出品されていない
- 出品の住所が海外の住所
- 商品説明文が英語
- 日本語が若干おかしい

2. ニッチなメーカーを探す

「日本ではまだ正式に展開されていないけれど、そのジャンルに詳しい人だったら知っている」という海外ブランド商品です。たとえば筆者はギター関係は比較的詳しいのですが、GibsonやFenderといった、ほとんどの人が知っている一流メーカーではなく、ギタリストの間で評価の高いマニアックなエフェクターなどは、世界中に結構あるものです。そういうメーカーですと、まずはニッチな層が支持してくれるという意味で展開もしやすいです。

3. 小規模なメーカー を探す

さすがに私たちのような個人事業や中小企業レベルで、大手メーカーの代理店になるのは実際には難しいことです。仮に話を進めたとしても、契約のノルマなどが相当負担になってしまいます。それよりも個人や小規模のメーカーを選んだほうが、深く付き合っていくことができるでしょう。

なお、大手メーカーの場合は、代理店の交渉ではなく、卸取引ができないかという方向に持っていったり、卸取引をしてくれる代理店とつなげてもらったりする方法があります。日本の代理店を紹介され、そこから取引ができるようになるケースも多々あります。むしろそのほうが小ロットかつ安全な仕入れができますので、利益が出るのであればよい選択かと思います。

● 海外見本市に参加して輸入総代理店を獲得する

もっともおすすめなのは、海外見本市などに出向いてメーカーと直接交渉をするやり方です。見本市というのはまさに商談の場ですので、契約を締結しやすい場といえるでしょう。ただし、アジアの見本市（中国・香港・台湾など）はメーカーとはいえ工場の側面が強いので、どちらかといえばOEM先を探していることが多いです。反対にアメリカやドイツ、イギリスなど、欧米の見本市では、そのブランドとして海外で展開をしてくれるパートナー、つまり代理店を探していることが多いです。

海外見本市に出展しているメーカーというのは、決して安くはないコストをかけて出展してきていますので、品質管理や対応面でも信頼度は高いと思ってよいでしょう。また、展示会では小ロットにも対応できる会社が数多くありますので、小遣い稼ぎ的な商材や、季節商品・年末商戦などの一時的な需要にも向いています。輸入代理店やOEMに関わらず、信頼度の高いメーカーとつながるには海外見本市に行くのがもっとも手っ取り早いのです。

また、海外見本市には大きなメーカーばかりが出展しているイメージがあるかもしれませんが、実は個人事業や小さな会社などが手作りの商品を出品しているケースも多々あります。個人や小規模な企業でも、代理店を獲得しやすい環境であるといえるでしょう。

◎ 海外見本市での交渉の流れ

1. 魅力的な商品を見つける
2. ブースの担当者に「日本で取引している会社はありますか？」と聞く
3. 「ぜひ私たちに日本の総代理店をやらせてほしい」と伝える
4. 相手メーカーと条件などを話し合う
5. 契約する

実際には見本市のブースだけで契約がすべて完了することは少なく、帰国後に細かい条件や販売状況を見ながら正式に契約、という場合が多いです。私たちにとっても、輸入総代理店になったはよいけれど、実際に日本で販売してみないと、どうなるかわからないので、テスト販売を経てから正式に契約を結ぶほうが好都合なのです。

● すべての商品に独占販売権があるわけではない

独占販売権について、もう1つ重要なことあります。それは「すべての商品に独占販売権があるわけではない」ということです。たとえば海外見本市に行き、すごくよい商品があったとします。「これはよい商品だ。ぜひ日本の独占販売権がほしい。」そう思ってブースにいるメーカーの人に聞いてみます。

「この商品を日本で販売したいのですが可能ですか？」
→「ごめんなさい。この商品は日本に代理店がありますので販売することができません。」

ここで普通はあきらめてしまうのですが、もう一歩食い下がってこのように聞いてみるのです。

「それでは、ここにある商品で、どこからどこまでが代理店がある商品で、私たちが販売できるのはどの商品になりますか？」

すると、

「この商品とこの商品以外は、まだ代理店が決まっていません。」
「今回の商品は新商品なので、まだ代理店が決まっていません。」

このように返事をもらうことが意外に多いものです。よい商品が見つかったら、諦めずに聞いてみるのがベストです。

POINT ▶ 最後は情熱で勝ち獲る！

個人レベルでも本当に独占販売権を獲れるのか？ というところがポイントになるかと思いますが、結論からいうと「獲れます」。もちろん絶対ではありませんが、勇気が出るエピソードがあります。あるクライアントさんの事例ですが、ある海外見本市で展示されていた新商品に目が留まりましたが、当然すでに取引先は決まっていました。しかもその取引先は、日本では名の通った中堅企業で、現場で交渉してもまったくらちがあきません。誰もが不可能かと思っていたのですが、その方は諦めずにあの手この手で詰め寄ったところ…なんと逆転で独占販売権を獲得したのです。ご本人いわく、決め手は「情熱」。やはり最後は情熱がものをいうのだなと、実感させられました。

Section 85

第8章 >> 輸入ビジネスでもっと本格的に稼いでいこう

海外現地仕入れに行ってみよう

基礎知識　仕入れ&販売　FBA販売　リサーチ　仕入れ　オリジナル商品　自動化　**輸入ビジネス**　トラブル対策

海外現地仕入れのメリットとは？

　これまで解説してきた輸入ビジネスは、リサーチから交渉、オーダー、販売、売上金の回収まで、すべてをネットで完結させてきました。しかし、インターネットで仕入れができる商品には限界があります。世界にはネットに上がっていない商品が星の数ほどありますが、現地に行けば、その場で商品を確認することができます。市場や見本市など、多くの企業が出展している場であれば、すぐに隣のお店の商品と比較することだってできてしまします。たとえば何かの商品をOEMするときも、その場で商品チェック・交渉ができ、OEMの条件なども設定して、支払いまでできてしまう場合もあります。このように、現地仕入れというのは非常に効率がよいのです。

中国の現地仕入れ

　まずは中国での現地仕入れについてご紹介します。中国は日本の約25倍もの面積がある広い国です。その中でも代表的な市場を3つご紹介します。

場所	主な商品	主な市場	URL
義烏	雑貨	福田市場	http://www.yiwugou.com/
広州	アパレル製品&雑貨	万菱広場（雑貨）	http://www.onelinkplaza.com/
深圳	電化製品	賽格電子市場	http://www.seg.com.cn/

● 世界最大の卸売マーケット「義烏」

　とくに初心者におすすめなのが義烏（イーウー）です。義烏の中心は福田市場（国際商貿城）で、6万社を越える問屋・工場が自らの商品を並べています。町全体では8万社を越えるサプライヤーがあり、商品種類は32万種類といわれています。とにかく「何でもある」というのが義烏で、仕入れ単価も安く、アテンド通訳などのサービスも充実しています。初めての現地仕入れには、とてもよい場所ではないかと思います。

アメリカやヨーロッパの現地仕入れ

　欧米の現地仕入れの場合は、「工場を見に行く」というよりも「バイヤーとして買い付けに行く」というほうが適切でしょう。たとえばアメリカのアウトレットに出向いてブランド品を買い漁り、日本で販売するというイメージです。

デザートヒルズ・プレミアム・アウトレット（Desert Hills Premium Outlet）
URL http://www.premiumoutlets.com/deserthills/

▲ ロサンゼルス郊外にある、全米でも屈指の品揃えを誇るアウトレットです。130以上のブランドがあり、西海岸でもっとも人気のあるアウトレットの1つです。

● ブラックフライデー（サイバーマンデー）を見逃さない

　ブラックフライデー（サイバーマンデー）とはアメリカの感謝祭（毎年11月第4木曜日）の翌日の金曜日のことで、1年でもっとも買いものが行われるクリスマス商戦（ホリデーシーズン）の開始の日です。実店舗やオンラインを問わず、アメリカ国内の小売店で一気にセールが始まります。中には半額以下の商品もザクザク出てきます。

現地を全身で味わおう!

　お金をかけて、わざわざ海外の現地に出向くというのは面倒くさい!という方もいらっしゃるでしょう。しかし実際に現場に行くことで交渉もスムーズにいくようになりますし、ビジネスのスピードは加速します。インターネットだけでビジネスをしていると実感が薄れていきますが、現場を見ると商売は「人」と「人」なのだということを実感することでしょう。そしてもう1つ、現地に出向く最大の意味があります。それは「現地の空気を体験できる」ということです。文化の違う異国の地を体験しておくということは、商売人としても大いに学べる要素があります。現地に行き、現地の方々と触れ合うことで、取引相手国の理解が深まり、ビジネスにより深みが出てくるようになるのです。ビジネス感や考え方が、大きく変わっていくかもしれません。

Section 86 海外見本市で新しい商品を発掘しよう

第8章 >> 輸入ビジネスでもっと本格的に稼いでいこう

基礎知識　仕入れ&販売　FBA販売　リサーチ　仕入れ　オリジナル商品　自動化　**輸入ビジネス**　トラブル対策

海外見本市とは？

　海外見本市（国際展示会）とは、世界の主要都市で開催される、サプライヤーとバイヤーのマッチングイベントです。販路を拡大したいサプライヤーがブースに自社商品を並べ、バイヤーは新商品の発掘にやってきます。そこで商談が生まれ、取引がはじまります。

　海外見本市では、興味があるものを仕入れます。しかし、展示会場を回っていると商品がありすぎて訳がわからなくなってしまうことがあります。ここでは、海外見本市で仕入れるべきもののヒントを3つ挙げておきます。

① **今扱っているジャンルの最新商材**：現在扱っている商品ジャンルの最新商品を仕入れてくる、というのがもっともよいやり方です。
② **お悩み解決系**：これも鉄板商材の1つで「これを使えば、あなたの悩みは解決します」という商品です。リアルに商品を見せられないネット販売でのアピールを考えていくと、効果効能がはっきりしているものは非常に扱いやすいといえます。ただし、薬機法（旧薬事法）に触れないよう、販売時の表現の仕方には気を付けなければなりません。
③ **定番商品が進化した品**：昔からある定番商品がパワーアップしたような商品があれば、これも狙い目です。

商談のポイント

　よい商品が見つかったら、ブースの人に積極的に話しかけます。商品について、取引について、わからないことはどんどん質問しましょう。ここでは、メーカーとの交渉で確認しておきたい、5つの重要なポイントに絞って解説します。

1. 日本に顧客はいるか？ 代理店はあるか？

　まずは日本に取引先があるか、または過去にあったかを聞きます。一度でも日本企業と取引をしたことがあるメーカーであれば、何らかの原因で撤退した可能性もありますが、反対に日本の求める品質基準なども理解していますので、話が早いという面もあります。もしもすでに代理店がいるといわれても、諦めるのはまだ早いです。とくに見本市という場では新商品を持ってきていることが多く、既存の代理店が扱うかどうかまだ決まっていないということがあります。

2. ロットはどのくらいか？　また下げられないか？

　仕入れの際にもっともネックになってくるのは「最低ロット」、つまり仕入れ数です。英語ではMOQ（Minimum Order Quantity）と表現されます。アジアの見本市では1K（ワンケー）といって、1000個が1つの基準になっていますが、あくまでも基準なので交渉次第で下げることは可能です。なお、欧米では1個からOKのところも多くあります。最初は「私たちの顧客にあなたの商品を見せたい」という形でサンプル仕入れを行う方向に話を進めるとよいでしょう。

　また、本仕入れの際にも、できるだけロットを下げるために、以下の点などを交渉し、できるだけリスクを抑えて取引ができるように提案を行っていきます。

・サンプル扱いとして仕入れができないか？（商品単価は高くなる傾向あり）
・アソートできないか？(ほかのサイズや色、バリエーションと組み合わせての仕入れ)
・工場にある在庫分だけの仕入れはできないか？

3. 価格・支払条件・納期はどのくらいか？

　仕入れ価格はロット数によって変わるケースがほとんどですので、しっかり確認をします。支払いは基本的にT／T（Telegraphic Transfer Remittance：電信為替送）つまり銀行送金の場合がほとんどです。条件は、オーダー時に30％を前払いして、輸送の際に残り70％を支払うというパターンが一般的です。サンプル程度ならPayPal対応可能の場合が多いので、確認してみましょう。

　納期は、基本的に遅れることが多いので余裕を持って見積もっておきましょう。とくに見本市にはギリギリで展示品を間に合わせて用意してくるケースが多く、実際にはまだ完成していないということも多々ありますので要確認です。

4. 法規制対応を確認する

　海外見本市に並んでいる商品は、PSE（電気製品安全法）や電波法（技適マーク）など、日本の法規制に対応していない場合がほとんどです。認証や販売許可が必要な

ことをしっかりと説明し、メーカー側で対応してくれるのか、日本でやるなら費用はどちらが持つのか、などを決めていきます。過去に日本企業と取引した経験があるメーカーは日本の法規制を認識しており、すでに対応している商品を持っていることがあるので、そういう商品をあえて探していくという方法もあります。

5. 諦める

交渉が思うように進まない、相手がこちらの希望を飲んでくれないという場合もあります。その場合はいったん交渉を決裂させるというのも選択肢の1つです。いずれにしても、名刺交換をし、カタログをもらい、今後誰と連絡を取ればよいのか担当者を聞いておきます。ブースで一緒に写真を撮っておき、帰国後にメールを送る際に添付すると、話が進みやすいことが多いです。

海外見本市に行くために必要なもの

海外見本市に行くために必要なものを確認しましょう。

1. パスポート・往復航空券・宿泊予約

事前にパスポートを持っていない方は取りにいく必要がありますし、有効期限が切れていないかどうかも確認しましょう。また海外でレンタカーを運転する予定がある場合は、国際免許証を取得しておきます。また、アメリカに渡航する際には事前に電子渡航認証システム「ESTA（エスタ）」の認証を受けることが必要です。航空券を予約する際には、クレジットカードの嬉しい副産物「マイル」を活用して、飛行機代をタダにすることもできます（Sec.10参照）。

宿泊施設については、展示会会場の公式HPで提携しているホテルを安く取ることができる場合もあります。開催時期が近づくと、展示会会場周辺のホテルは一気に宿泊費が上がります。できるだけ早めに予約することをおすすめします。なお、事業として輸入ビジネスをされている場合は、個人事業主・法人に関わらず、海外見本市に出向くことは立派な「旅費交通費」として、多少の経費も含めて計上できるということも覚えておきましょう。

2. Wi-Fiルーター

海外では、Wi-Fiルーターがあったほうが格段に便利になります。日本から「グローバルWiFi」（http://townwifi.com/）などでWi-Fiルーターを借りていきましょう。連絡はLINEなどで行うことができるので、通信費を安く抑えられます。

MightySIM - 世界中で使えるデータ専用グローバル SIM カード
URL http://mightysim.jp/

◀ プリペイド SIM カードを活用するのもおすすめです。「MightySIM」は、世界 110 カ国以上で使えるデータ専用プリペイド SIM カードです。複数の国を行き来する場合は、大幅にコストを抑えられます。

3. 動きやすい服装

　海外の場合は、カジュアルな服装でも大丈夫です。とにかく広い会場を歩き回るので、フォーマル寄りな動きやすい格好というのがベストかと思います。もちろんスーツでも問題はありません。気持ちがビシっと高まるようなら、スーツで回りましょう。開催地によっては、会場と会場を電車で移動しなければならないところもあります。できるだけ歩きやすい格好・靴で回りましょう。

4. 名刺

　名刺は、英語の記載があるものを用意します。名刺には必ず屋号を入れてください。屋号は会社名のようなものです。できれば「○○トレーディング」や「△△インポート」など、貿易・物販業だとわかるような名前にしておくと無難です。また、自分の顔写真を入れて覚えてもらうようにしていたり、中には事前に折り紙で「鶴」を作ってきて、名刺交換のときに渡して印象付けを行う方もいらっしゃいます。そんな工夫をしてみると、商談もうまく行きやすくなるかもしれません。

5. 地球の歩き方

　基本的にはホテルや会場付近にいる分には、危険なことはありません。しかし、ちょっと街中で食事でもというとき、または何かトラブルが起こったとき、言葉も文化も違う異国の地で、困ることも多々あるでしょう。そんな困ったときこそ、現地でのリアルな情報が満載の「地球の歩き方」が役に立ちます。最新号でなくても問題ないので、必ず1冊持っておいてください。

POINT ▶ 超格安で海外見本市に行く

　クレジットカードで仕入れを行っている方は、貯まっているマイルを活用しましょう。または「Peach」「バニラ・エア」「香港エクスプレス」などのLCC（格安航空会社）を利用したり、早めに予約をすることで、格安で航空券を抑えることができます。ホテル代を安く抑えるためには、格安のゲストハウスやドミトリーに泊まるというのもよいでしょう。複数人数だったら「Airbnb」で家を借りてしまうというのも1つの手です。

Section 87

本格的なOEM生産でメーカーになろう

基礎知識　仕入れ&販売　FBA販売　リサーチ　仕入れ　オリジナル商品　自動化　輸入ビジネス　トラブル対策

本格的なオリジナル商品

　俺ブランド化した商品が安定して売れてきたら、いよいよ本格的にOEMへと進化させていきましょう。OEMを行えば、今後はメーカーとして卸販売なども視野に入れていくことができます。

◎ 本格的なオリジナル商品にする

- **専用パッケージを作る**：クラウドソーシングでデザインを募集するのがベストです。日本人はパッケージに付加価値を感じるので、センスのよいパッケージをデザインしましょう（Sec.71参照）。説明書やJANデータも、一緒に送ります。データはイラストレーターファイル（ai）で送ることが多いです。
- **商品の一部を変える、ロゴマークを入れる**：カラーを変える、付属品をセットする、若干のサイズ違いを作るなど、製造の段階から少し手を加えてもらうこともできます。大きく変えるとなると、金型を起こす必要も出てくるので注意しましょう。

実用新案や意匠・商標権（知的財産権）を確認する

　仕入れる商品が、商標権や意匠権などの知的財産権の侵害になっていないかどうかを確認します。特許情報プラットフォームでメーカー名、商品名などを入れて検索します。日本語表記だけでなく、英語表記や類似商品などもチェックしておきましょう。とくに意匠権については判断基準が難しいため、より突っ込んで調査を行う場合には「弁理士」に依頼をします。

特許情報プラットフォーム（J-PlatPat）
URL https://www.j-platpat.inpit.go.jp/web/all/top/BTmTopPage

● 商標権を取得する

　商標とは、ネーミングやロゴマーク（文字、図形、文字や図形・記号などの組み合わせ）について独占的な使用ができるように、特許庁に対して出願をして審査をしてもらい、登録を受ける制度です。絶対に必要というわけではありませんが、Amazon販売で相乗り出品をされたくない場合に、ブランド名などで商標登録をすることは大きな効力を持ちます。Amazon販売でオリジナル商品の独占的な販売を行うための商標登録には、2つの種類があります。

・**商品商標**：取り扱い商品ごとに、それぞれの商品区分で商標登録を行う
・**小売役務商標**：第35類「小売サービス」という1つの区分で商標登録を行う

　厳密には「商品商標」のそれぞれの商品区分で商標登録をしなければ、保護を受けることはできないのですが、現在のAmazonでは「小売役務商標」でも認めるケースが多いようです。ただし暫定処置のようですので、詳しくはテクニカルサポートまで問い合わせを行ってください。

　商標権の審査期間は、4〜6ヶ月程度です（特別な事情がある場合は「早期審査制度」で1〜2ヶ月程度）。費用は出願や印紙代、手数料などを含めて約10万円ほどかかります。出願は自分でもできますが、時間と手間がかかりますので弁理士または特許事務所に出願手続きの代行を依頼しましょう。

越場国際特許事務所　URL http://koshiba.co.jp/jp/

▲ 越場国際特許事務所では、Amazon販売に特化した格安の商標出願プランがあります。また意匠権調査依頼など、中国輸入品の知的財産権にはとくに強い特許事務所なので、まずは問い合わせをしてみましょう。

船便を利用する

仕入れ量がダンボール数箱程度であればEMSやDHLなどの航空便で配送してもらえばよいのですが、メーカーとなり、卸販売などである程度量が増えてきたら、船輸送を検討しましょう。また、液体物・リチウムイオン電池などは航空便で取扱できないので、その場合も船便での輸送となります。これらも基本的には代行業者や通関業者（乙仲）に手続きをお任せすれば、手間や労力をかけずに済みます。

● 船輸送の種類

船輸送には大きく「混載便（LCL）」と「コンテナ便（FCL）」という2つの種類があります。また、船輸送の荷物の大きさは、CBM（容積）という単位で表します。1CBMは、横1m×縦1m×高さ1mの正六面体に該当する容積を示します。目安として「140サイズのダンボール7箱分」です。なお、欧米メーカーの商品でも、工場は中国（上海や深圳など）というケースが多くあります。ここでは中国工場からの輸送価格をご紹介します。

◎ 混載便とコンテナ便の積載量

- 混載便(LCL)：1CBM～20CBMくらいまで
- コンテナ便(FCL) 20フィート：～30CBMくらいまで
　　　　　　　　　40フィート：～70CBMくらいまで

◎ 混載便の価格の目安（Door to Door）

- 1CBM：2,500元（約50,000円）程度
- 5CBM：6,500元（約130,000円）程度

※中国工場から輸送する場合。1元＝20円で計算。消費税・関税は別途かかります。

◎ 納期の目安

- 欧米：1ヶ月半～2ヶ月
- 中国：2～3週間程度

◎ 船輸送に必要な書類

- インボイス(Invoice：貨物の明細書・送り状)
- パッキングリスト（P／L：梱包明細書）
- 船荷証券（B／L）
- 保険証券（Insurance Policy）

貨物が最寄りの港に着くと、貨物到着案内（Arrival Notice）がFAXで届きます。この先は通関業者（乙仲）が代行してくれますが、大まかにいうと、貨物の通関、関税消費税の立替、貨物の引き取り、納品（宅急便・チャーター）という流れになります。

Amazon でメーカーとして卸販売を行う

　メーカーとして、Amazonでこれまでの小売だけではなく卸販売も行っていく場合は次のような手続きを行います。

❶ Amazon.co.jp にアクセスし、最下段にある「Amazon でビジネス」の＜すべてのサービスを見る＞をクリックします。

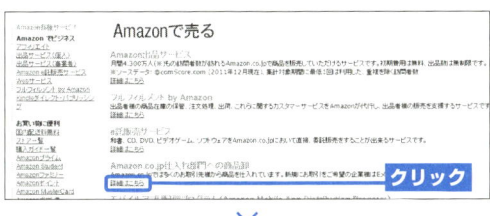

❷「Amazon.co.jp 仕入れ部門への商品卸」の＜詳細はこちら＞をクリックします。

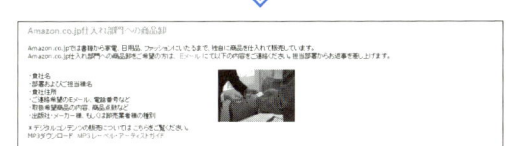

❸ 詳細を確認して、E メール（jp-business-proposal@amazon.co.jp）で問い合わせを行います。商談がまとまれば、ベンダーアカウントに登録ができ、今後は Amazon に商品を卸していくことになります。

　またドン・キホーテ（http://www.donki.com/group/contact/partner8.php）や東急ハンズ（http://tokyu-hands.co.jp/company/sinsyohin-01.html）といった大手小売店にも商談を行っていきましょう。公式ページなどから受付を行っているところも多くあります。

POINT ▶ 日本の国際見本市に出展しよう

販路を拡大するためにもっとも有効な手段は、国際見本市に出展することです。とくに毎年春と秋に東京ビッグサイトで開催されている、東京インターナショナル・ギフト・ショーなどは、20万人のバイヤーがあなたの商品を見にやってきます。出展料金は、基本料金に加えてブースの設営費なども含めると100万円程度はかかりますが、費用対効果で考えると、得られる引き合いの数は図り知れません。オリジナル商品や輸入総代理店として扱う商品が出てきたときは、国際見本市への出展を検討しましょう。

Section 88 輸入ビジネスを本業にしよう

第8章 >> 輸入ビジネスでもっと本格的に稼いでいこう

基礎知識　仕入れ&販売　FBA販売　リサーチ　仕入れ　オリジナル商品　自動化　**輸入ビジネス**　トラブル対策

輸入ビジネスを本業にする

Amazon個人輸入で稼ごう、というところからスタートした本書ですが、ここではいよいよ輸入ビジネスを本業にしていきましょうという話になります。ビジネスとして収益を上げる以上、所得税を納付する義務が生じます。

確定申告を行う

各種の所得金額の合計額から、所得控除を差し引き、その金額（課税される所得金額）に所得税の税率を乗じて計算した税額から配当控除額を差し引いた結果、残額のある方は、確定申告書の提出が必要です。サラリーマンの方の副業でも、給与所得以外の所得の合計が年間20万円を超える場合、確定申告を行わなければなりません。

● 白色申告と青色申告

個人事業の確定申告には、「白色申告」と「青色申告」の2種類があります。青色申告は、取引を細かく記録しなければなりませんが、白色申告よりも控除額が多くなります。さらに特別控除の金額も、10万円と65万円に分けられています。

	白色申告	青色申告	
届出の必要	青色申告を申請しない場合、自動的に白色申告となる。	「青色申告承認申請書」を税務省に提出。家族に給与を支払う場合、「青色申請事業専従者給与に関する届出書」と「給与支払事務所等の開設届出書」を税務署に提出。	
控除	なし	10万円	65万円
記帳	単式簿記	単式簿記	複式簿記
決算書の作成	収支内訳書	「賃借対照表」、「損益計算書」	
		1部未記入でも可	すべて記入
専従者	配偶者86万円まで、それ以外50万円	家族の給与を全額経費とすることが可能。	
赤字の処理	なし	赤字を翌年以降3年間の黒字金額から差し引くことが可能。前年が黒字の場合、前年の税金の還付金を受け取ることが可能。	
貸倒引当金の計上	なし	可能	

白色申告から青色申告に変更するだけで、課税所得から最大10万円の控除が受けられます。さらに、複式簿記で記帳を行い、確定申告時に貸借対照表と損益計算書を税務署に提出すれば、最大65万円の控除が受けられます。つまり、**最大65万円分を損金にできる**ということです。会計ソフトなどを活用すれば労力も軽減されるので、できるだけ複式簿記で記帳しましょう。記帳が大変なら、会計事務所や税理士事務所に代行してもらうこともできます。これも外注化（アウトソーシング）といえるでしょう。

● 電子申告（e-Tax）で確定申告する

　インターネットを使えば、税務署に出向くことなく確定申告ができます。ただし電子申告を利用するためには、事前に住民基本台帳カードやICカードリーダーの購入が必要です。わからないことがあれば、下記サイトのヘルプデスクに相談するとよいでしょう。

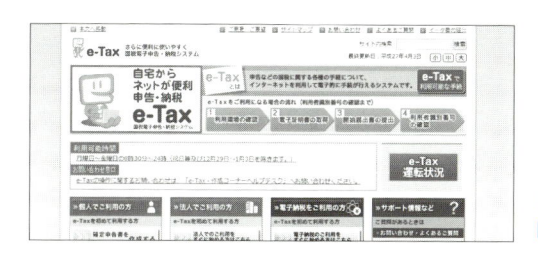

国税電子申告・納税システム（e-Tax）
URL http://www.e-tax.nta.go.jp/

PL保険に加入しよう

　PL保険は、製造物責任保険のことです。万が一製造販売した商品に欠陥商品があり、お客様が怪我をするなど被害を与えてしまった場合、メーカーである私たちはPL訴訟の被告人となり、被害者への損害賠償や医療費、裁判費用など、多額の請求をされてしまう場合があります。これらの費用をカバーしてくれるのが、PL保険です。備えとして、PL保険には加入しておきましょう。また、オリジナル商品を卸販売していく場合は、**リコール保険**にも加入しておきましょう。保険情報サービスなら、年間数千円程度からのリーズナブルな保険商品を提案してくれます。

保険情報サービス株式会社
URL https://www.hoken-joho.co.jp/

法人化を考える

　個人事業者としてビジネスを始め、売上が上がってくると法人化を考えるようになります。個人事業と法人の違いを、法人のメリットとデメリットという形で見てみましょう。

◎ 法人のメリット

- 社会的な信用度が高い
- 節税対策に有効
- 融資が有利になる
- 所得税と法人税のバランスで手元に残るお金を最大化できる

◎ 法人のデメリット

- 社会保険料を支払う必要がある
- 法人税の均等割（年間7万円）
- 手続きが煩雑化する

　個人事業から法人化を行うタイミングには、いろいろな考え方があります。売上－経費＝利益ベースで考えると、年間所得が500〜600万円（月4〜50万）を超えると、法人のほうが節税面で有利になるといわれています。また、法人設立がきっかけで売上が伸びてくるという方もいます。会社設立は自分でもできますが、税理士事務所に依頼をすれば、20万円程度で会社設立を代行してくれます。設立後の顧問契約をセットにして手数料0円をうたっているところもありますので、確認しておきましょう。

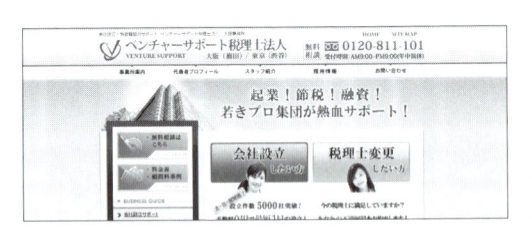

ベンチャーサポート税理士法人
URL https://www.venture-support.jp/

POINT ▶ 合計4年間の消費税免税期間を最大限活用する

個人事業者は、国に消費税を納めなければいけません。しかし、実は起業してから2年間は免除となります（条件あり）。なぜなら、消費税の基準は2年前の売上によるからです。そのため、まず2年間は個人事業者としてビジネスを行います。次に法人設立から2年間も消費税は免除になりますので、個人事業者で2年間ビジネスを行い、そのあとで法人にすれば、合計4年間は消費税が免除ということになります。これを判断基準にされる方も多いです。

第 9 章

Amazon輸入の トラブル解決Q&A

リサーチして販売してもすぐに価格競争になってしまい、利益が出せません。 …………… 276
円安ですが輸入ビジネスで稼げますか? ……………………………………………………… 276
Amazon.comで商品を購入したら商品と送料以外にお金を取られました。
アメリカの州税「Tax」がかかっているらしいのですが、回避する方法はありませんか? ……… 277
お客様に領収書をくださいといわれました。 ……………………………………………………… 278
お客様に悪いレビューを付けられてしまいました。 ……………………………………………… 279
俺ブランド商品を出品しましたが、いつの間にか相乗り出品されてしまいました。
どうすれば相乗りセラーを排除できますか? …………………………………………………… 280
Amazonポイントの使い方とメリットを教えてください。 ……………………………………… 281
仕入れたときに箱が破損していました。これでは売りものになりません。 …………………… 282
OEM生産する場合には契約書を交わしたほうがよいですか? ………………………………… 282
輸入ビジネスで稼いでいきたいのですが、
どのように目標設定を行っていけばよいのでしょうか? ……………………………………… 283

Q. リサーチして販売してもすぐに価格競争になってしまい、利益が出せません。

A. 値下げするにしても、戦略的に行いましょう。

　Amazonは1商品1ページという構造のため、価格競争が起こりやすいしくみになっています。しかし商売としてやっていく以上、利益は命ですから、簡単に値下げをするのは避けたほうがよいのです。もちろんライバルが値下げすればそれに引っ張られてしまう場合もあるのですが、せめて自分からは誘発しないようにしましょう。

　それでも値下げを行うのなら、セラーセントラルでカート獲得率を見るようにします。おおよそ1週間で区切ってみて、カート獲得率が20％を下回るようであれば値下げを検討します。Amazon販売はショッピングカートの獲得がキモですが、販売価格を下げれば必ず獲得できるというわけではありません。漠然と値下げを行うのではなく、戦略的に値下げを行っていきましょう。

Q. 円安ですが輸入ビジネスで稼げますか？

A. 為替は大企業でも個人でも同じ条件です。その上で、何を行うべきかを考えましょう。

　この記事を書いている2015年4月現在、為替は1ドル＝120円前後を推移しています。2012年の下半期には、80円を下回ったときもありました。単純に考えると、円の価値が3分の2になってしまったということです。たとえば10ドルの商品を仕入れる際、1ドル80円の頃は800円で買えたのに、今は1,200円を払わなければなりません。そう考えると、輸入ビジネスに参入するのは分が悪い気がするかと思います。

　しかし、為替はみんな同じ条件です。大企業でも個人でも同じです。その上でどうするべきか？　ということが大事なのではないかと思います。筆者は、輸入ビジネスというのは価格差を追うだけのビジネスではないと考えています。Amazon.comからの仕入れでも、価格が安いときに仕入れたり（P.141）、関連商品をリサーチしてラ

イバルが少ない商品を仕入れたり（P.123）、セラーと直接交渉を行って卸価格で仕入れたり（P.254）といった形で、この本ではさまざまな「勝ち方」を伝授してきました。これらをきっちり行えば、ライバルよりも優位に立ってビジネスを行えるようになります。さらに中国を活用した俺ブランド化なども含めて商品の価値を高めていくことで、おのずとビジネスの規模は大きくなり、稼ぎも飛躍していくでしょう。

Q. Amazon.comで商品を購入したら商品と送料以外にお金を取られました。アメリカの州税「Tax」がかかっているらしいのですが、回避する方法はありませんか？

A. 税率の低い州から仕入れましょう。

アメリカには、州税（Sales tax）というものがあります。州税というのは日本の消費税のようなもので、日本の消費税は全国一律で8%ですが、アメリカでは州によって税率が異なります。たとえばSec.14で紹介したMyUSの倉庫があるフロリダの州税はおよそ7%です。

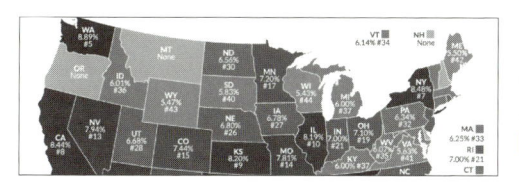

Tax Foundation -How High Are Sales Taxes in Your State?
URL http://taxfoundation.org/blog/how-high-are-sales-taxes-your-state-0

これを回避するために、最近ではAmazonで購入しても課税されないオレゴンなどに拠点を置く転送会社が増えてきました。中でも「ハッピー転送」は課税もされず、参加者でまとめて混載のような形で一気に転送することで、大幅に転送料を下げた画期的なサービスです。筆者もお世話になっていますが、常にパートナーを募集しているわけではないので、定期的にチェックしておくとよいでしょう。

ハッピー転送
URL http://hapiten.s3.amazonaws.com/index.html

Q. お客様に領収書をくださいといわれました。

A. お客様自身にAmazonのアカウントサービスから印刷してもらいましょう。

Amazonでは、領収書はお客様が自分でプリントアウトできるようになっています。トップページの「こんにちは、○○さん アカウントサービス」をクリックして表示されるプルダウンメニューから「注文履歴」を選択します。ただし、代金引換やコンビニ・電子マネー払いなどで購入した商品には発行されません。代金引換なら送付伝票が領収書となり、コンビニ・電子マネー払いなら支払い時に領収書が発行されます。

❶ Amazon.co.jpを表示し、＜アカウントサービス＞→＜注文履歴＞をクリックします。

❷ 「注文履歴」画面が表示されます。希望する商品の欄にある＜領収書／購入明細書＞をクリックして、領収書をプリントアウトします。

Q. お客様に悪いレビューを付けられてしまいました。

A. お店のレビューなら、セラーセントラルの「テクニカルサポートにお問い合わせ」から削除依頼ができます。

　商品レビューは、余程の事情がない限りAmazonに依頼をしても削除してもらうことはできません。一方、商品レビューではなく、お店のレビュー欄に悪いレビューを書かれてしまった場合、下記のような条件であれば、Amazonが削除してくれる可能性があります。過去のショップレビューについても削除依頼ができますので、必ず試してみましょう。

- 商品のレビューが書かれている
- FBAを利用していて配送面でのクレームになっている

　ただし、レビューの内容が「とくにありません」「ありがとうございました」など、ショップの対応についてなのか、商品についてなのかなど、あやふやな内容の場合は、削除を断られてしまいます。その場合は、メールや電話をかけてお客様に直接お詫びをしましょう。仮にこちらに非があったとしても、きちんと謝罪すれば許していただけることが多いです。

● Amazonテクニカルサポートに削除依頼を出す

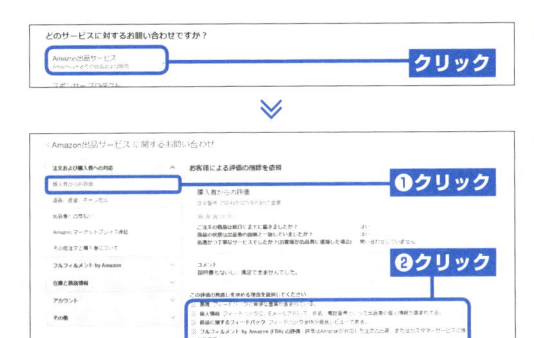

❶ セラーセントラルを表示し、＜テクニカルサポートにお問い合わせ＞→＜Amazon出品サービス＞をクリックします。

❷「注文および購入者への対応」の＜購入者からの評価＞をクリックして、「評価の削除理由」を選び送信します。商品レビューの場合は「商品に関するフィードバック」、FBA出品で梱包や配送に関するクレームの場合は、「フルフィルメント by Amazon（FBA）の評価」にチェックを入れます。

Q. 俺ブランド商品を出品しましたが、いつの間にか相乗り出品されてしまいました。どうすれば相乗りセラーを排除できますか？

A. 俺ブランドでも独占販売できるとは限りません。できるだけオリジナルの色を強めていきましょう。

まず誤解のないようにいっておきたいのは、俺ブランドだからといって、独占販売できるとは限らない、ということです。一見おかしなことをいっているようですが、俺ブランド化というのはノーブランド品を段階的にオリジナル化していくことですので、Amazonではその過程で相乗りされてしまう場合もあり得るのです。

Amazonのガイドラインを一部抜粋して見てみましょう。

> ノーブランド品に対し、不適切に商標を付して商品画像に掲載する行為、及びブランドとの不適切な関連付けの言葉を商品ページに含める行為、出品者が保有している商標を、恒久的でない方法（例：シール、ラベル、タグ等を貼付する等）でノーブランド品に付して商品画像を掲載することは禁止されております。また、ノーブランド品にシールの貼付等恒久的でない方法で商標が付されたものを含む、この商品ページにおいて、出品者が保有している商標に言及することで商品タイトルに商標を付けていることを含む、に準拠しております。Amazon.co.jpは、本規約に違反した商品、商品ページ、又は商品画像を削除又は修正する権利を留保します。

Amazon マーケットプレイス出品規約（一部抜粋）
URL http://www.amazon.co.jp/gp/help/customer/display.html?nodeId=1085374

ポイントは「恒久的」という言葉の解釈です。「恒久的」とは、「いつまでもその状態が続くさま」（デジタル大辞泉より）のことをいいます。Amazon出品規約の文脈においては、「一時的」や「簡易的」という言葉が反対語になるかと思います。つまり、「ラベルの添付など簡易的な手段ではなく、商品自体にきちんとロゴマークが印字してあれば、オリジナル商品と主張することを認める」ということです。したがって、独占販売を行うためには、下記の項目をなるべく多く取り入れていき、オリジナルの色を強めていくことで相乗り出品される可能性は減っていきます。

- 自分で商品写真を撮影する
- オリジナルのパッケージにする
- 商品自体にロゴマークを印字したりカスタマイズをする
- Amazon ブランド登録をする
- 商標登録の申請をする

Amazonで独占販売を行うということは、出品者にとって永遠のテーマなのかもしれません。しかし私は、そのことばかりに意識を集中するのではなく、ヤフオク！や楽天市場といったほかのチャネルでも販売していくように考えていくことが大切かと思います。

Q. Amazonポイントの使い方とメリットを教えてください。

A. 商品の割引のほか、ショッピングカート獲得にもメリットがあります。

　実は以前から、Amazonにも楽天市場のようなポイントプログラムが存在していました。1ポイント＝1円で、Amazonで商品を購入するときにポイント分を割り引いて購入できるというものです。しかし、Amazon本体の販売する商品のみが対象ということで、一般的にもなじみの薄いものでした。

　ところが最近になって、私たちのようなマーケットプレイスの出品者でも出品時にAmazonポイントを設定できるようになりました。私たち出品者にとっては、単なる割引という目的だけでなくショッピングカート獲得に効果があります。FBAでライバルと同じ販売価格になっても、ポイント分は事実上価格を下げたものとして扱われるようです。

　たとえば、以下のようにAmazonポイントを設定したとします。

- あなた　販売価格：1,000円　Amazonポイント：100ポイント
- ライバル出品者　販売価格：1,000円　Amazonポイント：50ポイント

この場合、以下の価格で販売しているように扱われます。

- あなた　販売価格：900円
- ライバル出品者　販売価格：950円

　つまり、価格面での要因としてはショッピングカート獲得率が上がるということです。これを知っておくと、無駄な価格競争を避けることができますので覚えておきましょう。

Q. 仕入れたときに箱が破損していました。これでは売りものになりません。

A. 「訳あり商品」やほかの商品と組み合わせるなどして、工夫して販売しましょう。

　仕入れた商品の箱が破損していたりして、新品として販売できない場合は「訳あり商品」として販売しましょう。Amazonでは「中古品-ほぼ新品」として販売し、「商品のコンディション説明」には「箱に若干の輸送破損あり。中身にはまったく問題ありません。1台限定でお安く販売いたします。」などと記載しておきましょう。

　また、箱の破損ではなく、不良品だったり、輸送中に故障してしまったというケースの場合は、「そもそも直すことはできないのか？」ということも考えてみましょう。たとえば使えるパーツを組み合わせて、1つの商品として販売することはできないでしょうか。意外と組み合わせて販売してしまったほうがよい場合もあります。

Q. OEM生産する場合には契約書を交わしたほうがよいですか？

A. 輸入総代理店や本格的な工場生産を行う際には必要です。

　OEMの場合は「覚書」程度でもよいと思いますが、輸入総代理店や本格的な工場生産を行う際には、メーカーや工場としっかりと契約書（CONTRACT）を結ばなくてはなりません。場合によっては「コファス海外企業調査レポート」（http://www.coface.jp/）などを使い、海外取引先の信用調査なども行いましょう。なお、海外との取引にはインコタームズという貿易条件があります。

◎ インコタームズのパターン
- 送料と保険を輸入者が負担する（FOB）
- 送料は輸出者が負担するが、保険は輸入者が負担する（C&F）
- 送料と保険を輸出者が負担する（CIF）

海外との取引でもっとも重要なのは「品質」と「納期」です。サンプルではよい商品だったのに、本オーダーを行ったら品質がかなり落ちていた…という話はよくあります。「As per the samples submitted」（サンプルと同じ品質とする）と記し、場合によっては写真やサイズ、カラー、素材なども記録しておきましょう。また納期は実際の取引ではなかなか守られないことが多いので、契約の際にしっかりと書面で残しておくほうがよいでしょう。

Q. 輸入ビジネスで稼いでいきたいのですが、どのように目標設定を行っていけばよいのでしょうか？

A. 目標を数値化し、ゴールから予定を逆算して組み立てましょう。

第2章のコラムなどにも書いたように、目標を達成するためには漠然とやるのではなく、必ず数値化してゴールから逆算して予定を組み立てるほうが効果的です。以下の手順で進めてみましょう。

①目標金額を決める　②利益率を決める　③ひたすらリサーチ＆販売を行う

たとえば月に「30万円（純利益）を稼ぎたい！」という目標を立てたとします。目標を立てたら、次に「純利益率3割」と前提を決めます。すると、月商100万円を売り上げれば、利益が30万円になることがわかります。これを1日で計算すると、3万3千円の売上を出せばよい、ということです。あとはひたすら「純利益率3割」の商品をリサーチしていきます。ポイントは1日ではなく、1週間程度のタームで見ることです。上記の例だと、1週間に23～25万円程度を売り上げればよいのです。仮にその1週間ではキツいなら、1ヶ月タームで追い付けばOKです。1ヶ月でも無理なら3ヶ月で追い付く努力をしましょう。乱暴なようですが、こうして細かく割って考えることで不可能であるという感覚をなくし、必死で日々目標に向かっていくと気が付いたら達成している、ということになります。

実は筆者が輸入ビジネスで結果を出そうと決めたとき、こんなやり方をしていました。とても効果のある目標達成方法なので、ぜひ実践してみてください。

あとがき

　いかがでしたでしょうか。
　基本的なAmazonでの輸入販売から始まって、俺ブランドの作り方、仕組み化の手順など、私が「ひとり貿易」と名付け、クライアントに提唱している、転売を超えた輸入ビジネスのノウハウまでご紹介してまいりました。おそらく個人輸入ビジネス本の中では圧倒的に高度なノウハウが凝縮されていると自負しておりますので、ただ読み進めるだけでも、相当な力が付くことでしょう。もちろん、本書は実践をしていただくための本です。パソコンの横にこの本を置きながら、わからない箇所はその都度確認しながら読み進めてください。
　これまで数百人の方へ輸入ビジネスのアドバイスをさせていただいてきましたが、うまく行く人には共通点があります。
　それは"継続してやり続けること"です。
　最初は「赤字にならなければよい」くらいのつもりで進めてください。やればやるほど、必ず輸入ビジネスの技術は向上します。私の多くのクライアントが証明してくれています。基本的に、私のノウハウでは入念にリサーチを行ってから仕入れを行いますので、大きく外すことはありません。「最悪の場合はヤフオク！で売り捌いてしまおう」と思えたら、ほとんどリスクはない、ということを実感していただけるはずです。ビジネスにはリスクが伴いますが、このリスクを最小限に抑えたのが本書のノウハウなのです。
　実は、私には社会人経験がありません。20代半ばにビジュアル系ロックバンドのギタリストとして、東芝EMI（現EMIミュージックジャパン）からメジャーデビューしました。日本全国で1,000本に近いライブ公演を行い、CDやグッズを発売し、テレビやラジオ・雑誌にも登場。日本武道館でも演奏をした経験があります。
　しかし、輝かしい時も束の間。デビュー後2年もしないうちに、所属事務所が事実上の倒産。私たちのバンドはいきなり放り出されてしまいました。そこから何とか返り咲きたいと、アルバイトをしながら次のバンド活動を行っていたのですが、気が付けば30歳を越え、借金は200万円に膨れ上がり、どう考えても明るい未来を想像することができず、絶望しました。
　そんなときに出会ったのが輸入ビジネスでした。
　自分で使っていたギター機材を、ebayで購入してヤフオク！で販売すると、想像よりも高く売れることがあったのです。これに賭けてみようと思いました。商売経験ゼロの自分が独学するのは時間がかかります。誰かにご教授いただこう。そうして出会ったのが、恩師である（有）一晃の森治男先生です。それからは、ひたすら輸入ビジネスに打ち込みました。

もちろんすべてが順調に進んだわけではありません。振り込んだ途端に連絡が付かなくなる典型的な詐欺をはじめ、ある商品を中国から船便で仕入れたら、知的財産権の侵害で焼却処分。100万円ほどのお金がメラメラと燃えていきました。「輸入ビジネスなんて全然安全じゃねぇじゃねぇか！」と、半年間ほど輸入ビジネスから逃げ出したこともありました。

　そうした紆余曲折を経て、法人1年目で年商1億を売上げるようになり、だんだんと私なりの輸入ビジネスのスタイルというものが確立されていきました。まさか数年後には香港・中国、アメリカ、ドイツと、文字通り世界を駆け回って仕事をするようになろうとは。

　そう、輸入ビジネスが私を救ってくれたのです。

　今回の本はAmazon個人輸入から輸入ビジネスを解説してまいりましたが、この約10年間私が打ち込んできた輸入ビジネス、貿易のすべてを詰め込んでいます。私の多くのクライアントのように、副業レベルからさらには本業まで十分にやっていけるだけのノウハウは詰め込んだつもりです。

　ぜひ勇気を出して、最初の第一歩を踏み出してみてください。あなたの人生にとって本書が少しでもプラスになるのなら、筆者としてそれ以上の喜びはありません。

　最後に…技術評論社の大和田様、このような機会を与えてくださり、ありがとうございました。リンクアップの中島様、未熟な私に最後までお付き合いいただき、感謝しております。中島様のサポートがなければ書き終えることができませんでした。

　そして、ミュージシャン時代、ともに戦ったバンド仲間達。商売の基礎を叩き込んでくださった恩師、森治男先生。セミナー講師というステージを与えてくださった、SAATS林一馬氏。ともに世界の見本市を駆け回った、元ユビケン共同設立者、笹田直輝氏。

　SAATS大竹プレミアムの数多くの会員様。輸入参謀（コンサルティング）のクライアント様。執筆に集中している間にも、会社を守ってくれていたスタッフ達。

　そして、愛する妻と娘と息子。

　何よりも、本書を手にしてくださったまだ見ぬあなたへ。

　心より感謝します！

　いつかお会いできる日を心より楽しみにしています。

2015年4月　沖縄にて

Index
索引

英数字

1商品1カタログ	17
3PL（サードパーティー・ロジスティクス）	236
Amazon.co.jp	16
Amazon.com	38
Amazon 権限	220
Amazon 出品コーチ	244
Amazon 出品サービス掲示板	124, 245
Amazon スポンサープロダクト	204
Amazon 世界価格比較ツール	143
Amazon ブランド登録	189
Amazon ポイント	281
Amazon マーケットプレイス	16, 62
Amazon レコメンド機能	121
AshMart	50, 222
camelcamelcamel	139
ebay	146
ebay 入札ツール	150
FBA	88
FBA 在庫画面	103
FBA 手数料	98
FBA 納品代行サービス	106
FBA 納品ルール	94
FBA マルチチャネルサービス	108
FBA 料金シミュレーター	99
GIXEN	150
Google Chrome 拡張機能	134
Google Shopping	152
JAN コード	186
MyUS.com	51
OEM 生産	175, 268
PayPal	147
PDCA サイクル	21
PL 保険	273
PSE 法（電気製品安全法）	30
SOHO	212
VAT（付加価値税）	144

あ行

相乗り出品	174, 280
アップグレード思考	181
あまログ	117
アリエクスプレス	171
アリババ	159, 170
義烏（イーウー）	262
イーウーパスポート	224
一括商品登録	230
インターネット輸入ビジネス	18
円安	276
欧米輸入	24
大口出品	53
オークファン	133
億ポケ	117
オリジナル・セット商品	176
俺ブランド	178
卸販売	253

か行

海外現地仕入れ	262
海外送料	46
海外見本市	264
外部倉庫	236
価格競争	138, 276
価格比較サイト	152, 157
確定申告	272
画像検索	172
関税率	32
逆引きリサーチ	172
キャッシュバックサイト	151, 156
クーポンサイト	156
クラウドソーシング	216
クレジットカード	34
契約書	282
交渉	256
購買率（ユニットセッション率）	241
顧客単価	241
顧客満足	196
小口出品	52

さ行

削除依頼	279
しくみ化	210
写真の見せ方	202
集客数	241
州税（Sales tax）	277
出品アカウント	52

出品者レビュー	70
出品申請	79
出品制限	74
商売の大原則	19, 136
消費税	33
商品価格	65
商品登録	81
商品箱（化粧箱）	149
商品リサーチ	112
商品レビュー	198
ショッピングカート獲得	100
正規代理店	258
正規販売店	258
正規輸入品	26
世界のAmazon	142
セラーセントラル	58
セラーフォーラム	245
専任スタッフ・パートナー	226

た行

代行会社	222
代行業者	160
タオバオ	159, 164, 168
知的財産権	28
中国輸入	25, 158
直接取引	254
通関手数料	33
データリサーチ	124
定点観測	123
デビットカード	34
テラピーク	133
転送会社	50, 145
電波法	31
電話秘書サービス	237
同報メールソフト	199
独占販売権	258

な行・は行

ネットショップ	253
バーチャルオフィス	35
パッケージ	192
発送	66
販売戦略	182

販売ページ最適化	200
ビジネスレポート	242
物流代行会社	236
船便	270
プライスター	234
プライスチェック	115
ブラックフライデー（サイバーマンデー）	263
ブランド化	180
プロモーション機能	246
ベーシックリサーチ	118
並行輸入品	26
返送	104
法人化	274

ま・や行

マルチチャネル販売	250
曼荼羅ワーク	131
目標設定	283
モノレート	116
薬機法（旧薬事法）	31
ヤフオク！	132, 252
輸入税	32
輸入総代理店	258
輸入代理店	258
輸入ビジネス	272
ヨーロッパの電圧・プラグ	145

ら行

ライバルリサーチ	122
楽天市場	252
楽天市場ランキング	132
リアルリサーチ	128
利益の計算方法	84
領収書	278
ロゴマーク	194
ロジックリサーチ	130

■ 著者経歴

大竹秀明（おおたけ・ひであき）

1974年生まれ、神奈川県横浜市出身。一般社団法人 まじめに輸入ビジネスを研究する会（ユビケン）代表理事。アイデア1つで小資金でも爆発的に売れるオリジナル商品を作り出す"俺ブランド化戦略"などを盛り込んだ「ひとり貿易」を提唱。前職はロックバンドのギタリスト。2000年に東芝EMIよりメジャーデビュー。テレビ・ラジオへの出演、通算1,000本を越える全国ライブツアーをこなし、日本武道館のステージにも立つ。華やかな世界を経験するも、所属事務所の倒産とともに大きく転落。アルバイトをしながら音楽活動を続けるが鳴かず飛ばず。人生に絶望する。2008年、34歳・借金200万円の状態から、海外機材の転売をヒントに輸入ビジネスを開始。試行錯誤を経て、顧客満足度を高める独自のマーケティング手法を開発。2年後には法人化、ほぼひとりで年商1億以上を売り上げることに成功する。現在は、自身の貿易会社の経営に加え、全国各地でのセミナー講演やコンサルティングを中心に副業や独立を目指す個人の起業支援や、法人の貿易事業拡大をサポート。輸入ビジネスのエキスパートとして、Yahoo!本社や日本郵政セミナーでも講演。この3年で400名以上にコンサルティングを行い「夜逃げ寸前から月1,000万円を売り上げて大逆転した方」「ゼロからはじめて3ヶ月で月商300万円を越えた方」など、多くの起業家を輩出してきた。"個人が輝く時代を作る！"を理念とし、2020年までにひとり貿易家を1,000人輩出すべく精力的に活動中。

公式サイト「輸入参謀」：http://hideaki-otake.com/
ユビケン：http://yubi-ken.com/
Facebook：https://www.facebook.com/otake.hideaki

- 編集／DTP ………………………… リンクアップ
- カバー／本文デザイン ………………… リンクアップ
- 担当 ……………………………… 大和田洋平（技術評論社）
- 技術評論社Webページ ……………… https://book.gihyo.jp

■お問い合わせについて

本書の内容に関するご質問は、下記の宛先までFAXまたは書面にてお送りください。なお電話によるご質問、および本書に記載されている内容以外の事柄に関するご質問にはお答えできかねます。あらかじめご了承ください。

〒162-0846
東京都新宿区市谷左内町21-13
株式会社技術評論社　書籍編集部
「Amazon 個人輸入 はじめる＆儲ける 超実践テク」質問係
FAX：03-3513-6167

※ご質問の際に記載いただいた個人情報は、ご質問の返答以外の目的には使用いたしません。
　また、ご質問の返答後は速やかに破棄させていただきます。

Amazon 個人輸入 はじめる＆儲ける 超実践テク

2015年 7月25日　初版　第1刷発行
2019年11月 1日　初版　第3刷発行

著者　　　大竹秀明（おおたけひであき）
発行者　　片岡　巌
発行所　　株式会社技術評論社
　　　　　東京都新宿区市谷左内町21-13
　　　　　電話：03-3513-6150　販売促進部
　　　　　　　　03-3513-6160　書籍編集部
印刷／製本　昭和情報プロセス株式会社

定価はカバーに表示してあります。
本書の一部または全部を著作権法の定める範囲を越え、
無断で複写、複製、転載、テープ化、ファイルに落とすことを禁じます。
造本には細心の注意を払っておりますが、万一、乱丁（ページの乱れ）や落丁（ページの抜け）がございましたら、
小社販売促進部までお送りください。送料小社負担にてお取り替えいたします。

©2015 大竹秀明
ISBN978-4-7741-7379-5 C3055
Printed in Japan